W0074637

Daniel Fischer
Hilmar Duerbeck

Das Hubble-Universum
Neue Bilder und Erkenntnisse

Daniel Fischer
Hilmar Duerbeck

Das Hubble-Universum

Neue Bilder und Erkenntnisse

Birkhäuser Verlag
Basel · Boston · Berlin

Die Deutsche Bibliothek – CIP-Einheitsaufnahme

Fischer, Daniel:
Das Hubble-Universum : neue Bilder und Erkenntnisse / Daniel Fischer ; Hilmar Duerbeck. – Basel ; Boston ; Berlin : Birkhäuser, 1998
ISBN 3-7643-5785-1

Umschlaggestaltung: Matlik & Schelenz, Nieder-Olm
Gedruckt auf säurefreiem Papier, hergestellt aus chlorfrei gebleichtem Zellstoff. ∞
Printed in Italy
ISBN 3-7643-5785-1

9 8 7 6 5 4 3 2 1

Inhaltsverzeichnis

Hubbles zweite Lebenshälfte und die Zukunft

Anhang

Geleitwort von Steve Hawley

Seit meiner Kinderzeit träumte ich davon, daß es eines Tages Teleskope im Weltraum geben würde. Dies schien mir – angesichts der zunehmenden Lichtverschmutzung auf der Erde und des wissenschaftlichen Wunsches, den zugänglichen Wellenlängenbereich mittels Instrumenten in einer Erdumlaufbahn zu vergrößern – eine logische Weiterentwicklung zu sein. Ich stellte mir sogar vor, daß es einen Bedarf an Astronomen geben würde, die dafür ausgebildet wären, mit diesen erdumkreisenden Teleskopen im Weltraum Beobachtungen durchzuführen, und daß ich vielleicht eines Tages das Glück haben könnte, einer dieser neuen Weltraumastronomen zu sein.

Als ich älter wurde, erschien mir die Verwirklichung dieses Traums eher unwahrscheinlich. Es gab zwar neue Teleskope im Weltraum, aber die modernen Möglichkeiten der digitalen Datenerfassung und -übermittlung hatten zur Folge, daß der beobachtende Astronom am Erdboden bleiben konnte und nicht in der Erdumlaufbahn arbeiten mußte. Mein Interesse an der Astronomie und dem Weltraum war jedoch gleich stark geblieben, und schließlich wurde ich tatsächlich Astronom. Mein neuer Traum war, eines Tages selbst etwas Neues zur Erkenntnis des Universums beizutragen und vielleicht Antworten auf Fragen geben zu können, die den Menschen bewegt haben, seit er zum ersten Mal himmelwärts schaute: Wie alt ist das Universum? Wie groß ist das Universum? Welches Schicksal ist dem Universum beschieden? Gibt es Planeten in anderen Sonnensystemen? Wie entstehen die Galaxien? Wie entstehen Sterne, und wie gehen sie zugrunde?

Ich glaube, daß mich das Glück in vielfacher Hinsicht sehr begünstigt hat, denn ich fand mich in der Lage, mir gleich beide Träume erfüllen zu können. In der heutigen Zeit Astronom zu sein, ist ein Gottesgeschenk. Es ist der Wissenschaft gelungen, eine früher kaum vorstellbare Kenntnis des Universums zu gewinnen, die Bausteine des Universums und die Prozesse zu begreifen, die im Universum ablaufen. Mein Traum, Antworten auf einige fundamentale Fragen zu bekommen, ist nahe daran, in Erfüllung zu gehen. Obwohl ich nicht mit dem Hubble-Weltraumteleskop beobachtet habe, wie ich es mir als Kind erträumte, war ich doch als Astronom im Weltall und einer der wenigen Menschen, die das Glück hatten, das Hubble Space Telescope (HST) in seiner Umlaufbahn aus der Nähe zu sehen. Als Mitglied der ursprünglichen Aussetzungs-Mission (STS-31) im Jahr 1990 wie der zweiten Service-Mission (STS-82) von 1997 durfte ich diesen unglaublichen Anblick sogar zweimal erleben.

Aus der Nähe bietet das Hubble-Teleskop einen wunderschönen Anblick. In einer Entfernung von mehr als 40 Meilen ist es schon heller als jedes andere Himmelsobjekt, wenn man von Sonne, Mond und Erde absieht. Als das Space Shuttle «Discovery» sich auf etwa 100 m genähert hatte, konnte ich die glänzenden Aluminiumabdeckungen sehen, die thermischen Schutz bieten und das Licht der Erdozeane so reflektieren, daß das Teleskop bläulich statt silbern erscheint. Als Hubble in der Ladebucht der Discovery verankert war, konnte ich zur Zeit des Sonnenauf- und -untergangs die Sonnenzellen auf eine ganz eigenartige Weise glühen sehen. Das reflektierte Sonnenlicht läßt sie aussehen, als ob sie ihre eigene Quelle innerer Beleuchtung besäßen. Ein Blick aus noch geringerer Entfernung zeigt, daß die Seite des Hubble-Weltraumteleskops, die vorzugsweise der Sonne zugewandt ist, nach sieben Jahren im All Anzeichen von «Verwitterung» aufweist. Ein Teil der Isolierung zeigt Risse und blättert ab, und die silberne Oberfläche erscheint weniger glänzend, ganz so, als wäre sie mit Stahlwolle bearbeitet worden. Aber das ist ein oberflächlicher Makel, die wahre Schönheit Hubbles liegt in seiner phänomenalen Leistungsfähigkeit.

Schon der ursprüngliche Plan für das Weltraumteleskop sah vor, daß man in der Erdumlaufbahn Wartungsarbeiten ausführen würde, um die Folgen unvermeidlicher Ausfälle einiger Komponenten zu beheben; noch wichtiger aber ist, daß der Einbau technologisch fortgeschrittener Teleskopdetektoren ermöglicht wurde, damit Hubble während der geplanten fünfzehn Jahre seines Lebens ein modernes Observatorium bleibt. Diese Service-Missionen finden seit der ursprünglichen Aussetzungs-Mission 1990 fahrplanmäßig etwa alle drei Jahre statt. Die im Februar 1997 durchgeführte zweite Service-Mission (STS-82) konnte auf den Erfolgen der ersten Service-Mission (STS-61) des Jahres 1993 aufbauen, die Hubbles Leistungsfähigkeit gemäß den ursprünglichen Spezifikationen wiederherstellte. Diese Mission wurde unter reger Anteilnahme der Öffentlichkeit durchgeführt und ist allgemein als «Hubble-Reparaturmission» bekannt.

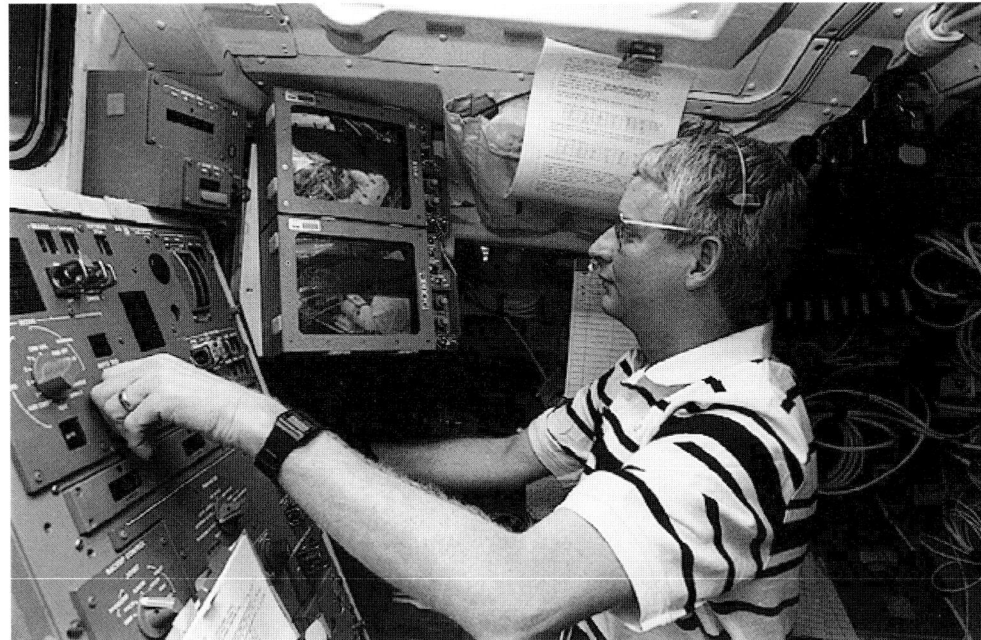

Astronaut Steven A. Hawley beobachtet während des zweiten Shuttle-Besuchs bei Hubble die Aktivitäten zweier seiner Kollegen auf dem Monitor. Hawley gehörte auch der Mannschaft an, die 1990 das Hubble-Teleskop im All aussetzte (Quelle: NASA).

Die zweite Service-Mission war eher eine «Hubble-Verbesserungsmission»; sie erweiterte seinen Blick in den Infrarotbereich und erhöhte die Effizienz der Datenerfassung um mehr als eine Größenordnung. Die wissenschaftlichen Vorteile dieser Mission dringen erst allmählich ins allgemeine Bewußtsein und werden in ihrer Gesamtheit erst in vielen Jahren bekannt sein.

Ich glaube, daß es genauso wichtig war zu demonstrieren, daß erdumkreisende Forschungsinstrumente gewartet und verbessert werden können, so daß ihre Leistungsfähigkeit mit dem technologischen Fortschritt Schritt hält und sie nicht veralten. Die zwei Service-Missionen haben unsere Fähigkeit unter Beweis gestellt, Wartungen auszuführen, die wissenschaftliche Effizienz zu vergrößern und selbst einen Satelliten zu verbessern, mit dem schon vorher Wissenschaft von Weltklasse betrieben werden konnte. Die nächste Service-Mission, die voraussichtlich im Frühjahr 2000 stattfindet, sieht erneut Reparaturen und Verbesserungen vor: Bislang ist die Installation eines neuen Satzes von Sonnenkollektoren und einer neuen Kamera, der «Advanced Camera for Surveys», beabsichtigt.

In den wenigen Monaten seit dem Einbau von NICMOS (Near Infrared Camera and Multi-Object Spectrometer) und STIS (Space Telescope Imaging Spectrograph) haben diese Instrumente der zweiten Generation die Erwartungen der Astronomen mehr als erfüllt. Das Hubble-Teleskop hat den bislang hellsten Stern entdeckt, einen einzelnen Neutronenstern im All gefunden, den Doppelstern Mira aufgelöst, neue Einsichten in die Natur Schwarzer Löcher geliefert und eine der am weitesten entfernten Galaxien entdeckt. Die Photographien in diesem Buch dokumentieren nicht nur die Leistungen der vergangenen Monate und Jahre, sondern geben auch einen Vorgeschmack auf die erstaunlichen Bilder und bedeutsamen Entdeckungen, die wir in den vor uns liegenden Jahren erwarten können.

Sieben Jahre nach dem ersten Aussetzen des Hubble-Weltraumteleskops ist die Öffentlichkeit immer noch von seinen Bildern und von den darauf aufbauenden wissenschaftlichen Entdeckungen fasziniert. Die Leistungsfähigkeit des Teleskops wird durch die Entwicklung und Installation neuer Instrumente während künftiger Service-Missionen immer weiter verbessert. Solange wir in der Lage sind, veraltete und schlecht funktionierende Komponenten zu ersetzen, kann das Observatorium in Betrieb gehalten werden und in der vorhersehbaren Zukunft hervorragende wissenschaftliche Arbeit leisten. Selbst zu einer Zeit, da Wissenschaftler und Ingenieure bereits darüber nachdenken, wie ein Raumteleskop der nächsten Generation aussehen sollte, wird Hubble weiter die Geheimnisse des Universums in vorher nie gesehenen Details und in Wellenlängenbereichen enthüllen, die von der Erde aus nur schwer zugänglich sind.

Steve Hawley

Vorwort der Autoren

Nachdem wir vor drei Jahren Texte und Bilder vom Hubble-Weltraumteleskop zusammengetragen hatten, um aus der Fülle der Entdeckungen, Reportagen und Bilder einen illustrierten und gut lesbaren Text zu formulieren, konnten wir schließlich mit dem Resultat unserer Bemühungen einigermaßen zufrieden sein. Zwar war uns die Entwicklung wieder etwas davongeeilt, aber wir hatten versucht, alles zu berücksichtigen, was für den Leser des Jahres 1995 interessant und aktuell sein konnte[1]. In der Folge erschienen dann mehr oder weniger aktualisierte Ausgaben unseres Buches in englischer, französischer und japanischer Sprache, und überall fand der Band wohlwollendes Interesse. Doch die große Zahl der Entdeckungen und neuen Entwicklungen in der Astronomie sowohl vom Satelliten wie vom Erdboden aus ließ eine neue Ausgabe wünschenswert erscheinen. Da sich die Erkenntnisse und auch das Bildmaterial gegenüber der Erstausgabe vervielfacht hatten, war uns klar, daß die bloße Hinzufügung aktueller Textabschnitte nur Stückwerk sein könnte.

So beschlossen wir, ein völlig neues Hubble-Buch zu schreiben, das zwar in der Thematik an das vorhergehende anknüpft und keine wesentlichen Einzelheiten der früheren Geschichte außer acht läßt, aber seinen Schwerpunkt doch in der Gegenwart hat. Es geht also um das Weltraumteleskop mit seinem verbesserten Instrumentarium: So wie die erste Service-Mission 1993 dem Teleskop eine «Brille» verpaßt hatte, lieferte die zweite Service-Mission im Februar 1997 neue Augen für Hubble. Und diese neuen Augen des Hubble-Weltraumteleskops dringen in die Tiefen des Weltraums und bis an die Grenzen von Raum und Zeit vor. Was sie sehen, bietet sich im berühmten «Hubble Deep Field» dem Betrachter dar: Hubbles Blick durchdringt die Staubschleier, die die Geburt der Sterne verhüllen. Aber auch neue Ansichten des Sonnensystems werden sichtbar, wo überraschende Besucher aus dem Kosmos – nämlich die Kometen Hyakutake und Hale-Bopp – sogar den an Astronomie kaum interessierten Himmelsbetrachter begeistert haben. Auch die Beschreibung des Umfelds vom Hubble-Teleskop ist aktualisiert worden: So lassen wir die eindrucksvolle Reihe moderner optischer Teleskope, die in diesen Jahren in Betrieb genommen wurden, Revue passieren, werfen einen Blick auf die aktuellen astronomischen Satelliten und blicken im letzten Kapitel in die gar nicht mehr so ferne Zukunft, in der das Hubble-Weltraumteleskop von Astronomiesatelliten neuer Technologie ergänzt und schließlich abgelöst werden wird.

Wieder wurde die Zusammenarbeit der Autoren durch das Internet vereinfacht. Dem Astronauten und studierten Astronomen Steve Hawley, der 1990 das Weltraumteleskop im All «aussetzte» und der auch Mission Specialist der zweiten Service-Mission war, danken wir für seine Bereitschaft, unser Hubble-Buch mit einem Geleitwort zu versehen. Ferner sind wir einer Reihe von Helfern Dank schuldig, ohne deren Interesse und

1 Daniel Fischer/Hilmar Duerbeck: Hubble. Ein neues Fenster zum All, Basel, Birkhäuser 1995.

Mitarbeit dieses Buch so nicht zustande gekommen wäre. Hilmar Duerbeck bedankt sich bei Nino Panagia und Bob Williams für die Möglichkeit, im Frühjahr 1997 für drei Monate am Space Telescope Science Institute zu arbeiten und die zweite Service-Mission und ihre Ergebnisse hautnah erleben zu dürfen. Auch für den faszinierenden Bericht, den die Astronauten der zweiten Service-Mission nach getaner Arbeit gaben, und die Teilnahme an der Tagung zum «Hubble-Deep-Field» und dessen Bedeutung für die Forschung sei Dank. Daniel Fischer ist der Europäischen Weltraumbehörde und der American Astronomical Society für die Möglichkeit dankbar, an den Tagungen «Science with the Hubble Space Telescope-II», Ende 1995, und der 191. Tagung der Amerikanischen Astronomischen Gesellschaft, Anfang 1998, teilzunehmen, auf denen die zentrale Rolle von Hubble für die moderne Astronomie bestechend klar geworden ist. Und er wurde erneut von zahlreichen Mitarbeitern der Space Telescope – European Coordinating Facility in Garching bei der Suche nach der aktuellen europäischen Perspektive unterstützt, insbesondere von Bob Fosbury und Rudi Albrecht.

Beide danken wir allen Mitarbeitern des Space Telescope Science Institute und den Wissenschaftlern, die sich die begehrte Beobachtungszeit des Weltraumteleskops sichern konnten. Von früh bis spät arbeiten sie daran, die erbrachten Resultate des Teleskops aufzubereiten, zu kalibrieren, zu analysieren und zu interpretieren und damit dem Weltraumteleskop weltweites Interesse zu sichern. Spezieller Dank sei hier auch all denen gesagt, die spontan teilweise unveröffentlichte Hubble-Ergebnisse für dieses Buch zur Verfügung stellten. Schließlich danken wir auch unserem Übersetzer und Helfer in mancherlei Dingen, Helmut Jenkner.

Große Teile des Textes wurden geschrieben, als Hilmar Duerbeck im Auftrag des Deutschen Akademischen Austauschdienstes als Dozent an der UC del Norte in Antofagasta, sozusagen im Schatten des Very Large Telescope der Europäischen Südsternwarte, weilte. Er möchte den Mitarbeitern am Instituto de Astronomia der UC del Norte in Antofagasta und vor allem seinem Direktor, Luis Barrera S., für die mehrmonatige Gastfreundschaft danken.

Daniel Fischer und Hilmar Duerbeck
Königswinter, Antofagasta/Chile und Baltimore, MD/USA, im Frühjahr 1998

Teleskope auf der Erde und im All

Konkurrenz belebt das Geschäft – Das Hubble-Weltraumteleskop und die neuen Großteleskope auf den Berggipfeln

Unmittelbar nach dem zweiten Weltkrieg, als die ersten Pläne für ein Teleskop im Weltraum geschmiedet wurden, war die Welt im allgemeinen und die Welt der Astronomen im besonderen noch eine ganz andere. Die Konstruktion des von George Ellery Hale konzipierten Riesenteleskops auf dem Palomar Mountain in Kalifornien mit seinem Spiegeldurchmesser von 5 Metern hatte viele Jahre gedauert und große technische Probleme aufgeworfen. Nun sollte der Palomar-Spiegel für Jahrzehnte das einzige Großteleskop der Astronomie sein. Der nächste Schritt über diese große technologische Leistung hinaus erwies sich als lang und steinig: Ein russisches 6-Meter-Teleskop kam trotz mancher Verbesserungen erst spät an die Qualität seines Vorläufers heran, und der Sprung in den 8-Meter-Bereich sollte nicht früher als in den 90er Jahren gelingen. Doch daß die Antworten auf die großen Fragen der Astronomie nicht allein auf der Erde liegen konnten, war manchen Visionären schon in der ersten Hälfte unseres Jahrhunderts klar – lange bevor auch nur ein künstlicher Satellit den Erdorbit erreicht hatte.

Als die Sputniks, Explorers und Vanguards ab 1957 den Weg ins All geöffnet hatten, aus welchen politischen Motiven auch immer, waren von Anfang an Astronomen mit dabei, um die neuen Möglichkeiten zu nutzen. Der erdnahe Raum selbst war in den ersten Jahren der Forschungsgegenstand, aber schon in den 60er Jahren konnten die ersten, noch kleinen astronomischen Observatorien in eine Erdumlaufbahn gebracht werden. Direkte Verwandte der optischen Sternwarten auf der Erde waren sie aber noch nicht. Die geringe Startkapazität der ersten Raketengenerationen wie auch das Fehlen leistungsfähiger elektronischer Lichtdetektoren ließen es einfach nicht sinnvoll erscheinen, Teleskope in den Weltraum zu befördern, wenn man doch dasselbe Licht auf der Erde viel bequemer einfangen und verarbeiten konnte. Später aber würde das alles anders sein, dann müßte man die Vorzüge des Weltraums gegenüber der Erde voll ausspielen können.

Es sind vor allem drei Aspekte, die ein optisches Weltraumteleskop, verglichen mit einer Sternwarte auf der Erde – selbst am besten Standort –, auszeichnen:

- Ein Weltraumteleskop kennt keine Luftunruhe. Die ständig vorhandene Turbulenz der Erdatmosphäre macht Bilder des Himmels unscharf, und selbst die modernsten Methoden der angewandten Optik und Bildverarbeitung können diese Unschärfe nicht völlig korrigieren.
- Der Himmel im Weltraum ist schwarz und wolkenlos. Auch die günstigsten Standorte auf der Erde leiden unter einem natürlichen schwachen Leuchten der Atmosphäre (von künstlichen Lichtquellen in der Nähe ganz zu schweigen) und ihrer schwankenden Transparenz.
- Und die Abwesenheit einer Atmosphäre erlaubt es einem Weltraumteleskop auch, in Spektralbereiche jenseits des Sichtbaren vorzudringen, die den Erdboden nur stark gedämpft oder gar nicht erreichen.

aerospatiale
ISO

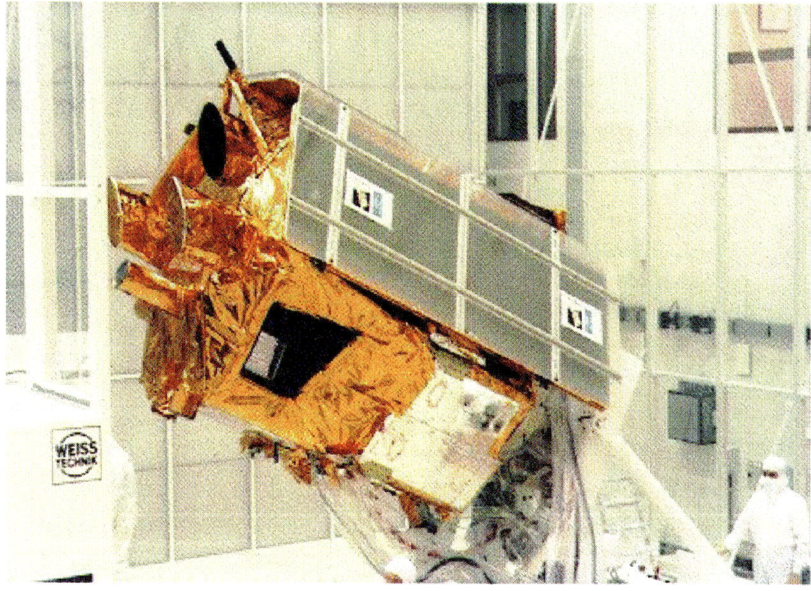
WEISS
TECHNIK

Galerie der Teleskope im Weltraum – vier, die für viele stehen. Oben links ein Vela-Satellit im Erdorbit: Eigentlich für das Aufspüren geheimer Nukleartests gedacht, zeichneten vier dieser Satelliten von 1969 bis 1979 auch 73 Gammastrahlenblitze aus dem Weltraum auf (künstlerische Darstellung: LANL). Oben rechts das Compton Gamma Ray Observatory bei seinem Aussetzen per Space Shuttle 1991 – der größte Observatoriumssatellit aller Zeiten (Quelle: NASA). Unten links der Infrarotsatellit ISO, der von 1995 bis 1998 einen längeren Wellenlängenbereich erkundete, als er Hubble zugänglich ist (Quelle: ESA). Und unten rechts der zunächst kaum beachtete italienische Röntgensatellit BeppoSAX – der aber 1997 endlich das Rätsel der kosmischen Gammablitze lösen konnte (Quelle: ASI).

Die ersten für die Astronomie konzipierten Satelliten trugen deshalb spezielle Empfänger für diese Strahlung, die vom Erdboden aus nicht registriert werden kann. Das waren damals vor allem das ferne ultraviolette Licht, dessen Einwirkung beim Menschen Sonnenbrand hervorruft, und die Röntgenstrahlung, die die Zellkerne der Lebewesen schädigen kann. Diese energiereiche Strahlung wird von der Erdatmosphäre zurückgehalten, aber sie eignet sich gleichzeitig für die Untersuchung der seltsamsten Objekte im Kosmos: heißer Sterne, glühender Materiescheiben, womöglich gar Schwarzer Löcher. Detektoren für diese Strahlung waren im Rahmen der Kernphysik entwikkelt worden und konnten dem Weltraumeinsatz angepaßt werden. Die frühen Satellitenteleskope sahen zwar den Himmel, aber so unscharf, wie etwa ein Kurzsichtiger ohne Brille sieht. Dennoch stießen sie der Astronomie gänzlich neue Fenster auf, ebenso wie dies der Radioastronomie wenige Jahrzehnte vorher von der Erde aus gelungen war.

So wurden die wohl exotischsten Objekte des Universums rein zufällig entdeckt; man ließ Satelliten um die Erde kreisen, um nach der harten Strahlung von Atombombenexplosionen auf der Erde oder hinter dem Mond zu spähen. Vielleicht hatte ja die gegnerische Seite trotz Teststopp-Abkommen doch insgeheim etwas getestet. Diese Vela-Satelliten der U.S. Air Force hielten nach Blitzen im Gammastrahlenbereich Ausschau, die noch härter sind als Röntgenstrahlung. Und Gammablitze wurden tatsächlich registriert, häufiger und schwächer als vermutet. Sie kamen nicht bloß hinter dem Mond hervor, sondern aus der Tiefe des Alls. Jahrelang blieb diese wissenschaftliche Erkenntnis der Öffentlichkeit verborgen. Erst 1973 erschien die erste Publikation, und jahrzehntelang war der Ursprung der Gammastrahlenblitze ein Rätsel – bis es 1997 durch den vereinten Einsatz von verschiedenen Teleskopen und Satelliten, darunter auch des Weltraumteleskops Hubble, wahrscheinlich gelöst werden konnte (davon wird auf den Seiten 88 ff. noch ausführlich die Rede sein).

Auch zu den langen Wellen hin ist die irdische Atmosphäre undurchlässig. Sie absorbiert die von außen einfallende infrarote Strahlung und auch die von innen nach außen gerichtete Wärmestrahlung. Unsere Atmosphäre gleicht nämlich einem Mantel, der die warme Lufthülle der Erde vor der eisigen Kälte des Weltraums isoliert. Da sehr junge und sehr alte Sterne oft kühl sind oder der sie umgebende Staub bei sehr langen Wellenlängen strahlt, ist die Untersuchung der infraroten Strahlung unerläßlich, wenn wir mehr über die Geburt und den Tod von Sternen erfahren wollen. Auch Planeten und ihre Vorläufer, die sogenannten protoplanetaren Scheiben, strahlen vor allem bei Infrarotwellenlängen. Deshalb hat man nicht nur Infrarotteleskope auf hohen Berggipfeln, in Flugzeugen und Ballons installiert, wo der Hintergrund der Wärmestrahlung der Lufthülle schon merklich reduziert ist; vielmehr wurden auch spezielle Infrarotsatelliten in Erdumlaufbahnen gebracht, sobald die Detektortechnik weltraumtauglich geworden war.

Riesenteleskope auf dem Mauna Kea, Hawaii; auf einer Wolkenschicht sieht man kurz nach Sonnenaufgang den Schatten dieses Vulkans. Im Vordergund die Kuppel des japanischen 8-Meter-Teleskops Subaru und die beiden amerikanischen 10-Meter-Keck-Teleskope (Quelle: National Astronomical Observatory of Japan).

Diese Satelliten – die bekanntesten waren IRAS, COBE und ISO – sind relativ klein, da sie vollständig tiefgekühlt sein müssen. Sie sitzen sozusagen in überdimensionalen superkalten Thermosflaschen, sogenannten Dewars, und ihre Spiegeldurchmesser (weniger als 1 m) sind denen guter Amateurteleskope vergleichbar. Weil sie aber bei wesentlich längeren Wellenlängen (3-200 Mikrometer) arbeiten, ist ihr Auflösungsvermögen kaum besser als das eines einfachen Feldstechers im sichtbaren Licht! Da das 1990 nach gut 20jähriger Vorbereitung endlich gestartete Hubble-Weltraumteleskop den größten Spiegel aller Weltraumteleskope besitzt, lag es nahe, es auch für einen Einsatz im Infrarotbereich auszurüsten. Die erforderlichen Detektoren standen zwar erst nach dem Start zur Verfügung, konnten aber 1997 nachträglich eingebaut werden, wie am Schluß dieses Kapitels nachzulesen ist. Allerdings kann man das Teleskop selbst nicht kühlen, so daß ein Einsatz bei großen Wellenlängen auch weiterhin unmöglich ist: Die Eigenstrahlung des «heißen Teleskops» würde die Signale der schwachen Himmelsobjekte überdecken.

Irdische Sternwarten der nächsten Generation

Während das Weltraumteleskop unbeirrt seine Bahn zieht, entstehen auf der Erde Riesenteleskope, die seine Lichtsammelkraft bei weitem übertreffen. Wir wollen uns hier nicht auf das Für und Wider von erdgebundenen bzw. Weltraumteleskopen einlassen, denn bei der Lektüre dieses Buches wird offenkundig werden, daß beide für den Fortschritt der Astronomie vonnöten sind.

Das W.-M.-Keck-Observatorium

besteht aus zwei 10-Meter-Teleskopen, die von dem California Institute of Technology, verschiedenen astronomischen Instituten der Universität von Kalifornien und der NASA am Gipfel des erloschenen Vulkans Mauna Kea auf Hawaii in 5600 m Höhe betrieben werden. Jedes der Teleskope wiegt 300 Tonnen. Die Primärspiegel bestehen aus jeweils 36 sechseckigen Segmenten von je 1,8 m Größe, die aktiv justiert werden. Zweimal pro Sekunde werden die einzelnen Spiegelsegmente mit einer Präzision von 4 Nanometern – einem Tausendstel des Durchmessers eines menschlichen Haares – in die optimale Form gebracht. Spektrographen sowie Kameras für sichtbares Licht und Infrarotstrahlung sind an beiden Teleskopen im Einsatz. Keck I wurde im Mai 1993, Keck II im Oktober 1996 in Betrieb genommen. Die Baukosten in Höhe von mehr als 140 Millionen US-Dollar wurden durch Spenden der W.-M.-Keck-Stiftung aufgebracht.

Das Subaru-Teleskop
(JNLT = Japan National Large-Telescope)

ist ein vom Nationalen Astronomischen Observatorium in Tokio betriebenes 8,3-Meter-Teleskop auf dem Gipfel des Mauna Kea auf Hawaii. Baubeginn war 1991; die Einweihung wurde für den Sommer 1998 erwartet, und das Teleskop wird voraussichtlich im Jahr 2000 seinen wissenschaftlichen Betrieb aufnehmen.

Das Very Large Telescope Array (VLT)

besteht aus einer Anordnung von vier Teleskopen von 8,2 m Durchmesser, die sowohl einzeln wie zusammen arbeiten können. Das VLT wurde von der Europäischen Südsternwarte ESO (European Southern Observatory) entwickelt und errichtet. Das erste der Teleskope (Unit Telescope 1) nahm im Mai 1998 seinen Betrieb auf und lieferte bereits Bilder, die die hohen Erwartungen mehr als erfüllten. Das VLT befindet sich im chilenischen Küstengebirge in 2632 m Höhe auf dem Berg Paranal, etwa 130 km südlich der Stadt Antofagasta (in Chiles II. Region). Der Standort ist nur 12 km vom Pazifischen Ozean entfernt, doch über den Wolken, die den Pazifik häufig verhüllen; das Küstengebirge liegt in einer der niederschlagsärmsten Zonen der Erde, und die Atmosphäre ist hier ganz besonders ruhig.

Das Gemini-Projekt

ist ein internationales Unternehmen, das den Bau von zwei 8-Meter-Teleskopen betreibt. Eines der Teleskope steht auf dem Mauna Kea (Hawaii), das andere auf dem Cerro Pachon (nahe der Stadt La Serena, in Chiles IV. Region). Teilnehmerländer sind die USA, Großbritannien, Kanada, Chile, Argentinien und Brasilien.

Das Magellan-Projekt

verwirklicht die Errichtung zweier 6,5-Meter-Teleskope auf dem Berg Las Campanas in der Atacama-Wüste (in Chiles III. Region). Am Projekt beteiligt sind die Carnegie Institution von Washington und einige US-amerikanische Universitäten. Das erste Teleskop soll im Jahr 2000 in Betrieb gehen.

Das Hobby-Eberly-Teleskop (HET)

am McDonald Observatorium in Ft. Davis (Texas) besitzt einen segmentierten Hauptspiegel von 9 m effektivem Durchmesser. Es gehört einem Konsortium von Universitäten in Austin (Texas), Pennsylvania State,

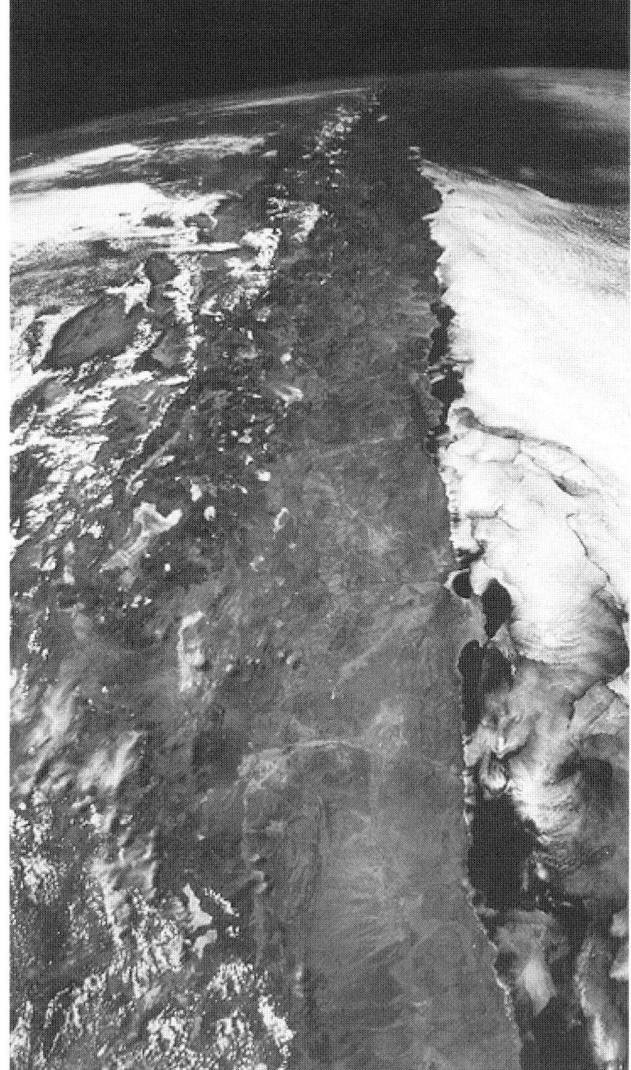

Die Antwort Europas: Der Very Large Telescope Array auf dem Cerro Paranal in Chile nähert sich der Fertigstellung. Vier Einzelteleskope (VLT Unit Telescopes) mit je 8,2 Metern Durchmesser werden hier unter exzellenten Himmelsbedingungen an der chilenischen Küste (in der Aufnahme aus dem Weltraum zu sehen) neue Fenster in den Kosmos aufstoßen. Die Testbeobachtungen mit dem Unit Telescope 1 (im Bild oben sowie im Bild unten während der Fertigung in Italien) haben bereits Ende Mai 1998 begonnen (Quelle: ESO + NASA).

Stanford (Kalifornien) sowie den Universitäts-Sternwarten von München und Göttingen. Es ist ein «Transitteleskop», das sich nur um eine Achse in der Waagerechten drehen läßt, Himmelsobjekte aber mittels eines beweglichen Sekundärspiegels für einige Zeit «verfolgen» kann. Damit sind etwa 70 Prozent des Himmels der Beobachtung zugänglich. Das HET soll vor allem für spektroskopische Beobachtungen eingesetzt werden. Sein ungewöhnliches Design hat eine bemerkenswerte Kostenreduktion ermöglicht – das Teleskop kostete «nur» 14 Millionen US-Dollar. Bereits Ende 1996 wurden die Beobachtungen damit aufgenommen, und 1998 beschloß Südafrika einen Nachbau des HET.

Das Large Binocular Telescope (LBT)

ist ein Projekt, das den Bau einer aus zwei 8,4-Meter-Teleskopen bestehenden Einheit auf dem 3230 m hohen Mount Graham im Staat Arizona betreibt. Projektbeteiligte sind die Universität von Arizona, die Ohio State University, das Astrophysikalische Observatorium Arcetri (Florenz), drei deutsche Max-Planck-Institute (Astronomie, Heidelberg; Extraterrestrische Physik, Garching; Radioastronomie, Bonn) und das Astrophysikalische Observatorium Potsdam. Die optische Einheit besteht aus zwei parallel angeordneten Spiegeln von 8,4 m Durchmesser in einem Abstand von 14,4 m; durch interferometrische Überlagerung sollen Bilder gleicher Schärfe wie bei einem 22-Meter-Spiegel erzielt werden. Die Kosten werden sich voraussichtlich auf 229 Millionen DM belaufen; der wissenschaftliche Betrieb soll im Jahre 2003/2004 aufgenommen werden. Die Forschungsziele des Unternehmens liegen auf dem Gebiet der Kosmologie, der Stern- und Planetenbildung; auch geht es um eine direkte Abbildung von Planeten naher Sterne.

Teleskope im Weltraum

Auch bei den Weltraumorganisationen ist man nicht untätig: Neue astronomische Satelliten werden gebaut und in den Weltraum geschickt, nicht um dem Hubble-Teleskop Konkurrenz zu machen, sondern um das breite elektromagnetische Spektrum noch besser abzudecken.

Zwei Infrarotsatelliten können zu den längeren Wellenlängen sehen: der eine, das europäische Infrared Space Observatory (ISO), wurde im November 1995 gestartet. Es ist mit einem 0,6-Meter-Spiegel, verschiedenen Kameras, Spektrometern und Polarimetern, die Infrarotstrahlung von 3 bis 200 Mikrometern analysieren können, ausgestattet. ISO war bis April 1998 in Betrieb, bis seine 2140 Liter flüssiges Helium, die das Teleskop und seine Empfänger tiefgekühlt hatten, aufgebraucht waren. In 20 bis 30 Jahren wird der Satellit in der Atmosphäre verglühen – aber seine enorme wissenschaftliche Ausbeute bleibt, und Nachfolger sind längst im Bau. Dazu gehört die US-amerikanische Space InfraRed Telescope Facility (SIRTF). Sie besteht aus einem 0,85-Meter-Spiegel und drei wissenschaftlichen Instrumenten, die im Bereich von 3 bis 180 Mikron Abbildungen und Spektren aufnehmen können. Sie haben im Vergleich mit ISO eine erheblich gesteigerte Leistungsfähigkeit. Ihr Start ist für das Jahr 2002 vorgesehen.

Weiter in der Zukunft liegt auch FIRST (Far Infrared and Submillimetre Space Telescope), ein Satellit der ESA (European Space Agency). Sein Start ist ungefähr für das Jahr 2007 vorgesehen. Der 3-Meter-Spiegel und die Infrarot- und Radioempfänger des Teleskops sollen Strahlung mit Wellenlängen von 0,09 bis 0,9 mm einfangen. Solche Strahlung wird von Molekülen im Weltraum wie auch von «Protosternen» ausgesandt. FIRST soll auch einen Einblick in das «dunkle Zeitalter des Universums» ermöglichen, als sich die ersten Sterne und Galaxien bildeten. Ihre Strahlung ist durch die Expansion des Universums zu sehr langen Wellenlängen – im fernen Infrarot – hin verschoben, so daß sie nur von so großen Infrarotteleskopen wie FIRST empfangen werden kann oder auch von dem gewaltigen Nachfolger des Hubble-Teleskops, dem «Next Generation Space Telescope»; von ihm wird im letzten Kapitel noch die Rede sein.

Auch auf der anderen Seite des elektromagnetischen Strahlungsspektrums sind neue Satelliten in der Umlaufbahn oder in Vorbereitung. Besonders zu erwähnen ist der am 30. April 1996 von Cape Canaveral aus gestartete italienisch-niederländische Röntgensatellit BeppoSAX, der sich um die Lokalisierung der mysteriösen Gammastrahlenblitze verdient gemacht hat. Neben einer ganzen Flotte hochspezialisierter Kleinsatelliten der NASA (National Aeronautics and Space Administration) wollen Amerika und Europa ab Ende 1998 kurz nacheinander zwei Röntgensatelliten der nächsten Generation und mit beachtlichen Ausmaßen in den Weltraum bringen, die AXAF (Advanced X-ray Astrophysics Facility) der NASA und die XMM (X-ray Multi-Mirror Mission) der ESA. Die beiden Satelliten ergänzen einander in ihrer Fähigkeit, sehr scharfe Röntgenbilder bzw. empfindliche Spektren aufzunehmen. Auch in Rußland ist man seit Jahren um die Entwicklung aufwendiger Weltraumobservatorien für den Röntgen- und Gammabereich bemüht; ihre Fertigstellung ist in letzter Zeit allerdings wegen akuten Geldmangels immer unsicherer geworden. Im kommenden Jahrzehnt wird man also trotz russischer Schwierigkeiten mit geballter Technik den Strahlungsteilchen aus dem Kosmos nachstellen.

Doch trotz aller Neuerungen soll das Weltraumteleskop Hubble auch in seiner zweiten Dekade im Orbit großartige Ausblicke liefern – eine kaum zu glaubende Erfolgsbilanz angesichts des langen und beschwerlichen Wegs in den Weltraum.

Das Hubble-Weltraumteleskop: Der lange Weg zum Start

Der amerikanische Astronom Lyman Spitzer hatte 1946 eine Vision – ein die Erde umkreisendes Teleskop. Eigentlich stammt die Idee bereits aus den 20er Jahren und war von dem deutschen Raumfahrtpionier Hermann Oberth formuliert worden. Oberth hatte allerdings mehr an die praktische Nutzung gedacht (das Teleskop sollte z.B. künftige Astronauten vor den ihren Weg kreuzenden Asteroiden warnen); Spitzer dagegen hatte ganz die Grundlagenforschung im Blick. «Der wichtigste Beitrag eines so radikal neuen und leistungsfähigeren Instruments», schrieb er damals, «würde nicht sein, unsere gegenwärtigen Ideen über das Universum, in dem wir leben, zu ergänzen, sondern neuartige Probleme aufzudecken, die sich noch niemand vorstellt». Doch 1946 war man gerade dabei, den 5-Meter-Spiegel auf dem Palomar Mountain fertigzustellen, so fand Spitzers Idee keine Beachtung – schließlich hatte auch noch kein künstlicher Himmelskörper eine Erdumlaufbahn erreicht.

Erst nach dem Start der ersten Erdsatelliten ab 1957 begann man, realistische Pläne zu schmieden; und wieder war es Spitzer, der 1969 forderte, daß man ein Teleskop mit 3 m Durchmesser in einer Erdumlaufbahn stationieren sollte. Nach dem abrupten Ende des Apollo-Programms war die NASA auf der Suche nach einem ähnlich spektakulären Projekt wie der Mondlandung. Ein «Large Space Telescope» (LST) wurde konzipiert – aber noch war das nötige Geld nicht vorhanden. 1972 hatte die NASA mit der Entwicklung des ersten wiederverwendbaren Raumtransporters, des Space Shuttle, begonnen, und das LST war von Anfang an mit dem Shuttle «verheiratet». Das Teleskop sollte nicht nur mit dem Shuttle in die Umlaufbahn gebracht, sondern auch regelmäßig «gewartet» werden. Diverse Komponenten, Verschleißteile ebenso wie veraltete Beobachtungsinstrumente, waren turnusmäßig von Astronauten auszutauschen. Das Raumteleskop sollte auf diese Weise wie irdische Teleskope jahrzehntelang in Betrieb bleiben können.

Doch bei der ersten Entscheidung für den Bau waren den Kongreßabgeordneten die angepeilten 400–500 Millionen Dollar für das Projekt nicht geheuer: Es wurde erst einmal auf Eis gelegt. Aber Lyman Spitzer ließ nicht locker, es gelang ihm, die Astronomen Amerikas geschlossen auf ein Weltraumteleskop einzuschwören. 1975 wurden erste Forschungsgelder freigegeben, der damalige US-Präsident Ford jedoch hatte zur Sparsamkeit gemahnt und die substantielle Mitarbeit weiterer Nationen gefordert. 1977 lief das Projekt endlich an, auch wenn das Teleskop in der Zwischenzeit etwas kleiner geworden war (der Spiegeldurchmesser war auf 2,4 m geschrumpft). Der größte Auftragnehmer war die Firma Lockheed in Kalifornien, die sich bereits mit dem Bau von leistungsfähigen Aufklärungssatelliten einen Namen gemacht hatte. Von dieser Technologie konnte das Hubble-Teleskop profitieren. Das Herz des Satelliten, die Optik, sollte jedoch Perkin-Elmer in Connecticut bauen.

Auch die Europäer waren sehr an dem Weltraumteleskop interessiert, und seit 1973 gab es zwischen der NASA und der europäischen ESA entsprechende Kontakte. Man einigte sich darauf, daß die ESA die

Lyman Spitzer, der amerikanische Astronom, der den Anstoß zur Entwicklung eines großen optischen Teleskops im Erdorbit gegeben hat (Quelle: Princeton University).

Lyman Spitzer (1914–1997)

war von 1947 bis 1979 Direktor des Observatoriums der Universität Princeton, wo er bis zum Tag vor seinem Tode in seinem Büro arbeitete. Neben Fragen der Plasmaphysik und der Kernfusion widmete sich Spitzer den Fragen des Interstellaren Mediums, der Stellardynamik und der Weltraumastronomie.

Im Jahre 1946, mehr als ein Jahrzehnt vor dem Start des ersten künstlichen Erdsatelliten, schlug er in einer Studie für die RAND Corporation den Bau von kleinen und großen Weltraumteleskopen vor, um Probleme der Bildunruhe, der Strahlungsabsorption der Erdatmosphäre und den Einfluß von Durchbiegungseffekten durch die Schwerkraft zu vermeiden. Mit einem kleinen Teleskop würde man sehr viel über das Ultraviolettspektrum von Sternen und damit über die chemische Zusammensetzung der Sterne und des interstellaren Staubes und Gases lernen. Mit einem großen Teleskop, Spitzer dachte an Spiegeldurchmesser zwischen 5 und 15 Metern, würde man die Struktur von Kugelsternhaufen, von Galaxien und die Entfernungen im Weltall durch Analyse von Einzelsternen in anderen Galaxien bestimmen können.

Sein erster Traum ging spätestens 1972 in Erfüllung: Unter seiner Leitung wurde damals ein astronomischer Satellit mit einem Spiegeldurchmesser von 80 Zentimetern gebaut, der 1972 unter dem Namen «Copernicus» in eine Erdumlaufbahn gebracht wurde und unsere Kenntnis von der Physik und der chemischen Zusammensetzung der interstellaren Materie wesentlich erweiterte. Auch sein zweiter Traum wurde Wirklichkeit: Spitzer war wesentlich an der Konzeption und Realisierung des Hubble-Weltraumteleskops beteiligt.

Edwin Hubble am Leitfernrohr des Schmidt-Teleskops auf dem Palomar Observatory, ca. 1950. Das Weltraumteleskop, das seinen Namen trägt, geht den großen Fragen der Kosmologie nach, die er aufgeworfen hat (Quelle: Alexander Sharov, Igor D. Novikov: Edwin Hubble, Basel, Birkhäuser 1994).

«Faint Object Camera» (FOC), eine Kamera zur Aufnahme lichtschwacher Objekte, zur Verfügung stellen sollte. Die Technologie zum Bau einer solchen Kamera war am University College London gegeben. Ferner finanzierte die ESA Stellen für wissenschaftliche Mitarbeiter aus Europa, richtete in Garching bei München ein Koordinierungsinstitut ein und lieferte auch die Solarzellen für das Weltraumteleskop. Im Oktober 1977 wurde ein Vertrag zwischen der NASA und der ESA geschlossen, der besagte, daß Astronomen aus den Mitgliedsstaaten der ESA mindestens 15 Prozent der möglichen Beobachtungszeit mit dem Hubble-Teleskop zustanden. Dies war allerdings nur eine Untergrenze. Sofern die Forschungsprogramme der Europäer wichtig genug waren und einen höheren Anteil an Beobachtungszeit erforderten, konnte auch mehr Zeit in Anspruch genommen werden.

Sowohl finanzielle wie auch technische Probleme waren beim Hubble-Programm an der Tagesordnung. Mit ca. 2 Milliarden US-Dollar Baukosten kam das Projekt schließlich viermal so teuer wie ursprünglich veranschlagt. Auch der für 1983 geplante Start wurde immer wieder verschoben, und als es fast soweit war, ereignete sich am 28. Januar 1986 die Challenger-Tragödie; das gesamte Raumfährenprogramm wurde für zweieinhalb Jahre eingestellt. Vier Jahre lang überwinterte das Teleskop in einer staubfreien Montagehalle bei Lockheed in der Nähe von San Francisco, bis es mit einem Transportflugzeug zum Weltraumbahnhof Cape Canaveral gebracht und in der Ladebucht der Raumfähre Discovery verstaut wurde.

Nach einer letzten vierzehntägigen Verzögerung wegen defekter Hydraulik-Hilfsaggregate hob die Discovery am 24. April 1990 um 14 Uhr 33 Minuten 59 Sekunden MESZ von der Startrampe ab, an Bord «das Hubble Space Telescope, unser Fenster ins Universum», wie der NASA-Kommentator in einem sicher oft trainierten Satz versprach. Nur 8 Minuten später war die Raumfähre in über 600 km Höhe, und die Astronauten konnten sich daranmachen, das Hubble-Teleskop auszusetzen. Selten hatte man so große Erwartungen an den Start eines Satelliten geknüpft wie diesmal, und kaum jemals wurden die Hoffnungen der Wissenschaftler, zumindest in den ersten Jahren, so herb enttäuscht.

In der Umlaufbahn: die große Krise

Zwischen 613 und 615 km Höhe lag die Bahn, in der die Discovery einige Stunden nach dem Start die Erde umkreiste. Jeder Kilometer, den das Weltraumteleskop höher ausgesetzt werden konnte, würde seine Lebensdauer verlängern, denn selbst hier ist noch so viel Restatmosphäre vorhanden, daß der Riesensatellit permanent abgebremst wird und dadurch immer tiefer sinkt. Schon fünf Stunden nach dem Start sendete der Satellit eigene Funksignale, doch mit Strom versorgte ihn noch die Discovery. Einen Tag später wurde diese Nabelschnur gekappt, und es blieben 8 Stunden, die 12 Meter langen Solarzellenflächen auszurollen; die Batterien des Teleskops sollten nicht zu weit entladen werden. Damit sie mit ihren 48760 Einzelzellen in die Ladebucht paßten, wurden sie extrem dünn gehalten und aufgerollt an den Teleskopseiten befestigt. Entfaltet leisten sie zusammen 4,4 Kilowatt. Am Morgen des zweiten Tages wurde das Weltraumteleskop mit Hilfe des aus Kanada stammenden Shuttle-Greifarms vom Astronauten Steve Hawley aus der Ladebucht der Weltraumfähre gehievt.

Die Sende- und Empfangsantennen wurden ausgefahren, die Sonnensegel entrollt. Um 21:38 MESZ konnte man das Teleskop schließlich freilassen, und die Discovery zog sich langsam zurück; die Düsen sollten den so sorgfältig sauber gehaltenen Satelliten nicht im letzten Moment noch verschmutzen. Zwei Tage blieben die Astronauten noch in Bereitschaft, um im Notfall den Satelliten wieder einfangen und zur Erde zurücktransportieren zu können. Alle nur erdenklichen Notmaßnahmen hatte man geprobt – so beispielsweise den Fall, daß sich die große Klappe vor Hubbles Teleskop-Tubus nicht öffnen würde. Tatsächlich zog sich diese Operation wegen anhaltender Kommunikationsprobleme über Stunden hin, und sie beförderte den Satelliten zum ersten, aber nicht zum letzten Mal, in einen «Safe Mode»: Immer, wenn er sich in Gefahr wähnt, ob zu Recht oder nicht, macht er sich von den Kommandos der Erde unabhängig, sorgt dafür, daß die Solarzellen genügend Licht bekommen und die Sonne nicht direkt in die Optik scheint. Oft dauert es Stunden oder Tage, bis man danach das Teleskop wieder unter Kontrolle bekommt.

Doch diese Art Betriebsstörungen – eigentlich nicht unerwartet bei einem derart komplexen Satelliten – sollten vor wesentlich bedrohlicheren Entwicklungen bald verblassen. Immer wenn das Hubble-Teleskop auf seiner Bahn die Tag-Nacht-Grenze kreuzte, traten nämlich spürbare Erschütterungen auf, die bald auf Verspannungen und sprunghafte Verformungen der großen Sonnensegel zurückgeführt werden konnten. Dadurch verlor Hubble zeitweise seine Orientierung, und die Aktionsfähigkeit war zunächst einmal eingeschränkt. Die ausgeklügelten Kreiselsysteme, mit denen Hubble in allen Achsen gedreht werden kann, erwiesen sich als zu schwach, um diesen unerwarteten Erschütterungen effizient zu begegnen. Doch der ganz große Konstruktionsfehler des Teleskops blieb in diesen ersten Tagen noch unerkannt. Solange die Flugkontrolleure und Programmierer mit dem widerspenstigen Satelliten rangen, konnte Hubble kein einziges Bild liefern.

Hubble wird gestartet: Am 24. April 1990 trägt der Space Shuttle Discovery das Weltraumteleskop in seine Umlaufbahn (Quelle: NASA).

Am Morgen des 20. Mai 1990 war es dann endlich soweit: «First Light» für die Hauptkamera von Hubble, die WF/PC (Wide Field & Planetary Camera); man nannte diese Kamera allgemein nur «Wiffpick». Das Motiv war ein eher unscheinbarer Sternhaufen am Südhimmel, NGC 3532. Die erste Belichtung von 1 Sekunde zeigte nur einen Stern, die nächste, die 30 Sekunden dauerte, ein gutes Dutzend. Die Kamera funktionierte und die Optik im großen und ganzen auch. Doch die Struktur der Sternbilder erschien seltsam; neben einer scharfen zentralen Helligkeitsspitze zeigte sich eine unscharfe Scheibe von über einer Bogensekunde Ausdehnung, in der bei den hellsten Sternen Tentakel wie Spinnenbeine zu erkennen waren.

In den folgenden Wochen wollte dieses Problem einfach nicht verschwinden, was die Kontrolleure auch mit dem Teleskop anstellten. Jeden Tag wurde deutlicher, daß etwas schiefgegangen und das ganze Projekt in Gefahr war. Als auch die ersten Aufnahmen der europäischen Faint Object Camera, die am 17. Juni empfangen wurden, diese seltsame Struktur anstelle scharfer Bilder von Sternen zeigten, war offenkundig, was die Optikexperten des Hubble-Projekts schon bald befürchtet hatten: Nicht die «Wiffpick», sondern die gesamte Optik des Hubble-Teleskops mußte defekt sein! Und schuld war ausgerechnet jene Komponente, auf die man besonders stolz gewesen war und die definitiv nicht im Orbit ausgewechselt werden konnte: der 2,4 m große Hauptspiegel.

In einer am 27. Juni abgehaltenen Pressekonferenz legte die NASA alle Karten auf den Tisch: Der Hauptspiegel von Hubble war 2 Mikrometer zu flach geraten; das waren nur ein paar Prozent von der Dikke eines Haares, aber in optischen Maßstäben verhängnisvoll. Selbst Billigteleskope aus dem Kaufhaus sind meist zehnmal präziser gefertigt! Da aus vielen technischen Gründen, aber vor allem wegen der Kostenersparnis, nie die komplette Optik an künstlichen Sternen getestet worden war, war der Fehler unentdeckt geblieben. Man hatte sich auf Tests der einzelnen Komponenten, von Haupt- und Fangspiegel, verlassen und sich auf diese Weise von einem exzellenten Gesamtsystem überzeugt. Auf der Suche nach dem Fehler wurde man rasch fündig, da bei der Herstellerfirma noch der Versuchsaufbau zum Test des Hauptspiegels existierte. Bei einem sogenannten «Nulltest» stand eine Prüflinse 1,3 mm zu weit vom Spiegel entfernt. Warum? Weil an einem Meßstab ein Laserstrahl nicht an dessen Ende, sondern schon 1,3 mm vorher an einer dunkel angestrichenen Abdeckung reflektiert wurde, von der ein wenig Farbe abgesplittert war. Das entscheidende Testgerät selbst aber war nie richtig geprüft worden.

Die zweite Hälfte des Jahres 1990 wurde dann für das Schicksal der Hubble-Mission entscheidend. Sogar ein Abbruch des ganzen Projekts stand im Raum! Nach Erörterung vieler Möglichkeiten – darunter radikaler Maßnahmen wie dem Zurückholen des Hubble-Teleskops auf die Erde oder einem kompletten Neubau mit einem vorhandenen zweiten (und korrekt geschliffenen) Hauptspiegel – wurde schließlich eine elegante Lösung gefunden. Sie hieß COSTAR: Eines der Hubble-Instrumente (das HSP, ein Hochgeschwindigkeits-Belichtungsmesser) sollte beim ersten Hubble-«Besuch» durch Astronauten 1993 gegen einen cleveren Mechanismus ausgetauscht werden, der winzige Spiegel in den Strahlengang der Optik schieben würde. Diese Spiegel waren in der Lage, den peinlichen Fehlschliff des Hauptspiegels auszugleichen und den verbliebenen Instrumenten wieder ein scharfes Bild des Himmels zu liefern.

Möglich wurde dieses Kunststück, weil Hubbles Spiegel zwar gräßlich falsch geschliffen war – aber eben doch «perfekt» falsch: Seine Form folgte mit einmaliger Präzision der falschen Vorgabe. Die «zerquetschte Spinne», als die Hubbles Optik punktförmige Sterne abbildete, war mathematisch genau nachzuvollziehen. Und so wurde es möglich, zusätzliche Spiegel zu schleifen, die genau die entgegengesetzte optische Wirkung hatten und den Defekt perfekt herauskorrigierten. Unter Dutzenden teilweise verwegener Konzepte für das Nachbessern der Optik im Orbit überzeugte diese Idee am meisten, und noch 1990 wurde der Auftrag zum Bau von COSTAR erteilt. Die Firma Ball Aerospace hat sich mit der erfolgreichen Fertigstellung der Korrekturoptik in Rekordzeit einen

Der 2,4 Meter große Hauptspiegel für Hubble bei seiner Prüfung im Werk von Perkin-Elmer, im Sommer 1984 (Quelle: NASA).

Namen gemacht, der ihr in späteren Jahren manchen weiteren Hubble-Auftrag einbrachte.

Hatte im Sommer 1990 noch das Damoklesschwert des Abbruchs über dem Hubble-Projekt geschwebt, so schien die praktisch komplette Wiederherstellung der ursprünglich konzipierten Fähigkeiten binnen drei Jahren nun zum Greifen nah. Das Hubble-Teleskop brauchte aber in der Zeit, bevor es im Rahmen einer Reparaturmission eine «neue Brille» erhielt, nicht ganz untätig die Erde zu umkreisen. Denn nach den oft überzogenen Erwartungen, die vor dem Start geweckt worden waren, und der publizistischen Vorführung des «totalen Desasters» begann sich das Blatt bald erneut zu wenden. Die beiden Spektrographen an Bord von Hubble konnten – durch den Optikfehler nur wenig behindert – ihre Arbeit aufnehmen. Die Beobachtung von hellen Planetenoberflächen war ebenfalls kaum beeinträchtigt, und zudem wurden Computerprogramme zum «Scharfrechnen» von verschwommenen Hubble-Bildern entwickelt.

Die besonderen Eigenschaften des Bildfehlers, einer sogenannten sphärischen Aberration, führten nämlich dazu, daß zwar aus jedem Stern praktisch ein großer unscharfer Lichtklecks wurde – doch mit einer scharfen Helligkeitsspitze in der Mitte. Leider erreichten nur 10 Prozent der Lichtteilchen eines Sterns dieses scharfe Bild, aber bei einer ganzen Reihe von Himmelsobjekten, dichten Sternhaufen zum Beispiel, war es mathematisch möglich, den unscharfen «Halo» um die Sternspitzen «wegzurechnen» und ein so scharfes Bild zu gewinnen, wie es eine perfekte Optik geliefert hätte. Einen gravierenden Unterschied gab es allerdings: Schwächere Sterne und lichtschwache ausgedehnte Gebilde wie Nebel gingen verloren, und die vielgepriesene Empfindlichkeit war arg reduziert. Das Teleskop sah weniger Sterne als Teleskope auf der Erde, konnte aber eng beieinander stehende viel besser trennen. So mußten bis zum Einbau des COSTAR zwar viele ehrgeizige Forschungsprogramme verschoben werden, aber mit einer ganzen Reihe von Projekten konnte man beginnen.

Bereits Anfang 1991 wurden in der Fachliteratur die ersten wissenschaftlichen Forschungsarbeiten mit Hubble-Daten vorgestellt. Das Spektrum der neuen Erkenntnisse reichte von Detailbeobachtungen an einer neuentstandenen gigantischen weißen Wolke auf dem Planeten Saturn über die planetenbildende Scheibe um den Stern Beta Pictoris und den Gasring um die Supernova 1987 in der Großen Magellanschen Wolke bis hin zum «Einstein-Kreuz», einem durch Gravitationslinsenwirkung ferner Galaxien vervielfachten Bild eines Quasars. Wenn Hubble schon mit eingeschränktem Blick derartig faszinierende Erkenntnisse erbringen konnte, welche Entdeckungen würde das Weltraumteleskop erst nach seiner Reparatur zur Erde liefern? Die astronomische Fachwelt war angemessen beeindruckt, doch die Öffentlichkeit blieb fürs erste skeptisch. Zu sehr war der Ruf Hubbles (was sich im Englischen pikanterweise auf «trouble» [Schwierigkeit] reimt) lädiert, als daß man den nun wieder optimistischen Verlautbarungen trauen wollte.

Die erste Service-Mission: eine «Brille» für Hubble

Der Druck auf die NASA war riesengroß: Die erste «Servicing Mission» 1993 (die Bezeichnung «Reparatur» war offiziell verpönt) mußte ein Erfolg werden. Die Zukunft der ganzen Weltraumagentur stand auf dem Spiel. Sie hatte in diesen Jahren der Öffentlichkeit nicht viel geboten. Während Hubble sein reduziertes Forschungsprogramm erledigte, wurde andernorts fieberhaft an der Kompensation der Fehler gearbeitet. Die verfeinerten mathematischen Methoden der Bildanalyse konnten zwar die schlimmsten Fehler beseitigen, mußten aber bei der Sichtbarmachung und der exakten Lichtmessung schwacher Sterne vor einem noch schwächeren Sternenuntergrund versagen. Die erhoffte Beobachtung von pulsierenden Sternen in anderen Galaxien – eine der Hauptaufgaben des Hubble-Teleskops in Nacheiferung seines gleichnamigen Vorgängers – gehörte zu den Programmen, die vorläufig auf Eis gelegt werden mußten. Die dank dieser Beobachtungen mögliche genaue Vermessung des Universums (siehe Seite 56) fiel damit fürs erste aus.

Von der NASA waren regelmäßige Service-Missionen zum Hubble-Teleskop von vornherein fest eingeplant, sonst hätte man das Weltraumteleskop gar nicht auf seinen eigentlich unpraktischen niedrigen Erdorbit geschickt, sondern viel weiter von der störenden Erde entfernt stationiert. Nur weil es für Raumfähren erreichbar bleiben mußte, kreiste es auf einer Bahn, wo die Erde einen beachtlichen Teil seines «Himmels» abdeckt und wo es sogar durch die Strahlungsgürtel der Erde gestört werden kann. Nun mußte die erste Service-Mission (SM-1) etwas früher starten und aufwendiger gestaltet werden, als dies ursprünglich vorgesehen war. Der Austausch des HSP (Hochgeschwindigkeits-Belichtungsmesser) gegen COSTAR und das Ersetzen der alten Wiffpick (Wide Field & Planetary Camera) durch eine neue (mit eigener Korrekturoptik) war dabei aber nur eine der wichtigen Aufgaben. Auf dem Programm stand auch der Austausch der Solarsegel, denn ihr Gezitter störte nicht nur die Beobachtungen, sondern gefährdete den Zusammenhalt des ganzen Satelliten. Die britische Herstellerfirma glaubte, das Problem erkannt und mit einem neuen Paar Segel gelöst zu haben.

Am 2. Dezember 1993 hob Space Shuttle Endeavour zu der mit Spannung erwarteten Mission ab. Es war «eine Frage von Leben oder Tod für die NASA», brachte der bekannte US-Astronom John Bahcall die allgemeinen Gefühle auf den Punkt. Und in der Tat, die Situation war prekär. In den USA übertrugen nicht nur das NASA-eigene Fernsehen und der Nachrichtensender CNN, sondern sogar der Politik-Kanal C-SPAN die Mission in weiten Teilen live. Zum siebenköpfigen Team gehörte auch der ESA-Astronaut Claude Nicollier aus der Schweiz. Diesmal bediente er den ferngesteuerten Roboterarm des Shuttles, mit dem etwa 48 Stunden nach Beginn des Unternehmens das Weltraumteleskop eingefangen und in die Ladebucht gezogen wurde. Am dritten Tag wechselten die Astronauten Story Musgrave und Jeff Hoffman zwei Kreisel aus, die zur Regelung von Hubbles Lage im Raum dienten und die bereits ausgefallen waren: typische Verschleißteile auf Satelliten aller Art und daher aus-

Astronauten bei der Arbeit: Während der ersten Service-Mission im Dezember 1993 werden alle wesentlichen Mängel des teuren Satelliten beseitigt (Quelle: NASA).

tauschfreundlich konstruiert. Am Hubble-Teleskop konnte tatsächlich von Astronauten im freien Raum gearbeitet werden – und es wurde im Orbit zu einem «neuen» Satelliten gemacht.

Als nächstes versuchte man per Fernkommando, die beiden alten Sonnensegel einzurollen, um sie bergen und durch die neuen ersetzen zu können. Der Austausch gelang nur bei einem, das zweite hatte sich so unglücklich verbogen, daß es sich partout nicht mehr zusammenrollen ließ. Am folgenden Tag wurde es beim Weltraumspaziergang von Tom Akers und Kathy Thornton von Kathy abgeschraubt und in den Weltraum befördert. Wo hätte man sonst eine so große Mülltonne hernehmen können? Eigentlich sollte das Segel binnen Monaten verglühen, bot es doch mit seiner riesigen Fläche einen großen Luftwiderstand; kurioserweise hielt es sich aber noch etliche Jahre im Orbit, ohne jedoch andere Satelliten zu gefährden. Die ersten beiden Tage im freien Raum hatten dazu gedient, die Betriebssicherheit des ganzen Hubble-Satelliten sicherzustellen. Das war in der Tat noch wichtiger als die Nachbesserung der Optik. Sie stand erst beim dritten und vierten Ausstieg auf dem Programm.

Für den fünften Tag der Mission war der von Musgrave und Hoffman ausgeführte Austausch der alten Wide Field and Planetary Camera durch eine neue vorgesehen, und am sechsten Tag wurde von Akers und Thornton schließlich COSTAR, die Korrekturoptik, montiert, sodann eine Speichererweiterung in den Bordcomputer eingebaut. Und bei einem fünften Ausstieg – ein Rekord! – wurden einige weitere kleine Reparaturen ausgeführt. Tags darauf schließlich, am 10. Dezember 1993, konnte man Hubble aus der Ladeluke heben und wieder im Weltraum aussetzen. Am 13. Dezember um 0:26 Uhr Ortszeit landete der Shuttle in Cape Canaveral. Insgesamt 35 Stunden 30 Minuten hatten die Astronauten im freien Raum zugebracht. Auf 674 Millionen Dollar beliefen sich die Kosten der Service-Mission alles in allem, rund 100 Millionen Dollar waren dabei direkte Folgen des Optikfehlers gewesen. Heutzutage baut die NASA mit so viel Geld mehrere kleine Astronomiesatelliten – im Gesamtbudget des Hubble-Programms fiel die Summe hingegen kaum ins Gewicht.

In den folgenden Wochen, während die diversen Korrekturspiegel in optimale Positionen geschoben wurden, hielt sich die NASA bedeckt. Doch schon für den 13. Januar 1994 wurde eine große Pressekonferenz im Goddard Space Flight Center angesetzt. Ebendort war 3 1/2 Jahre zuvor das Optikproblem publik geworden. Viel Prominenz aus Raumfahrt und Politik war zugegen, und die Senatorin Barbara Mikulski zog mit dramatischer Geste ein Bildpaar unter dem Tisch hervor. «Ich bin froh, daß ich heute, nach seinem Start und den früheren Enttäuschungen sagen kann: ‹Der Trouble mit Hubble ist vorbei.›» Auf dem Bild waren Einzelsterne in starker Vergrößerung zu sehen, einmal vor und einmal nach der Montage von COSTAR. Der Lichthalo des Schreckens war verschwunden, das neue Bild perfekt scharf. Und noch beeindruckender wirkte Mikulskis zweites Bildpaar vom Zentrum der Spiralgalaxie M100; ebenfalls zwei Versionen, also vor und nach der Service-Mission aufgenommen. Auch die mathematische Analyse der Bilder belegte: Hubble erfüllte nun die ursprünglichen optischen Spezifikationen – das neue Fenster in den Kosmos klemmte nicht mehr, sondern war endgültig aufgestoßen.

Die zweite Service-Mission und die neuen Instrumente

Der Riesenerfolg der ersten Service-Mission, der einen nicht endenden Strom von Pressemeldungen über neue Objekte oder zumindest noch nie gesehene oder höchstens vermutete Strukturen in Objekten nach sich zog, bestärkte die Absicht, im Rahmen einer zweiten Service-Mission das Hubble-Teleskop mit neuen, besseren Detektoren auszustatten. Immerhin waren die wissenschaftlichen Instrumente, die das gesammelte Licht aus dem Kosmos aufnahmen, schon vor mehr als zehn Jahren entwickelt worden und nur noch bedingt «neuester Stand der Technik».

An den Instrumenten der zweiten Generation war zwar schon gearbeitet worden, als Hubble gerade gestartet wurde, aber immerhin handelte es sich nun um Technik der frühen 90er Jahre. Und welche der alten Instrumente ersetzt werden sollten, war auch klar: die beiden Spektrographen der ersten Generation, der Goddard High Resolution Spectrograph (GHRS) und der Faint Object Spectrograph (FOS). Sie sollten zwei wesentlich moderneren Instrumenten Platz machen (siehe Kasten Seite 38–39): dem Near Infrared Camera and Multi-Object Spectrometer (NICMOS) und dem Space Telescope Imaging Spectrograph (STIS). Während NICMOS dem Hubble-Teleskop endlich den (nahen) Infrarotbereich öffnen sollte, war STIS ein Vielzweck-Spektrograph mit zusätzlicher Kamerafunktion im ultravioletten Bereich. NICMOS sieht das Universum im nahen Infrarot mit höherer Empfindlichkeit und besserer Auflösung als jedes andere existierende oder geplante Teleskop. Das Instrument war von einem Team unter der Leitung von Rodger Thompson entwickelt worden. STIS zerlegt das ultraviolette und sichtbare Licht in die einzelnen Farben. Das Instrument verfügt über ortsauflösende (zweidimensionale) Lichtempfänger und besitzt, verglichen mit dem früher verwendeten Spektrographen, die 30fache Effizienz an spektraler Information; es kann das Vielhundertfache an Ortsauflösung erzielen. Das Instrument ist im Labor für Astronomie und Sonnenphysik des Goddard Space Flight Center unter der Leitung von Bruce Woodgate entwickelt worden.

Am Dienstag, dem 11. Februar 1997 um 9:55 Uhr MEZ, hob das Space Shuttle «Discovery» zur zweiten Service-Mission von der Startrampe des Kennedy Space Center in Cape Canaveral, Florida, ab. An Bord befanden sich die sieben Astronauten Kenneth Bowersox, Gregory Harbaugh, Steve Hawley, Scott Horowitz, Mark Lee, Joseph R. Tanner und Steven Smith. Wie schon bei der ersten Service-Mission (SM-1) war knapp zwei Tage später das Weltraumteleskop erreicht. Die Annäherung erforderte vom Kommandanten Bowersox viel Fingerspitzengefühl. Diesmal gab es keine Ersatzteile mehr für die Solarsegel – eine Beschädigung wäre womöglich das Aus für Hubble gewesen. Als der Shuttle sich dem Teleskop bis auf etwa 10 m genähert hatte, wurde das Teleskop vom Missions-Spezialisten Steve Hawley mit Hilfe des Robotarms erfaßt, in die Ladeluke bugsiert und fest verankert. Äußerlich machte Hubble zunächst einen guten Eindruck, insbesondere die Sonnensegel hatten sich nur um wenige Zentimeter verbogen; die in England

vorgenommenen Nachbesserungen hatten also funktioniert.

Um 5:34 Uhr MEZ begann dann am 14. Februar der erste «Weltraumspaziergang», bei dem Missions-Spezialist Steven Smith und Ladungskommandant Mark Lee die alten Instrumente FOS und GHRS ausbauten und die neuen, NICMOS und STIS, einsetzten. Die Arbeit erforderte große Sorgfalt, um die telefonzellengroßen Instrumente nicht zu verkanten. Beim Ausstieg aus dem Shuttle war allerdings die Luft aus der Luftschleuse zu rasch entwichen, und eines der Sonnensegel von Hubble hatte seinem Namen alle Ehre gemacht – es bog sich im Luftstrom um 90 Grad aus der Ruhelage. Dadurch fiel seine elektronische Steuerung kurzfristig aus, was alle Beteiligten mächtig in Schrecken versetzte. Schaden entstand allerdings nicht, und bei künfti-

Linke Seite:
Der zweite Besuch: Am 11. Februar 1997 startet die Raumfähre Discovery, um Hubble ein weiteres Mal auf Vordermann zu bringen (Quelle: NASA).

Rechte Seite, links:
Arbeiten an der isolierenden Außenhülle des Satelliten durch die Astronauten M. C. Lee und S. L. Smith während ihres fünften Ausstiegs (Quelle: NASA).

Rechte Seite, rechts:
Geschafft: Sozusagen als «neuer» Satellit kann Hubble nach dem Abschluß der zweiten Service-Mission wieder auf seine Umlaufbahn entlassen werden (Quelle: NASA).

gen Lukenöffnungen wurde umsichtiger vorgegangen. Nun erledigte man zunächst Routineaufgaben. Am folgenden Tag wechselten Greg Harbaugh und Joe Tanner zwei weitere Geräte aus, einen Sensor zur exakten Nachführung des Satelliten und ein Bandlaufwerk zum Speichern von Daten.

Astronaut J. R. Tanner vor der Sonne und der im Schatten liegenden Erde – Photograph G. J. Harbaugh erscheint als Reflex im Visier von Tanners Helm. An Tanners linkem Arm: eine Liste mit seinem Arbeitsprogramm (Quelle: NASA).

Jetzt fielen den Astronauten auch zum ersten Mal größere Schäden an der Wärmeisolierung des Teleskops auf. Die Temperaturschwankungen im Orbit und die ungedämpfte UV-Strahlung der Sonne hatten bereits ihren Tribut gefordert. Dazu kamen zahlreiche kleine «Einschüsse» durch Mikrometeoriten und winzige Teilchen Weltraumschrott, mit denen Hubble übersät war. Am 16. Februar traten erneut Smith und Lee in Aktion. Sie setzten einen Datenspeicher und ein Schwungrad ein, das zur Stabilisierung und räumlichen Ausrichtung des Weltraumteleskops dient, und tauschten ein defektes Dateninterface aus. Da im letzteren Fall 18 Verbindungskabel (mit Weltraumhandschuhen!) neu angeklemmt werden mußten, dauerte diese Reparatur 2 1/2 Stunden – Arbeiten an diesem Interface waren im Orbit eigentlich gar nicht vorgesehen gewesen, aber es klappte dennoch alles.

Am nächsten Tag waren wieder Joe Tanner und Greg Harbough an der Reihe, die eine Elektronik zur Steuerung der Sonnensegel auszuwechseln hatten. Schließlich reparierten sie auch noch einiges an der Isolierung, die das Teleskop umhüllt. Diese besteht aus 15 Lagen eines organischen Kunststoffs und aus einer Außenschicht von aluminisiertem Teflon. Da die Isolierschicht auf der der Sonne zugewandten Seite des Teleskops größere Schäden, Flecke und Risse aufwies, wurde ein zusätzlicher fünfter Weltraumspaziergang für den Folgetag eingeplant. Während dieses fünfstündigen Aufenthalts im All besserten die Astronauten Steven Smith und Mark Lee einige größere Schäden an der Isolierung «mit Bordmitteln» aus: Ihre Kollegen hatten die Flicken nach den von der Bodenkontrolle zur Discovery gefaxten «Schnittmusterbögen» angefertigt. Dabei handelte es sich freilich nur um Provisorien; für die dritte Service-Mission im Jahre 2000 sind weitere «Flickarbeiten» geplant.

Die insgesamt 33 Stunden 11 Minuten Außenbordarbeiten der Astronauten – abermals eine großartige astronautische Aktion, die bereits für sich eine einmalige Leistung darstellt – waren nur ein Aspekt der

Hubble wieder im Einsatz: Nachdem auch die zweite Service-Mission ein voller Erfolg geworden war, ist der Satellit fit für die nächsten drei Jahre im Dienst der Astronomie (Quelle: NASA).

Discovery-Mission gewesen. Insgesamt dreimal wurden nämlich außerdem die Lagekontrolldüsen des Orbiters gezündet, und die Discovery mitsamt dem Weltraumteleskop konnte in eine schließlich 15 km höhere Erdumlaufbahn gehoben werden: 620 km im höchsten und 594 km im niedrigsten Punkt kreiste sie nach den Manövern um die Welt. Damit hatte das Hubble-Teleskop seine höchste Umlaufbahn erreicht. Und das war auch gut so, denn in den folgenden Jahren wird die Aktivität der Sonne allmählich ansteigen, wodurch sich die Erdatmosphäre ausdehnt. Ein tiefer fliegender Satellit kann dann stark abgebremst werden und sogar seine Bahn verlassen (so geschehen mit den Raumstationen Skylab und Salyut 7). Das Weltraumteleskop wurde am 19. 2. 1997 wieder in die Freiheit entlassen und wird wohl während seiner nächsten 16 000 Erdumläufe keine Menschenseele mehr sehen.

Am 21. Februar um 9:32 Uhr MESZ setzte Discovery wieder auf der Landebahn 33 des Kennedy-Raumflugzentrums in Cape Canaveral auf – knapp 10 Tage nach dem Start und ebenfalls bei Dunkelheit. Auch die zweite Service-Mission war nicht billig gewesen: Insgesamt 795 Millionen Dollar hat die Pflege von Hubble gekostet, davon entfielen 448 Millionen Dollar auf den Shuttle-Flug und immerhin 347 Millionen Dollar auf die neuen Komponenten, die eingebaut worden waren (allein das STIS kostete 125, das NICMOS 105 Millionen), Spezialwerkzeuge und andere Hubble-spezifische Ausgaben. Gegenwärtig stehen 230 Millionen Dollar jährlich für Betrieb und Wartung des Satelliten und für die Entwicklung neuer Instrumente zur Verfügung. In den 20 Jahren seit dem formellen Start im Jahr 1977 bis zur zweiten Service-Mission wurden insgesamt rund 3,8 Milliarden Dollar in das Hubble-Projekt gesteckt – lohnende Ausgaben, wie die Gutachter immer wieder bescheinigen, wenn es um den Gewinn wissenschaftlicher Erkenntnisse pro investiertem Dollar geht.

Die Wiederinbetriebnahme des Weltraumteleskops kam zunächst planmäßig voran, doch bald stellte sich heraus, daß die beiden neuen Instrumente empfindlicher gegen äußere Strahlungseinflüsse waren, als man berechnet hatte. Störungen traten aber nur auf, wenn das Teleskop durch die besonders teilchenreiche Zone der irdischen Strahlungsgürtel, die South Atlantic Anomaly, flog. Der Teilchenbeschuß ließ dann ein paar Bits im Speicher der Instrumente umfallen, die sich daraufhin zur Sicherheit selbst abschalteten. Die Lösung des Problems war aber rasch gefunden: Die Instrumente wurden in den kritischen Minuten einfach kontrolliert abgeschaltet, was kein Verlust war, da sie in diesen verstrahlten Gebieten ohnehin keine guten Daten geliefert hätten. Ansonsten arbeiteten sie einwandfrei – so schien es zumindest. Doch dann gelang es einfach nicht, eine der drei NICMOS-Kameras scharfzustellen, auch das Temperaturverhalten ihrer großen «Thermoskanne» (des Dewar), in der das tiefgekühlte Instrument steckte, entsprach überhaupt nicht den Erwartungen.

Offensichtlich war es zu einem sogenannten Wärmeleck gekommen. Die Technik, ein kompliziertes wissenschaftliches Instrument mit gefrorenem Stickstoff zu kühlen, ist noch neu, und irgendwie muß es zu einem Kontakt des Stickstoffblocks mit der Außenwelt gekommen sein. Das bewirkte zweierlei: Zum einen dehnte sich das ganze Instrument aus (weswegen eine der Kameras aus dem Fokussierbereich gewandert war), und zum anderen ging der Stickstoff nun viel schneller verloren, als man erwartet hatte. Statt der angenommenen fünf Jahre standen der NICMOS, wie fieberhaft errechnet wurde, keine zwei mehr zur Verfügung! Zum Glück begannen sich die Probleme aber

NICMOS und STIS:
Hubbles Instrumente der 2. Generation

Das **Near-Infrared Camera and Multi-Object Spectrometer** (NICMOS), ein Kombinationsinstrument, erschließt Hubble erstmals den nahen Infrarotbereich und ist zwischen 0,8 und 2,5 µm Wellenlänge empfindlich. Dieser Spektralbereich schließt sich unmittelbar auf der roten Seite an den sichtbaren an, und es gibt dort eine gewisse Überlappung mit Hubbles WFPC-Kamera. Die NICMOS besteht aus drei unabhängigen Kameras mit unterschiedlichen Pixelgrößen (0,043, 0,075 und 0,2 Bogensekunden), unterschiedlichem Bildfeld und unterschiedlicher Winkelauflösung.

Jede Kamera besteht aus einem HgCdTe-Array und 256 x 256 Pixeln und besitzt ihr eigenes Filterrad: Es trägt nicht nur Farb-, sondern auch Polarisationsfilter, Koronographen und Beugungsprismengitter («grisms»). NICMOS ist auch Hubbles erstes kryogenes Instrument: Es wird von gefrorenem Stickstoff 5 Jahre lang auf 58 Kelvin gekühlt – so stand es jedenfalls in den Spezifikationen. Die Einsatzgebiete reichen von Objekten im jungen Universum über Sterne hinter und im Staub der Milchstraße bis zu kühlen Objekten wie den Braunen Zwergen. Und ein Forschungsmotiv für NICMOS (wie auch STIS) wird natürlich das Hubble Deep Field sein: Im Prinzip könnte NICMOS noch Protogalaxien mit einer Rotverschiebung von 14 (!) sehen – wenn es sie denn gibt.

Der **Space Telescope Imaging Spectrograph** (STIS) ist laut Definition ein «abbildender Breitband-Vielzweck-Spektrograph» mit dreizehn verschiedenen spektrographischen und acht unterstützenden Betriebsarten sowie zwei verschiedenen Detektortypen, die zusammen einen Spektralbereich von 115 nm bis 1 µm Wellenlänge abdecken. Die für das Instrument entwickelten sogenannten «MAMA-Detektoren» (die Abkürzung steht für «multi-anode microchannel arrays») sind für das Ultraviolette von 115–310 nm zuständig. Sie bestehen aus 1024 x 1024 winzigen Bildverstärkerröhrchen: Die UV-Photonen schlagen aus einer Photokathode Elektronen frei, deren Zahl sich beim Sturz durch Mikroporen in einem Potentialgefälle vervierhunderttausendfacht. Jedes Photon wird auf diese Weise schließlich mit seiner (x,y)-Koordinate und dem Zeitpunkt seines Eintreffens registriert. Nicht einmal ein mechanischer Verschluß ist erforderlich.

Für die längeren Wellen (305 nm–1 µm) ist ein traditioneller CCD-Chip zuständig, wie er auch in Hubbles Hauptkamera WFPC2 (und irdischen Sternwarten sowie modernen Camcordern und Digitalkameras) verwendet wird. Ein Filterrad mit 65 Positionen enthält Eintrittsspalte, -öffnungen und Spalt-Filter-Kombinationen für die Feinausrichtung auf das Beobachtungsobjekt, die eigentliche Spektroskopie und Kalibrationszwekke. Der entscheidende Fortschritt gegenüber den alten Spektrographen ist die Zweidimensionalität der Detektoren. Statt des Lichtes aus einem Punkt kann nun das Licht eines ganzen Spaltes gleichzeitig zerlegt werden – die Effizienz verfünfhundertfacht sich. Die spektroskopische Kartierung von Galaxien, Nebeln oder Planeten wird so möglich oder auch die Bestimmung der rasanten Gasgeschwindigkeiten rund um galaktische Zentren. Eine wichtige Aufgabe bleibt aber weiterhin die Untersuchung von intergalaktischen Absorptionslinien von Quasaren. Um schwache Nebel um helle Sterne nachzuweisen, gibt es auch einen Koronographen.

teilweise von selbst zu lösen: Die Expansion des defekten Dewars erreichte Ende März 1997 ihr Maximum und kehrte sich dann um. Dies genügte aber nicht, um die Kamera in den gleichen Fokalbereich wie die beiden anderen zu bringen. Sie wird aber ab und zu eingesetzt – doch dazu muß das ganze Teleskop umfokussiert werden, und alle anderen Instrumente sehen nur noch ein unscharfes Bild des Kosmos.

Doch das Problem der verkürzten Lebensdauer von NICMOS ist relativ leicht zu lösen: einfach mehr Zeit auf dieses Instrument aufwenden, als im Originalplan vorgesehen. Dadurch könnte im Endeffekt nahezu das ganze geplante Forschungsprogramm der NICMOS realisierbar sein – wenn auch auf Kosten der bereits genehmigten Programme für die anderen Instrumente. Und findige Ingenieure denken schon wieder weiter. Bereits bei der nächsten Service-Mission Anfang 2000 könnte nämlich Hilfe kommen: Es erscheint möglich, der Kamera ein zusätzliches, aktives Kühlsystem zu verpassen, so daß ihre Lebensdauer im Prinzip ins Unendliche verlängert wäre. Um den Stickstoffblock vor dem Start im gefrorenen Zustand zu halten, war die NICMOS mit einem Rohrsystem ausgestattet worden, durch das man eisiges Helium schickte. Im Orbit sind diese Rohre nutzlos – aber nichts spricht dagegen, sie wieder mit einem Kühlmittel zu beschicken. Laut Plan will man dies mit gasförmigem Neon bewerkstelligen, das die Detektoren immerhin auf rund 70 Kelvin (–203°C) kühlen könnte; der feste Stickstoff schafft 58 Kelvin.

Die Einrichtung und Justierung von NICMOS und STIS war noch lange nicht beendet, da bekam die Öffentlichkeit bereits die ersten Testaufnahmen zu sehen: Je zwei «Early Release Observations» von der neuen IR-Kamera und dem Spaltspektrographen wurden am 12. Mai vorgestellt. Spontane Begeisterung in den Medien lösten sie nicht aus. Die bleibt weiterhin der Wide Field & Planetary Camera (WFPC) mit ihren gestochen scharfen Himmelsaufnahmen vorbehalten, die allein wegen ihrer ästhetischen Wirkung immer wieder auf Titelseiten und in Fernsehnachrichten erscheinen. Doch die Fachwelt war angetan, und schon im Januar 1998 erschienen die ersten Forschungsarbeiten mit NICMOS und STIS in der Fachliteratur. Auf vielen Teilgebieten der Astronomie haben sie, wie auch schon die älteren Instrumente, eine wichtige Rolle gespielt.

Folgen wir nun den Entdeckungsreisen des Hubble-Teleskops quer durch das Universum. Beginnen wir unsere Reise am Rande des Universums und bei den großen Fragen, zu deren Beantwortung Hubble prädestiniert ist, um über einzelne Galaxien und die Nebel und Sterne unserer Milchstraße schließlich bis zu unserem eigenen Sonnensystem zu gelangen!

Bis an den Rand des Kosmos: Wie groß und wie alt ist das Universum?

Grundfragen der Kosmologie

Der Weltraum ist mehr als nur eine Ansammlung einzelner kosmischer Objekte. Er hat selbst geometrische Eigenschaften, die zu erforschen eine der zentralen Aufgaben der Kosmologie ist. Manche Fragestellungen lassen sich leicht nachvollziehen: Die Forscher wollen zum Beispiel wissen, wie groß die Massendichte des Universums im Mittel ist, wieviel Masse pro Volumen es also gäbe, wenn man alle Planeten, Sterne und Gaswolken zerreiben und gleichmäßig über das All verstreuen könnte. Dieses Gedankenspiel kann man sich vielleicht gerade noch vorstellen, ferner auch, daß von der Materiedichte das Schicksal des ganzen Kosmos abhängt. Reicht die Materiemenge nämlich nicht, dann ist ihm ewige Expansion gewiß. Doch das ist längst nicht alles.

Der Vorstellung von Otto Normalverbraucher entzieht sich nämlich bereits die Konsequenz aus der kosmischen Dichte: Sie bestimmt, ob und wie der Raum als ganzer gekrümmt ist. Heute dehnt sich das Universum immer weiter aus – aber seine Dichte, Krümmung und eine weitere, noch unvorstellbarere Größe, die «Kosmologische Konstante» genannt wird, bestimmen, wie es weitergeht. Wird die Ausdehnung irgendwann einmal zu einem Ende kommen oder sich gar umkehren? All diese Fragen galten lange als unbeantwortbar – doch das hat sich in den letzten Jahren des 20. Jahrhunderts geändert. Trickreiche Beobachtungstechniken ermöglichen es zunehmend, die fundamentalen Zahlen des Universums zu *messen*. Großteleskope auf der Erde und auch das Weltraumteleskop Hubble haben dazu beigetragen, daß aus der Kosmologie in rasantem Tempo eine beobachtende Wissenschaft geworden ist.

Wenn wir die Struktur des Raumes ergründen wollen, müssen wir seinen Inhalt erforschen – und der kommt glücklicherweise recht organisiert daher. Die Materie hat sich – auf welchem Wege auch immer – in hierarchischer Weise im Kosmos verteilt. Die grundlegende Einheit sind die Galaxien oder Sternsysteme, in denen sich Milliarden von Sternen zu Kugeln, Scheiben oder unregelmäßig geformten Gebilden zusammengefunden haben und dank ihrer Schwerkraft nicht mehr voneinander lassen. Auch unser Stern, die Sonne, ist Teil einer solchen Galaxie, der Milchstraße. Und die Galaxien bilden zumeist wiederum größere Einheiten, sogenannte Galaxienhaufen und Superhaufen, die schließlich in eine gigantische Blasenstruktur eingebettet sind. Die Galaxien und ihre Haufen bilden gewissermaßen die Wände dieser Blasen, deren Inneres fast leer ist. Diese Erkenntnis ist eine der ganz großen astronomischen Entdeckungen der 80er Jahre. Es war nicht leicht, zu ihr zu gelangen, sind wir doch selbst Teil des kosmischen Ganzen. Von einem in keiner Weise ausgezeichneten Punkt schauen wir uns um und versuchen, den Bauplan des Universums zu ergründen.

Unser Blick in den Raum streift nahe Sonnen ebenso wie ferne Galaxien. Ein Blick in die Tiefen des Raumes ist damit gleichzeitig ein Blick in die Vergangenheit des Universums, weil ja die Lichtgeschwindigkeit nicht unendlich ist – in kosmischem Maßstab sind ihre 299 792,5 Kilometer pro Sekunde geradezu langsam. Wir lesen im Universum wie in einem Buch, dessen Seiten nicht numeriert und die alle durcheinander geraten sind. Aufgabe des Kosmologen ist es, um im Bild zu bleiben, alle Seiten in die richtige Reihenfolge zu bringen. Dies macht die Wissenschaft von der Erforschung des Universums, die Kosmologie, so ungemein faszinierend und schwierig zugleich. Die Entfernungsmessung ist eine der fundamentalen Aufgaben der Astronomie, und nur in einem kleinen Bereich innerhalb unserer eigenen Milchstraße lassen sich direkte Methoden anwenden, die sofort eine absolute Zahl für die Distanz eines Sternes liefern. Alle anderen Entfernungsangaben sind relativ, geben nur an, um wieviel weiter ein Himmelsobjekt von uns entfernt ist als ein anderes – nur die Zusammenführung vieler solcher Messungen ergibt schließlich die absolute Distanz zu einem fernen Stern oder einer fernen Galaxie, deren Licht viele Jahrmillionen und manchmal Jahrmilliarden benötigt hat, um endlich zu uns zu gelangen.

Die Galaxien bilden einen regelrechten Zoo: Es gibt kleine und große, Galaxien mit Staub und Gas, in denen ständig neue Sterne entstehen, und Galaxien, die nur aus alten Sternen bestehen und wie leergefegt erscheinen. Galaxien kann man je nach ihrem Erscheinungsbild in unterschiedliche Typen einteilen: Spiralen, Balkenspiralen, elliptische Galaxien und irreguläre Galaxien. Doch diese Klassifikation stellt nur den ersten Schritt zur Erkenntnis dar. Astronomen sind keine Schmetterlingssammler, die sich an den mannigfaltigen Erscheinungsformen der Galaxien erfreuen, sie wollen mehr über ihren Aufbau und ihre Entwicklung herausfinden.

Der Astronom Edwin Hubble gehörte zu den ersten, die eine Klassifikation der Galaxien entworfen haben, ein Schema, das auch heute noch im großen und ganzen Gültigkeit hat. Hubble war auch der erste, der die wirkliche Größe des Universums zu erahnen begann. Zu Beginn unseres Jahrhunderts kannte man zwar das ungefähre Format unserer eigenen Milchstraße, nämlich mehrere zehntausend Lichtjahre, aber ob sie selbst bereits den größten Teil des Kosmos ausmachte oder nur ein winziges Stäubchen im Ozean des Universums war, wußte niemand zu sagen. Gewiß, da sah man seltsame mattschimmernde Kugeln oder auch Spiralen am Himmel, wenn man mit großen Fernrohren hinaufschaute, bei denen es sich um fremde Sternensysteme handeln *konnte*. Aber ebensogut hätten es viel kleinere Objekte in unserer eigenen Milchstraße sein können. Hubble gelang der Durchbruch: Er entdeckte 1923 in einem der Kandidaten für eine fremde Milchstraße, dem Andromedanebel, pulsierende Sterne – wie es sie auch in unserer Milchstraße gibt.

Und bei diesen speziellen Sternen, Cepheiden genannt, war bereits ein faszinierendes Gesetz entdeckt worden: Die Periode der Pulse steht in einem ziemlich festen Verhältnis zur wahren Helligkeit der Sterne. Sieht man sie also pulsieren, dann kann man ihre absolute Helligkeit berechnen – und hat man die Helligkeit gemessen, mit der sie *für uns* am Himmel strahlen, dann läßt sich ohne allzu große Umschweife die *Entfernung* des Sterns berechnen! Wir haben eine sogenannte Standardkerze entdeckt, mit der wir ohne weitere Zwischenschritte Entfernungen quer durch den Raum messen können. Hubble erkannte nun dank der Cepheiden: Der Andromedanebel ist so weit entfernt, daß er eine eigenständige Milchstraße sein muß.

Der Weltraum hatte sich damit plötzlich ausgeweitet. Aber das war erst der Anfang des größten Umbruchs in der Geschichte der Kosmologie.

Nachdem nämlich Hubble zu einer größeren Zahl von Galaxien die Entfernungen bestimmt hatte, stieß er bereits 1929 auf einen linearen Zusammenhang zwischen der Entfernung und der Rotverschiebung in den Spektren der Galaxien. Je weiter entfernt eine Galaxie ist, desto schneller entfernt sie sich von uns: Ist sie doppelt so weit, ist sie auch doppelt so schnell – das «Hubblesche Gesetz» war gefunden. Die Rotverschiebung der Galaxien ist uns also eine enorme Hilfe in dem Bemühen, Ordnung in unserem großen Buch des Universums zu schaffen: Je weiter eine Galaxie von uns entfernt ist und je länger das Licht von ihr zu uns unterwegs war, um so stärker hat die Expansion des Weltalls dieses Licht verändert, es zu längeren Wellenlängen ins Rote hin verschoben.

Diese kosmologische Rotverschiebung können wir für jede Galaxie messen, indem wir ihr Spektrum untersuchen. Uns wohlbekannte Spektrallinien, wie sie von den chemischen Elementen (z. B. Wasserstoff, Kalzium oder Eisen) hervorgerufen werden, finden sich nicht bei den Wellenlängen, die wir im Labor auf der Erde messen, sondern sind zum roten Teil des Spektrums verschoben. Eine große Rotverschiebung bedeutet also, daß wir es mit einer Seite zu Anfang des kosmologischen Buches zu tun haben. Und das Universum erscheint uns um so geheimnisvoller, je weiter wir in seinem Buch zurückblättern und die ersten Seiten zu entziffern versuchen!

Leider ist es im allgemeinen nicht möglich, für alle Galaxien die Rotverschiebung zu messen – es würde Jahrtausende Beobachtungszeit an den großen Teleskopen dieser Erde in Anspruch nehmen, und jeder Astronom ist froh, wenn er ein paar Beobachtungsnächte pro Jahr erhält. Selbst großangelegte Forschungsprojekte, wie sie 1997 an mehreren Sternwarten begonnen haben und bei denen Großteleskope ausschließlich für die Galaxienspektroskopie reserviert worden sind, können nur für einen Bruchteil aller fernen Welteninseln die exakten Rotverschiebungen ermitteln. Wir können also auf diese Weise unser Geschichtsbuch des Universums nicht rekonstruieren. Es gibt aber praktische Tricks, um sich wenigstens ein Gefühl für die Distanz einer Galaxie zu verschaffen.

Je tiefer wir in den Raum blicken, um so schwächer erscheinen die Galaxien. Sie sind nicht nur weiter entfernt, sondern ihr blaues Licht, im allgemeinen schwächer als das Licht im sichtbaren Bereich, wird durch die kosmologische Rotverschiebung nun in den visuellen Bereich verschoben. Galaxien strahlen fast kein Licht im fernen ultravioletten Bereich ab. Wenn wir Galaxien hoher Rotverschiebung mit den Farbfiltern des Weltraumteleskops beobachten, erkennen wir manchmal, daß sie im blauesten Filter gar nicht mehr sichtbar sind. Solche sogenannten «dropouts» deuten auf Galaxien mit sehr hohen Rotverschiebungen hin; in extremen Fällen gibt es sogar einen dropout im roten Licht. So hat die Wissenschaft also neben der Spektroskopie noch andere und viel bequemere Möglichkeiten, Rotverschiebungen und damit Entfernungen relativ zuverlässig abzuschätzen!

Ein Blick in die Tiefen von Raum und Zeit

Was wäre, wenn man das Hubble-Teleskop für einige Wochen auf die gleiche Stelle des Himmels richten und eine supertiefe Aufnahme des Kosmos machen würde? Kein Astronomenteam würde die Beobachtungszeit für ein solches Projekt von der Gruppe von Gutachtern erhalten, die alle Beobachtungsanträge prüft und beurteilt; es gibt einfach zu viele Vorschläge, zu viele interessante Dinge, die man in der begrenzten Zeit beobachten möchte. Glücklicherweise gibt es bei manchen Sternwarten (und auch beim Hubble-Weltraumteleskop) ein bestimmtes Kontingent an Beobachtungszeit, dessen Vergabe im Ermessen des Institutsdirektors steht; im allgemeinen stellt der bei unvorhergesehenen Ereignissen bestimmten Teams solche Zeiten kurzfristig zur Verfügung. Einige Wochen solcher «Direktorenzeit» wurden Ende 1995 dafür verwendet, ein Areal des Himmels zu beobachten, dessen hervorragendste Charakteristik darin bestand, daß es «nichts» enthielt – keinen Stern, keine helle Galaxie, keinen Quasar, keine auffällige Radio- oder Infrarotquelle.

Dieses Areal von etwa einem Dreißigstel der Größe des Vollmonds liegt im Sternbild Ursa Major, das auch als großer Wagen wohlbekannt ist, und zwar etwas nördlich vom Stern Delta Ursae Majoris (der Stern des Wagens, an dem die «Deichsel» befestigt ist). Als «Hubble Deep Field» (HDF) ist dieses kleine Himmelsfeld schon jetzt eine astronomische Legende. Während zehn aufeinanderfolgenden Tagen zwischen dem 18. und 28. Dezember 1995 wurden mit der Wide Field-Planetary Camera 2 (WFPC2) insgesamt 342 Bilder in vier Farbbereichen gemacht. In den folgenden zwei Wochen bemühte sich ein internationales Astronomenteam, die Bilder in den einzelnen Farben sorgfältig aufzuaddieren und schließlich zu einem Farbbild zu vereinigen. Bereits am 15. Januar 1996 wurde es feierlich der astronomischen Öffentlichkeit vorgestellt.

Das ungeheure Aufsehen, das es erregte, betraf nicht nur die Fachwelt. Je nach Farbe zeigte das Himmelsfeld zwischen 3- bis 15mal schwächere Himmelsobjekte – nahezu alles ferne Galaxien – als jedes andere derartige «Deep Field», das Astronomen bisher aufgenommen hatten. Im roten Farbbereich war gar zum allerersten Mal die 30. astronomische Größenklasse erreicht worden, eine Zahl, die das Herz jedes Astronomen höher schlagen läßt. Je *größer* die «Größenklasse» nämlich ist, desto *schwächer* erscheint ein Stern oder eine Galaxie am Himmel. Und die 30. Größe bedeutet, daß eine Galaxie zweieinhalbmilliardenmal schwächer am Himmel strahlt als der schwächste Stern, den man mit bloßem Auge an einem sehr dunklen Nachthimmel gerade noch erkennen kann. Abermals hatte Hubble «ein neues Fenster ins Universum» aufgestoßen. Wie sieht nun der Blick in die Tiefen des Alls aus?

Wie sähe ein ewig andauerndes Universum aus, unendlich ausgedehnt und überall mit leuchtender Materie (Sternen oder Galaxien) erfüllt? Diese Frage wurde schon früh gestellt, und der Bremer Arzt und Hobbyastronom Heinrich Wilhelm Olbers gab 1823 bereits eine treffende Antwort darauf: Der Nachthimmel müßte strahlend hell sein, denn irgendwann müßte der Sehstrahl des irdischen Beobachters an jedem Fleck des

Tausende von Galaxien und eine Handvoll Sterne im Hubble Deep Field – einem Gebiet von einem Dreißigstel Vollmonddurchmesser. Die schwächsten Objekte sind viermilliardenmal dunkler als die schwächsten Sterne, die man noch mit dem bloßen Auge erkennen kann. Nur eines der vier Teilbilder des Himmelfelds ist hier abgebildet, das ganze Mosaik ist im Kasten auf Seite 49 zu sehen (Quelle: Williams und NASA).

Die «Tiefe» des Hubble Deep Field

Wie tief in den Raum hinein reicht eigentlich das Hubble Deep Field, der insgesamt 10tägige Rekord-Blick des Weltraumteleskops auf ein und dieselbe Stelle des Himmels? Diese Frage ist nicht leicht zu beantworten, denn nur von den hellsten der über 1500 Galaxien auf dem Bild konnte die Rotverschiebung direkt mit Spektrographen gemessen werden. Aber weil die Einzelaufnahmen in vier verschiedenen Farben gemacht worden waren, läßt sich auch bei viel schwächeren Galaxien die Rotverschiebung mit einer gewissen Sicherheit abschätzen. Charakteristische Details in Galaxienspektren wandern bei immer höherer Rotverschiebung natürlich zu immer längeren Wellen hin. Interessant ist dabei besonders die sogenannte Lyman-Grenze. Neutraler Wasserstoff im intergalaktischen Raum unterdrückt die Spektren ferner Galaxien unterhalb einer bestimmten ultravioletten Wellenlänge radikal. Zudem wird auch der Rest des UV-Spektrums durch einen regelrechten «Wald» von Absorptionslinien des Wasserstoffs von intergalaktischen Wolken gedämpft – und beide Effekte treffen auf alle fernen Galaxien ungeachtet ihrer Eigenschaften zu, weil nur der Raum zwischen ihnen und uns dafür verantwortlich ist.

Das ermutigt, allein durch das Aufnehmen von CCD-Bildern durch verschiedene Filter die Rotverschiebung von Objekten im Hubble Deep Field (HDF) abzuschätzen. Mit «simulierten» Galaxien klappt das Verfahren auch recht gut; bei einem Großteil von ihnen lieferte der Farbentrick praktisch die Rotverschiebung, die vorher hineingesteckt worden war. Binnen weniger Jahre ist das Verfahren heute zum Standard geworden, wenn es um die Entfernungsbestimmung oder -schätzung einer großen Zahl von schwachen Galaxien in kurzer Zeit geht. Und das Hubble Deep Field ist genau so ein Fall. 1104 Objekte wurden getestet: Zwischen einer Rotverschiebung zwischen 0 und 1 lagen 367 Galaxien, 512 zwischen 1 und 2, 135 zwischen 2 und 3, 54 zwischen 3 und 4, 30 zwischen 4 und 5, 2 zwischen 5 und 6, und 4 sogar bei einer Rotverschiebung größer als 6! Bei Rotverschiebungen bis 2,3 sind die Spektren praktisch dieselben wie bei heutigen Galaxien, nur entsprechend verschoben. Doch zwischen 2,5 und 4 sind die Objekte hell bei 814 und 606 Nanometern Wellenlänge, nachweisbar bei 450, aber nicht mehr bei 300 Nanometern; hier beginnt der intergalaktische Wasserstoff zu sperren.

Oberhalb einer Rotverschiebung von 4 verschwinden die Galaxien dann auch bei 450 und oberhalb von 6 auch schon bei 606 Nanometern. Nur im nahen Infraroten sind sie noch zu sehen. Den letzten Beweis dafür, daß es sich bei den infraroten Lichtpunkten tatsächlich um extrem ferne Galaxien handelt, liefert das Mehrfarben-Verfah-

Die dritte Dimension des Hubble Deep Field: die Tiefe in den Raum hinein. All die Zahlen auf dem großen Bild, das das komplette Himmelsfeld zeigt, sind direkt gemessene Rotverschiebungen der Galaxien. Die schwächsten von ihnen entziehen sich jedoch noch der Spektroskopie, und ihre Distanzen kann man nur aus der Farbe erraten. Der im Ausschnitt markierte rote Punkt, ein Objekt, das nur im rötesten Deep Field-Farbauszug zu sehen ist, wäre demnach eine Galaxie mit einer extrem hohen Rotverschiebung (Quelle: Lanzetta & Yahil und NASA/Williams und Keck Observatory).

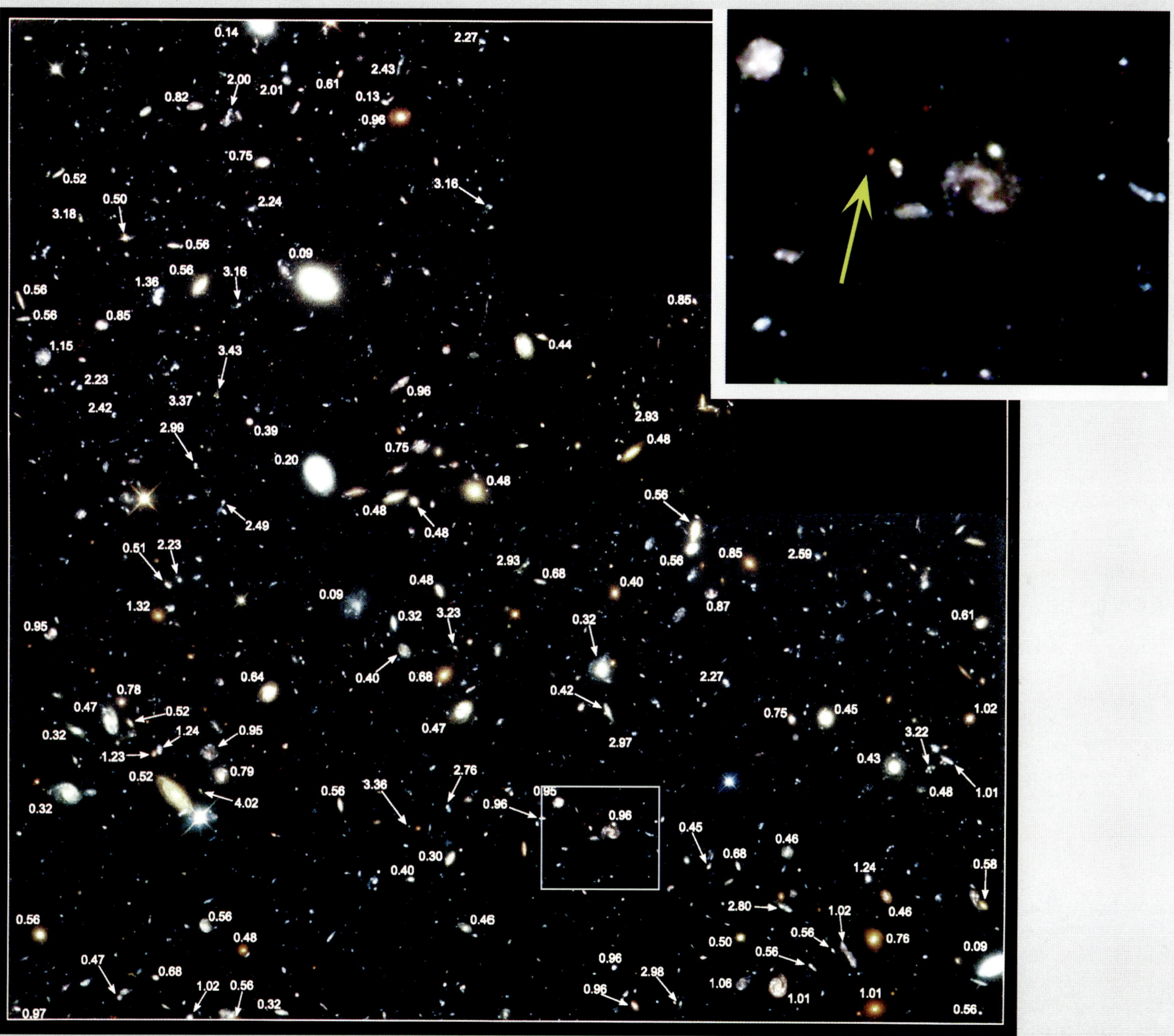
0.14
2.27
2.43
2.00
2.01
0.61
0.13
0.82
0.96
0.75
0.52
3.16
0.50
3.18
2.24
0.56
0.09
0.56
3.16
1.36
0.56
0.56
0.85
0.85
1.15
3.43
0.44
2.23
3.37
0.96
2.42
2.99
0.39
2.93
0.48
0.75
0.20
0.48
0.48
0.56
2.49
0.48
0.51
2.23
2.93
0.68
0.56
0.85
2.59
0.48
0.40
0.09
1.32
0.87
0.32
3.23
0.32
0.61
0.95
0.64
0.40
0.68
2.27
0.78
0.47
0.52
0.42
0.75
0.45
1.02
1.24
0.95
0.47
0.32
2.97
3.22
1.23
0.79
0.43
0.52
2.76
0.56
3.36
0.95
0.48
1.01
4.02
0.32
0.96
0.96
0.45
0.46
0.68
0.30
0.40
1.24
0.58
2.80
1.02
0.46
0.56
0.56
0.46
0.48
0.56
0.76
0.50
0.09
0.47
0.96
0.56
0.68
2.98
1.02
0.56
1.06
0.96
0.32
1.01
1.01
0.97
0.56

ren zwar nicht, aber Galaxien gelten zumindest als die am wenigsten unwahrscheinliche Erklärung. Auch scheinen einige dieser Objekte räumlich aufgelöst und zumindest keine Sterne zu sein. Angenommen, die extremen Rotverschiebungen sind korrekt, dann liegen die Leuchtkräfte dieser Galaxien zwischen 10^9 und 10^{10} Sonnenleuchtkräften, und sie wären grob 3000 Lichtjahre groß. Eine solche Strahlungsleistung wäre moderat, verglichen mit manchen leuchtkräftigen Galaxien, aber vergleichbar mit Starburst-Galaxien in unserer Nähe, die gerade Phasen starker Sternbildung erleben. Vermutlich werden wir hier Zeuge der ersten Sternbildungsvorgänge im Universum, die mit dem ersten Kollaps der Galaxien einhergehen, und die infrarothellen Flecken sind Bestandteile größerer Galaxien. Auch mit unserer Milchstraße hat es wohl einmal so angefangen.

Doch wann war das? Bei derart gigantischen Rotverschiebungen hängen Aussagen wie «x Prozent des Alters des Universums» oder «y Millionen Jahre nach dem Urknall» bereits in starkem Maße vom bevorzugten Weltmodell ab! Im mathematisch allereinfachsten Fall (mit einer Hubble-Konstante von 100 km/s/Mpc, Omega = 1 und Lambda = 0) würden wir beim Blick zu den fernen Galaxien bereits über 95 Prozent der Zeit seit dem Big Bang zurücklegen und Vorgänge verfolgen, die sich weniger als eine Milliarde Jahre nach dem Urknall abspielten. Solch ein Weltbild ist freilich angesichts einer Fülle von neuen Erkenntnissen nicht mehr zu vertreten. In einer Nicht-Standard-Kosmologie mit positiver Kosmologischer Konstante, wie sie in den letzten Jahren wahrscheinlich geworden ist, sind zwischen dem Urknall und dem, was wir heute mit einer Rotverschiebung z = 6 sehen, bereits mehrere Jahrmilliarden vergangen. Die Existenz von Galaxien mit so hoher Rotverschiebung wäre ein weiteres Argument für diese Kosmologie, weil sie dann genügend Zeit für ihre Entstehung gehabt hätten.

Himmels auf eine leuchtende Sternoberfläche treffen. Dies steht natürlich im Widerspruch zu unserer Beobachtung, daß der Nachthimmel dunkel ist, und wird deshalb als Olberssches Paradoxon bezeichnet. Olbers selbst hatte schon eine erste Erklärung vorgeschlagen: Ein lichtverschluckendes Medium, etwa Staub, zwischen den Sternen könnte die Strahlung der weit entfernten Sterne von uns abschirmen.

Während diese Frage bei den professionellen Astronomen zunächst wenig Interesse fand, wagte sich der heute mehr als Autor von Gruselgeschichten bekannte amerikanische Journalist Edgar Allan Poe in einer umfangreichen Broschüre mit dem Titel «Heureka» an die Lösung des Rätsels. Der Kosmos ist endlich in der Zeit, das Licht der fernen Sterne hat noch nicht genügend Zeit gehabt, uns zu erreichen. Und recht hat-

Der Formenreichtum der schwachen Galaxien im Hubble Deep Field, dokumentiert in drei Ausschnitten: Neben den «klassischen» elliptischen und Spiralgalaxien sind auch jede Menge exotische Formen – und Farben – zu erkennen (Quelle: Williams und NASA).

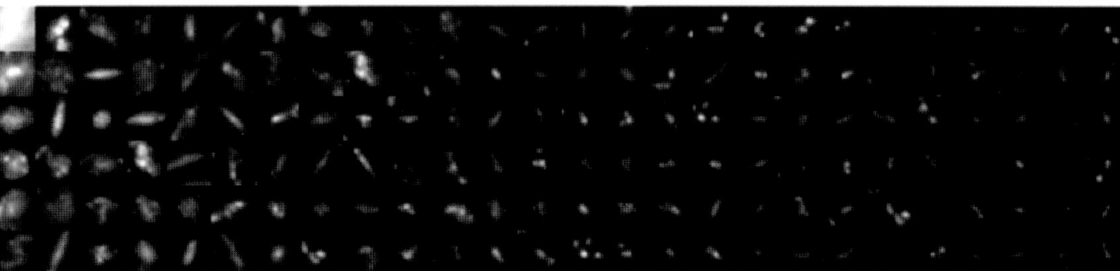

Die Galaxien des Hubble Deep Field, sortiert nach ihrem morphologischen Typ, also ihrem Aussehen. Von links nach rechts nehmen ihre Helligkeiten kontinuierlich ab (Quelle: Driver).

Lesen im Buch des Universums

Die sofortige Freigabe der Originaldaten des Hubble Deep Field für Forscher in der ganzen Welt war eine weise Entscheidung gewesen: Seither erscheinen laufend neue Auswertungen dieses tiefsten Blicks in den Kosmos. Schon beim einfachen Betrachten dieses Himmelfeldes stellt sich der Eindruck ein, daß es in der Vergangenheit erheblich mehr irregulär geformte Galaxien gab, und er wurde binnen weniger Wochen auch statistisch untermauert. 30–40 Prozent der fernen Galaxien erwiesen sich als ungewöhnlich oder deformiert, gegenüber nur ein paar Prozent im heutigen Kosmos. Der Trend zur Irregularität, der bereits 1995 auf kürzer belichteten Hubble-Bildern zu erkennen war, nimmt signifikant zu, je schwächere Galaxien man betrachtet. Das frühe Universum, das uns das Hubble Deep Field zugänglich gemacht hat, unterscheidet sich derart vom aktuellen, daß die eigentlich bewährte Hubble-Klassifikation der Galaxien hier praktisch nicht mehr anwendbar ist!

Auch das bloße Zählen der Galaxien liefert wertvolle Einsichten. Ihre Anzahl nimmt drastisch zu, je «tiefer» man schaut, das heißt, zu je schwächeren Objekten man vordringt. Auch wenn man eine zeitliche Entwicklung von Galaxien erlaubt und ferne, junge Galaxien im Mittel heller als heute strahlen läßt, gibt es immer noch rund viermal mehr als in einem Kosmos der kritischen Dichte (Omega = 1). Diese Erkenntnis kann als ein weiteres Indiz für einen offenen Kosmos (Omega < 1) gewertet werden. Falsch ist allerdings die Aussage, das Bild habe schlagartig gezeigt, daß es im ganzen Universum nicht 10,

Dieselben Galaxien wie gegenüber, nun sortiert nach ihren Rotverschiebungen (z nimmt von oben nach unten zu) und ihrer Helligkeit (sie nimmt nach rechts ab). Die Evolution der Galaxien läßt sich jetzt überblicken, aber die kosmologischen Feinheiten enthüllt erst die nachfolgende mathematische Analyse (Quelle: Driver).

sondern 50 Milliarden Galaxien gäbe. Auf diese Zahl waren die Hubble-Forscher bereits dank anderen Langzeitaufnahmen des Teleskops seit 1993 gekommen. Selbst über die Anzahl schwacher roter Sterne in unserer eigenen Milchstraße kann das Hubble Deep Field übrigens Auskunft geben. Bis zur 26. Größe kann man dort Galaxien und Sterne eindeutig unterscheiden – und es sind keine roten Sterne da. Sie leisten damit keinen nennenswerten Beitrag zum dunklen Halo der Milchstraße.

All diese Analysen erfordern noch keine Kenntnis der konkreten Entfernungen einzelner Galaxien, die echte dritte Dimension fehlt noch. Mit trickreicher Analyse der Galaxienhelligkeiten in unterschiedlichen Farben lassen sich ihre Rotverschiebungen aber abschätzen (siehe Seiten 48–50) – und wenn man sich des größten Teleskops der Welt bemächtigt, kann man für eine Reihe von Galaxien die Rotverschiebungen auch direkt messen. Schon gibt es wieder eine Überraschung: 40 Prozent der 140 Galaxienentfernungen, die so mit dem 10-Meter-Keck-Teleskop bestimmt wurden, häufen sich um nur sechs Werte! Damit scheinen die Galaxien quer durchs Universum in blasen- oder schichtartigen Strukturen mit großen Hohlräumen dazwischen angeordnet zu sein. Freilich stellt unser Himmelsfeld mit seinem winzigen Gesichtsfeld strenggenommen nur einen einzelnen Sehstrahl quer durch den Kosmos dar. Im Prinzip könnten die Galaxien auch in isolierten Klumpen stehen und nicht inmitten ausgedehnter «Mauern». Solche immensen Wände werden allerdings von aktuellen Modellen der Strukturbildung im Kosmos auf den größten Skalen vorausgesagt.

te er! Doch es sollte noch bis Ende der 80er Jahre unseres Jahrhunderts dauern, bis sich die Kosmologen wirklich sicher waren: Es ist in allererster Linie das endliche Alter des Universums, das den Nachthimmel dunkel macht, und nicht etwa seine Expansion, die das Licht der fernsten Galaxien ins tiefe Rot verschiebt. Dieser Effekt würde bestenfalls ausreichen, den Himmel um einen Faktor 2 dunkler zu machen – doch er wäre immer noch taghell. Wenn es nachts dunkel wird, so beweist dies letztlich, daß das Universum einen Anfang vor endlicher Zeit hatte. Wären doch nur alle kosmologischen Erkenntnisse so «offensichtlich»!

Hubbles Blick war nun tiefer in den Kosmos vorgedrungen als der jedes anderen Astronomen zuvor; tief bedeutet hier: hin zu immer schwächer leuchtenden Himmelsobjekten. Nur ein paar Sterne unserer Milchstraße sind zu erkennen, ihre Zahl wird von der Zahl entfernter Galaxien bei weitem übertroffen – das hellste Objekt ist ein mit Beugungsspitzen versehener Stern etwa 20. Größe, und die schwächsten noch sichtbaren Objekte sind mit ihrer knapp 30. Größe 10000mal schwächer. Insgesamt sind etwa 2000 Galaxien zu erkennen. Zwar ist das Hubble Deep Field nicht das große Buch der Erkenntnis, aus dem die Geschichte des Universums abgelesen werden kann, man ist aber in der Lage, den Wahrheitsgehalt von «Geschichten des Universums», die die Theoretiker erfunden haben, zu überprüfen und sie zu revidieren. Doch haben wir in dem Himmelsfeld überhaupt alle Galaxien gesehen? Oder verbergen sich im elektronischen Rauschen zwischen den einzelnen Sternsystemen noch viele weitere, die Hubbles Wide Field-Planetary Camera 2 (WFPC2) gerade nicht mehr erkennen konnte?

Selbst eine so kühne Frage läßt sich erstaunlicherweise beantworten. Mit mathematischen Methoden (Stichwort: Autokorrelation) kann man analysieren, ob die etwas helleren Bildpunkte zwischen den Galaxien im Hubble Deep Field rein zufällig verteiltes Rauschen darstellen oder ob dort noch schwache Galaxien verborgen sind, die das Auge nur nicht mehr sofort als solche wahrnimmt. Die Analyse war 1998 fertig, und sie ist ziemlich eindeutig. Im Hubble Deep Field haben wir tatsächlich das ganze Weltall in dieser Richtung gesehen! Zwischen den 2000 erkennbaren Galaxien kann es zwar noch jede Menge weitere geben, aber ihr Licht würde zusammengenommen maximal ein paar Dutzend Prozent des Lichts aller gesichteten Sternsysteme beisteuern. Trotzdem sehen wir *nicht* den ganzen Kosmos, wie lange wir mit Hubble auch belichten – und diese Erkenntnis verdanken wir einem anderen Astronomiesatelliten und einer noch mühsameren Datenanalyse.

Anfang der 90er Jahre hatte der Cosmic Background Explorer (COBE) der NASA den ganzen Himmel wieder und wieder mit Teleskopen abgetastet, die für den fernen Infrarotbereich, eine Übergangszone zwischen Licht und Radiostrahlung, empfindlich waren. Was sie vornehmlich sichteten, war warmer Staub, den Sterne aufgeheizt haben, Sterne, die derselbe Staub dem Blick im sichtbaren Licht entzieht. Sofort sichtbar geworden war auf den Himmelskarten des DIRBE-Instruments Staub in unserem eigenen

Ein Ausschnitt aus dem Hubble Deep Field in falschen Farben, 41 Bogensekunden im Quadrat. In Rot erscheinen die einzelnen Galaxien und Sterne, aber das Interesse galt hier dem «leeren» Raum zwischen ihnen. Die statistische Analyse zeigte schließlich, daß hier praktisch nur noch Rauschen und keine weiteren Galaxien mehr nachzuweisen ist (Quelle: Vogeley und NASA).

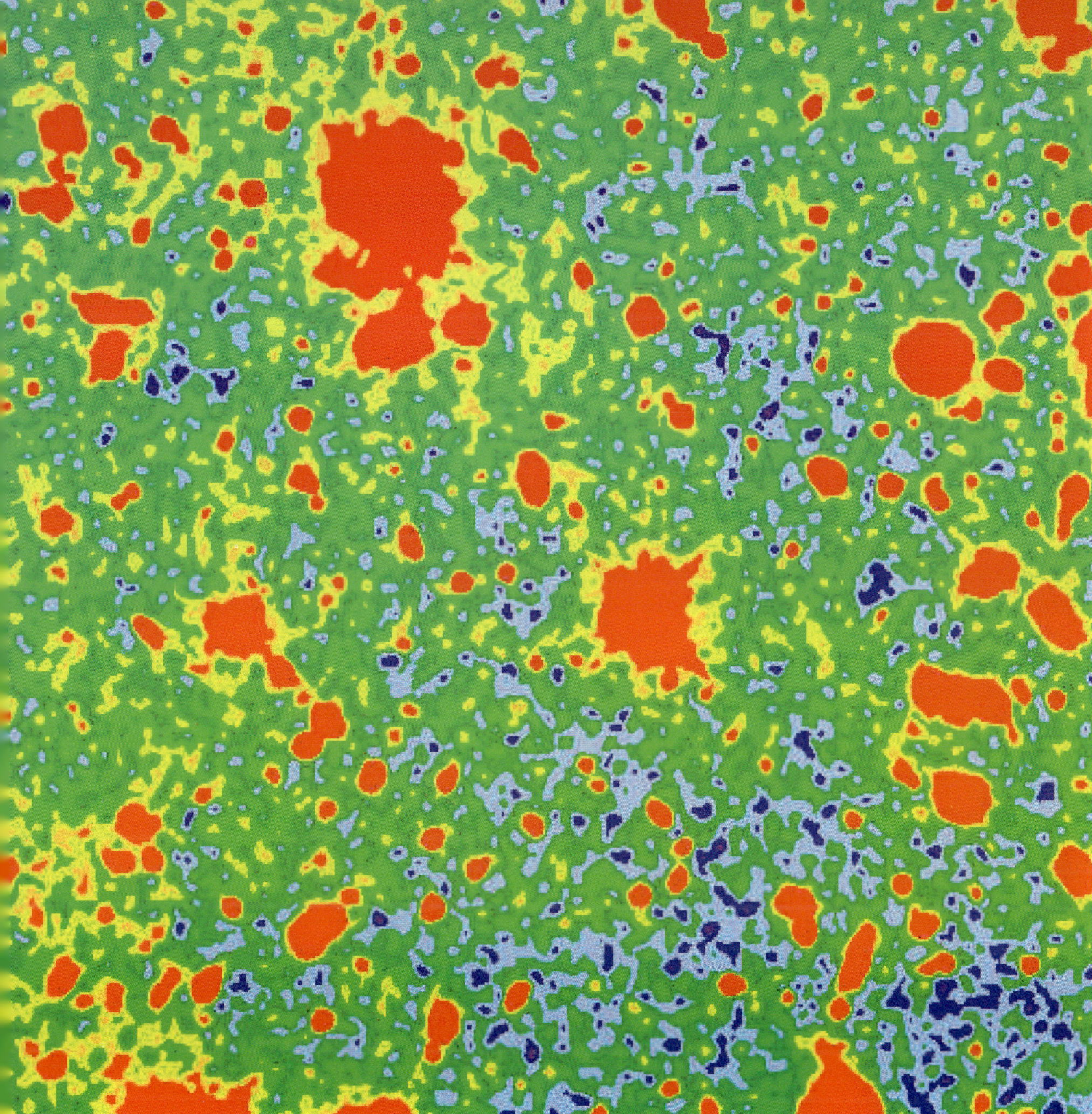

Sonnensystem und in der Milchstraße. Es dauerte sieben Jahre, um all diese Staubkomponenten zu verstehen – und sie sorgfältig abzuziehen. Anfang 1998 waren sich mehrere unabhängig voneinander arbeitende Astronomenteams sicher: Auch wenn man allen bekannten Staub abzieht, bleibt immer noch ein «Hintergrundleuchten» übrig, nämlich bei Wellenlängen ab 140 Mikrometern (0,14 mm). Noch ist völlig unklar, wo im Weltraum der Staub sitzt, der dieses Infrarotleuchten verursacht; doch die Helligkeit des aus allen Richtungen völlig gleichmäßig strahlenden Leuchtens verrät trotzdem eine Menge über die wahre Geschichte der Sternbildung im Universum.

Rund zwei Drittel des Lichts aller Sterne ist uns – Hubble inklusive – vorenthalten worden, weil es durch Staub gleich wieder verschluckt wurde. COBE hat dieses Licht aber nun gefunden; und so wird sich die Geschichte des Kosmos bald kompletter denn je beschreiben lassen. Beispielsweise muß die Bildung neuer Sterne im Ablauf der kosmischen Evolution neu überdacht werden. Denn wir dürfen uns nicht, wie bisher zuweilen geschehen, ganz auf das Betrachten der Galaxien im sichtbaren Licht verlassen – alle Wellenlängen müssen betrachtet werden! Möglich gemacht haben das erst die Teleskope im Weltraum. Auch das Hubble Deep Field wird sich erst dann korrekt einordnen lassen, wenn es in allen verfügbaren Spektralbereichen untersucht worden ist. Und weil es die Astronomie befruchtet hat wie kaum ein anderes Bild in ihrer langen Geschichte, wird im Oktober 1998 ein weiteres Feld unter anderem auch mit den neuen Instrumenten beobachtet werden – das Hubble Deep Field South. Es liegt im Sternbild des Tukans, nicht weit von dessen hellstem Stern Alpha Tucanae entfernt.

Die Suche nach den kosmischen Zahlen

Vergangenheit und Zukunft des Universums lassen sich erstaunlich genau beschreiben, wenn man nur eine Handvoll Zahlen ermittelt hat. Auch dies war eine verblüffende Erkenntnis der (theoretischen) Kosmologie zu Beginn unseres Jahrhunderts. Und manche fundamentalen Formeln sind erstaunlich simpel. Zwischen der Entfernung und der Rotverschiebung einer Galaxie (durch deren kosmische «Fluchtgeschwindigkeit») besteht die einfache Beziehung $v = H_0 \cdot d$, wobei v die Geschwindigkeit in Kilometer pro Sekunde, d die Entfernung in Megaparsec (1 Megaparsec = 3 260 000 Lichtjahre = $3{,}1 \times 10^{19}$ Kilometer) und H_0 die sogenannte Hubble-Konstante bedeuten, das Maß für die Rate, mit der sich der Kosmos ausdehnt. Die Bestimmung dieser Zahl ist im Grunde einfach. Man trägt die Rotverschiebungen gegen die Entfernungen einer Anzahl von Galaxien auf, und es zeigt sich ein linearer Zusammenhang: das berühmte Hubble-Gesetz; die Steigung der Geraden liefert dann den Wert der Hubble-Konstante.

Wie gut dieser Wert allerdings ist, hängt ganz von der Qualität der Rotverschiebungsmessungen (sie ist meist hoch) und der Entfernungen ab. Und genau da liegt das Problem. Als Edwin Hubble 1929 zum ersten Mal ein «Hubble-Diagramm» gezeichnet hatte, erhielt er einen Wert von 530 km pro Sekunde pro Megaparsec für die Konstante. Und das war um mindestens einen Faktor 6 zuviel. Heutige Bestimmungen der Hubble-Konstante liegen fast immer zwischen 50 und 100 km pro Sekunde pro Megaparsec, und häufig zwischen 60 und 80. Wenn wir der Einfachheit halber einmal annehmen, daß 100 der richtige Wert sei, besagt das Hubblesche Gesetz, daß sich eine Galaxie in 1 Megaparsec (Mpc) Entfernung mit einer Geschwindigkeit von 100 km/s von uns entfernt. Eine Galaxie in 2 Mpc Entfernung hat dann 200 km/s und eine in 10 Mpc Entfernung 1000 km/s Geschwindigkeit.

Dies bedeutet auch, daß der Kehrwert der Hubbleschen Konstanten ein Maß für das Weltalter sein muß. Könnten wir in unserem Universum die Zeit rückwärts laufen lassen, so würden all diese Galaxien mit ihren heutigen Geschwindigkeiten nicht von uns weg, sondern auf uns zu laufen. Zu einer bestimmten Zeit käme es dann zu einer allgemeinen Kollision, und diese ist nichts anderes als der Urknall – die Geburt des Universums aus einer heißen, dichten Phase. Doch so einfach ist es nicht. Neben der Hubble-Konstante gibt es nämlich noch weitere Größen, die die Struktur und Entwicklung des Universums beschreiben: den Beschleunigungsparameter q, den Dichteparameter Omega, den Druck p, die Größe Lambda (die Kosmologische Konstante) sowie die Krümmung des Raumes, die allesamt in bestimmter – und mathematisch zum Teil ziemlich komplizierter – Weise zusammenhängen. «Aus ersten Prinzipien» läßt sich keine dieser Größen berechnen, sie müssen alle gemessen werden – und die Natur gibt sie nur sehr widerwillig preis.

Der Beschleunigungsparameter zeigt, ob und wie stark sich die Expansion des Universums vom Urknall an verlangsamt hat, und der Dichteparameter gibt an, ob die Dichte des Universums so hoch ist, daß die zwischen den Teilchen wirkende Schwerkraft die Expansion des Universums nach einer bestimmten Zeit aufhält und es dann wieder zum Kollaps bringen kann. Die dafür nötige Dichte wird als *kritische Dichte* bezeichnet. Der Druck setzt sich aus dem Druck der Strahlung und der Bewegung der Galaxien zusammen – er kann in der heutigen Zeit vernachlässigt werden. Die kosmologische Konstante gibt an, ob es zwischen weit entfernten Objekten eine mit der Entfernung zunehmende abstoßende Kraft (oder, zusätzlich zur Gravitation, eine zusätzliche Anziehung) gibt oder nicht; im letzteren Fall ist Lambda = 0. Die Krümmung des Raums kann durch die Werte –1, 0 oder +1 beschrieben werden; ist die Krümmung 0, so ist der Raum flach oder euklidisch; ist die Krümmung +1, so ist der Raum sphärisch, also positiv gekrümmt wie eine Kugel; ist die Krümmung –1, so ist der Raum hyperbolisch, also negativ gekrümmt wie ein Sattel.

Eine heute weitverbreitete Theorie, die über das allgemein akzeptierte Standardmodell des Universums hinausgeht, ist die Theorie vom «inflationären Universum». In ihrer einfachsten Form besagt sie, daß es heute keine zusätzliche Abstoßung im Universum gibt (Kosmologische Konstante gleich Null), daß aber das sehr frühe Universum durch Vorhandensein einer Kosmologischen Konstante auf das Vielmilliardenfache seines ursprünglichen Durchmessers «aufgeblasen» wurde. Deshalb ist heutzutage der Weltraum ein flacher Raum, in dem die Lehrsätze der euklidischen Geometrie, die wir in der Schule gelernt haben, uneingeschränkte Gültigkeit besitzen, und die besagen, daß die Dichte des Universums gleich der kritischen Dichte ist. Allerdings trägt die beobachtbare (leuchtende) Materie weniger als 1 Prozent zur kritischen Dichte bei und nichtleuchtende Materie (sehr kaltes oder sehr heißes dünnes Gas, frei fliegende Planeten oder Schwarze Löcher) bis zu 10 Prozent. Die restlichen 90 Prozent müssen aus Dunkler Materie bestehen, möglicherweise aus massereichen Elementarteilchen, die nur schwach mit der «gewöhnlichen Materie» des Universums in Wechselwirkung stehen. Doch dies ist eine Vermutung, und vielleicht wird man in ein paar Jahren über unser «flaches Universum» so lachen wie wir über die Leute im tiefen Mittelalter, die an eine «flache Erde» glaubten. In der Tat deutet sich, wie gleich zu sehen sein wird, aufgrund der neuesten Beobachtungen – auch des Hubble-Teleskops – ein wesentlich anderer Kosmos an.

Die ewige Suche nach der Hubble-Konstanten

Gleichgültig, welches Weltmodell man zugrunde legt, aus den Formeln für das Alter des Universums ergeben sich Werte, die zwischen $2/3 \cdot 1/H_0$ und $1/H_0$ liegen: Der erste, kleinere Wert würde sich ergeben, wenn die Dichte im Universum gleich der kritischen wäre, der zweite, wenn die Dichte extrem gering ist. Im Fall H_0=100 liegt das Alter des Universums zwischen 7 und 10 Milliarden Jahren, für den Fall H_0 = 50 sind die Werte doppelt so groß. Sollte allerdings die Kosmologische Konstante nicht nur nicht Null, sondern positiv

Linke Seite: Die Galaxie NGC 4639 im Virgo-Galaxienhaufen, wo es 1990 eine Supernova des Typs Ia gab – und Hubble eine Anzahl Cepheiden-Sterne ausmachen konnte. Einige der blauen Punkte im Außenbereich der Galaxie gehören in diese Klasse veränderlicher Sterne. Durch sie wurde die Galaxie zu einer Stufe in der kosmologischen Entfernungsleiter (Quelle: Sandage et al. und NASA).

Oben: Cepheiden-Erfolge auch im Fornax-Galaxienhaufen. In dieser Balkenspirale namens NGC 1365 stieß das H_0 Key Project auf rund 50 dieser Veränderlichen, die eine Entfernungsmessung auch dieser Galaxie und damit des ganzen Haufens ermöglichten. Die Bewegungen seiner Galaxien relativ zueinander sind leichter in den Griff zu bekommen als beim Virgo-Haufen – und die Ableitung der Hubble-Konstanten gelingt entsprechend zuverlässiger (Quelle: H_0 Key Project und NASA).

und groß sein, dann ändert sich die «Hubble-Konstante» (die dann eine Hubble-Variable wäre) im Laufe der Geschichte des Universums erheblich und bleibt unter Umständen Milliarden Jahre lang sehr klein, um anschließend wieder größer zu werden und den heutigen Wert zu erreichen. Ein solches Universum wäre dann sogar wesentlich älter, als der Kehrwert der heutigen Hubble-Konstante andeuten würde. Beispielsweise könnte dann ein Kosmos mit $H_0 = 80$ trotzdem 20, 30 oder noch mehr Milliarden Jahre alt sein. Über das «beste» der Weltmodelle läßt sich bis ins Unendliche streiten. Man kann aber auch die entscheidenden Größen, Hubble-Konstante, Dichte und Lambda einfach messen. Und hier hat das Hubble-Teleskop wie kein anderes Instrument die Astronomie vorangebracht.

Bei der Bestimmung der Hubble-Konstante geht es darum, die absolute Helligkeit eines Entfernungsindikators genau zu kennen und genügend weit in den Raum vorzustoßen, damit man den wahren Hubble-Fluß der Galaxien mißt: die Expansion des Universums, die durch die kosmologische Rotverschiebung gemessen wird. Leider gibt es auch überlagerte Geschwindigkeiten, mit denen die Galaxien den Kosmos wie Schiffe den Ozean durchqueren, und die zusätzliche Dopplerverschiebungen verursachen. Bedauerlicherweise widersprechen die beiden Anforderungen einander eklatant! Zuverlässige Entfernungsindikatoren, die wir in der Nachbarschaft der Sonne eichen können, sind nicht hell genug, um sie auch in Galaxien wiederzufinden, deren Rotverschiebungen größtenteils durch den Hubble-Fluß verursacht werden. Es führt auch im Zeitalter des Hubble-Weltraumteleskops kein Weg an einem unangenehmen Kompromiß vorbei: Mit den «nahen» Entfernungsmessern beschaffen wir uns die Entfernungen anderer Galaxien, wo wir die viel helleren «fernen» Entfernungsindikatoren finden. Und diese gibt es wiederum in den fernen Galaxien, die im Hubble-Fluß stehen. Erst jetzt sind wir am Ziel, und wir haben etwas «gebaut», was allgemein eine «kosmologische Entfernungsleiter» genannt wird.

Wir wissen heute, daß Hubbles Entfernungsabschätzungen von 1929 fehlerhaft waren, und wir wissen auch, wie man es besser macht. Doch wir wissen, wenn man den Streit der Forschergruppen verfolgt, offenbar nicht, wie man es richtig macht. Verläßt man sich auf einen guten «fernen» Entfernungsindikator, die Supernovae (explodierende Sterne), und eicht man deren Helligkeit mit den wohlbekannten Cepheiden, pulsierenden Sternen? Oder nimmt man Cepheiden und eicht damit ein ganzes Arsenal ferner Entfernungsmesser, mit denen man dann die Distanzen entfernterer Galaxien ermittelt? Oder ersetzt man die Cepheiden durch andere nahe Entfernungsmesser, die womöglich genausogut oder sogar besser sind? Eine der Hauptaufgaben des Hubble Space Telescope war es, nach pulsierenden Sternen der Cepheiden-Klasse in fernen Galaxien Ausschau zu halten, um ihre Entfernungen besser ermitteln zu können. Denn wenn man die Periode eines Cepheiden kennt, so ist dank der kürzlich nochmals bestätigten Perioden-Helligkeits-Beziehung dieser Sterne auch seine wahre

Leuchtkraft bekannt. Und vergleicht man diese berechnete Leuchtkraft mit der scheinbaren Helligkeit, so kann man die Entfernung ausrechnen, in der sich der Stern befindet – die Entfernung der Galaxie ist damit bestimmt.

Nach den Cepheiden finden dann beispielsweise Supernovae vom Typ Ia als «Standardkerzen» für den Sprung in größere Distanzen Verwendung; und weil sie in der Nachbarschaft der Milchstraße so selten vorkommen, müssen die Entfernungen zu den Galaxien, in denen diese Supernovae aufgeleuchtet sind, durch Cepheidenbeobachtungen ermittelt werden. So greift ein Verfahren ins andere, und je nach Auswahl und Wichtung ermitteln verschiedene Forschergruppen verschiedene Werte für die Hubble-Konstante. Immerhin haben sich die «feindlichen» Lager mittlerweile einander so weit angenähert, daß die meisten ermittelten Werte von H_0 zwischen 55 und 85 Kilometer pro Sekunde pro Megaparsec fallen, was auf ein Weltalter irgendwo zwischen 7 und 17 Milliarden Jahre deutet – oder einen noch höheren Wert, falls Lambda groß ist. Die Hoffnung, daß gezielte Beobachtungen des Hubble-Weltraumteleskops die Kontroverse binnen weniger Jahre beilegen könnten, hat sich nicht erfüllt. Da gibt es zum Beispiel das «H_0 Key Project», das mit viel Beobachtungszeit Cepheiden in zahlreichen nahen Galaxien beobachtet und eine Distanzleiter aus zahlreichen ineinandergreifenden Sprossen baut: Wie aus dem vielköpfigen Team zu hören war, wird der «endgültige» Wert von H_0 wohl knapp unter 70 km/s/Mpc liegen.

Aber es gibt auch Astronomen, die sich ausschließlich auf die Supernova-Explosionen als Standardkerzen für die großen Distanzen verlassen und überzeugt sind, daß der «wahre» Wert noch unter 60 liegt. Und die Fraktion, deren Hubble-Konstanten immer größer als 80 sind, besteht ebenfalls noch. Im Prinzip unterscheidet sich die Situation nur wenig vom Streit «50 gegen 100», der schon vor 20 Jahren tobte. Doch etwas ist anders geworden: *Alle* Gruppen beginnen jetzt ihren kosmologischen Leiterbau mit Beobachtungen des Hubble-Teleskops in Nachbargalaxien, sei es von pulsierenden Cepheidensternen oder ebenfalls hellen Typen bestimmter Riesensterne.

Die Zukunft des Universums: Ewige Expansion

Den absoluten Maßstab des Universums hat die Astrophysik also noch immer nicht in der Hand. Das heißt aber nicht, daß über andere fundamentale Eigenschaften des Kosmos keine klareren Aussagen möglich wären. Das Weltraumteleskop spielt nämlich eine Rolle bei der Bestimmung der Dichte des Alls und damit des Beschleunigungsparameters – und auch der Kosmologischen Konstante. Die stärkste Methode zur Vermessung der Raumgeometrie, die auf der Welt von mindestens zwei Arbeitsgruppen mit großem Aufwand vorangetrieben wird, basiert wiederum auf Supernovae des speziellen Typs Ia. Zwar sind diese Sternexplosionen nicht alle gleich hell, aber wenn man den zeitlichen Verlauf der Helligkeit beobachtet, lassen sich Korrekturen anbringen und die *relativen* Abstände zwischen den einzelnen Explosionen in verschieden weit entfernten Galaxien mit hoher Genauigkeit bestimmen. Selbst wenn die absoluten Distanzen umstritten bleiben, so genügen die relativen Zahlen vollauf, um festzustellen, ob sich die Expansionsrate des Alls (die «Hubble-Konstante» also) im Laufe der Jahrmilliarden verändert hat und wenn ja, in welche Richtung.

Man trägt dazu die korrigierte größte Helligkeit, die die fernen Supernovae am Himmel erreichten, gegen die Rotverschiebungen der Galaxien auf, wo sie explodierten. Und je nach Omega und Lambda wird die resultierende Kurve anders verlaufen. Die Differenzen werden allerdings erst ab Rotverschiebungen (z) von etwa 0,4 deutlich; so war die Entdeckung einer Supernova mit z = 0,83 im Jahre 1997 Anlaß zur Freude. Schlagartig verbesserte dieser eine Datenpunkt die Aussagen erheblich, und erstmals wurde es sehr wahrscheinlich, daß Omega deutlich kleiner als 1 ist und die Dichte des Universums also weit unter der kritischen Dichte liegt. Aber dies war erst der Anfang. Nach jahrelangen Vorarbeiten können die Forscher um Saul Perlmutter von der Universität Berkeley jetzt Supernova-Entdeckungen in fernen Galaxien wie am Fließband produzieren und so zum Beispiel Hubble-Beobachtungen bestimmter kritischer Fälle lange im voraus buchen, nämlich bevor das Licht der Sternexplosion überhaupt die Erde erreicht hat. Nach jedem Neumond werden in 2 Nächten mit dem 4-Meter-Teleskop auf dem Cerro Tololo in Chile 50 bis 100 Himmelsfelder weitab von der Milchstraße aufgenommen, von denen jedes rund 1000 Galaxien enthält. Drei Wochen später wird das Ganze wiederholt, und leistungsfähige Rechner in Berkeley suchen dann nach Veränderungen. Im allgemeinen werden 2 Dutzend Supernovae entdeckt.

Mehrere Großteleskope in Chile, Hawaii, Arizona und den Kanarischen Inseln sowie das Hubble-Teleskop können dann den kompletten Helligkeitsverlauf der Sternexplosion verfolgen und die Spektren der Supernovae sowie die Rotverschiebungen der Galaxien messen. Nicht nur moderne Detektorsysteme waren erforderlich, um diese Aktion in Gang zu halten; ohne das Internet, mit dem man die Datenmengen rund um die Welt schieben kann, wäre dieses erfolgreichste Supernova-Suchprogramm aller Zeiten nicht möglich. Über die fernen Ia-Supernovae konnte so zum Beispiel gelernt werden, daß ihre Spektren denen der heutigen Supernovae gleichen, sich die Physik der Explosionen also in den letzten 5 Milliarden Jahren nicht geändert hat. Im Januar 1998 hatte Perlmutters Gruppe bereits 40 passende Supernovae in ihrer Sammlung, und die kosmologischen Schlußfolgerungen daraus waren brisant. Die Punkte wichen jetzt bereits sehr deutlich von jener Linie ab, die zu Omega = 1 gehörte, und zwar in einer Richtung, die eine Dichte weit unter der kritischen anzeigte. Der Lieblingsfall vieler Theoretiker, nämlich ein flaches Universum ohne Kosmologische Konstante (Omega = 1 und Lambda = 0), war eindeutig ausge-

Drei ferne Supernovae geben Auskunft über die Zukunft des Universums: Diese drei Sternexplosionen des Typs Ia ereigneten sich 1997 in Galaxien mit Rotverschiebungen von 0,50, 0,44 und 0,97 (ganz rechts) – damals ein Entfernungsrekord (Quelle: High-z Supernova Search Team und NASA).

schlossen, mit 99prozentiger Sicherheit – und eine ewige Expansion des Universums nahezu bewiesen. Eine so klare Aussage schafft für die beobachtende Kosmologie eine fundamental neue Situation.

Noch ist allerdings ein größerer Spielraum von Parametern möglich, wobei aber eine weit unterkritische Dichte und gleichzeitig eine positive Kosmologische Konstante ziemlich wahrscheinlich geworden sind. Eine Studie allein reicht natürlich noch nicht, um die Zukunft des Kosmos zuverlässig zu klären – aber es gibt noch mehr Fakten. So sucht ein weiteres Programm nach Ia-Supernovae in fernen Galaxien, die mit Teleskopen auf der Erde entdeckt und dann mit dem Weltraumteleskop Hubble weiter beobachtet werden, während sie verblassen. Auch hier sind immer mehr Funde zu vermelden, darunter die Ia-Supernova mit der größten Rotverschiebung überhaupt, $z = 0,97$. Und wieder lautet die Schlußfolgerung, daß Omega <1 und Lambda >0 ist, ja – die Daten deuten sogar darauf hin – daß sich die Expansion des Alls gegenwärtig *beschleunigt*. Diese Wirkung der positiven Kosmologischen Konstante hatten viele nicht erwartet, und Gerüchte von einer geheimnisvollen «Antischwerkraft» geisterten durch die Medien – dabei war auch dieser Fall in der Allgemeinen Relativitätstheorie von 1917 «erlaubt».

Auch ganz andere Verfahren zur Vermessung der Geometrie des Universums liefern jetzt konsequent Omega-Werte in der Größenordnung 0,2 oder noch darunter. Auf einer bedeutenden Tagung der Astrophysik in Washington Anfang 1998 konnten es die messenden Kosmologen selbst kaum fassen, wie weit ihre Werte übereinstimmten; noch ein Jahr zuvor war in Sachen Omega nämlich noch fast alles möglich gewesen. Die Beobachtungen gehen weiter, um die Parameter immer genauer festzulegen, und speziell für die präzise Helligkeitsmessung weit entfernter Supernovae ist das Hubble-Teleskop auch künftig gefragt. Selbst seine neue Infrarotkamera NICMOS wird dabei zum Einsatz kommen können, um den fernsten und «rötesten» Supernovae auf der Spur zu bleiben und die zulässigen Zahlenwerte für Omega und Lambda immer weiter einzugrenzen. Die beobachtende Kosmologie hat mit dieser Möglichkeit ein fundamental neues Qualitätsniveau erreicht. Nur auf die Frage aller Fragen – *warum* sind die Werte der diversen Zahlen genau so, wie sie sind, und nicht anders, zum Beispiel null? – weiß sie keine Antwort. Vorerst jedenfalls nicht.

Bausteine der Galaxien?

Die Suche nach dem Ursprung der heutigen Galaxien ist immer eine der zentralen Aufgaben der Astrophysik gewesen, und das Hubble Deep Field hat bereits demonstriert, wie stark sich das Bild des Universums in den vergangenen Jahrmilliarden verändert hat (siehe die Seiten 52–53). Auch eine andere lang belichtete Hubble-Aufnahme regte zu intensiven Spekulationen an: Sie enthüllte 18 unförmige Sternansammlungen, die zwar kleiner waren als ausgewachsene Galaxien, aber doch Orte aktiver Sternentstehung. Alle sind nahezu gleich weit entfernt (rund 11 Milliarden Lichtjahre) und stehen nahe beieinander. Sind diese «prägalaktischen Blobs», so taufte sie der Entdecker, also die Bausteine der heutigen Galaxien und zugleich der Beweis dafür, daß die Galaxien insgesamt «von unten her» aus solchen Fragmenten entstanden sind? Neben dem Hubble Deep Field war ihr Entdeckungsbild eine der am längsten belichteten Aufnahmen des Hubble-Teleskops: 67 Orbits lang hatte die Hubble-Kamera WFPC2 Photonen aus einer Region im nördlichen Herkules gesammelt.

Erst wenn noch weitere Himmelsfelder ähnlich tief durchmustert sind, wird man wissen, ob hier ein charakteristisches Bild des frühen Kosmos gezeichnet ist. Auf jeden Fall gibt es in dieser Region so viele schwache blaue Galaxien wie anderswo auch, also die wahrscheinlichen Vorformen der heutigen Galaxien. Ungewöhnlich ist das Feld nicht. Die durch ihr rotverschobenes ultraviolettes Wasserstoffleuchten gefundenen 18 «Blobs» stehen in einem Raumsegment von 2 Millionen Lichtjahren Durchmesser. Noch nie wurden so viele Gebilde mit Sternentstehung in einem so kleinen Raum entdeckt. Jeder dieser Blobs besteht aus rund einer Milliarde Sternen und ist 2000 bis 3000 Lichtjahre groß. Von der anhaltenden Sternbildung zeugt das Vorhandensein blauer Sterne und leuchtender Gase. Durch wiederholte Verschmelzungen könnten aus diesen Objekten die dicken Zentralregionen der heutigen Galaxien (die sogenannten Bulges) gewachsen sein; der Bulge der Milchstraße zum Beispiel ist 8000 Lichtjahre groß. Im frühen Kosmos war die Fusionsrate von Galaxien höher als heute, und bei mindestens vier der Blobs gibt es sogar Anzeichen für Verschmelzungen, denn sie zeigen eine Doppelstruktur in ihren Zentren.

Damit lassen sich die Blobs als Indizien für das sogenannte «bottom-up»-Modell der Galaxienentstehung und der Cold-Dark-Matter-Kosmologie sehen. In diesem Szenario ist das Universum voll von «kalter» Dunkler Materie, die sich viel langsamer als mit Lichtgeschwindigkeit bewegt. Struktur bildet sich hier von unten nach oben: Erst entstehen kleine Sternansammlungen (Sternhaufen und kleine Galaxien), die dann zu größeren Galaxien wie unsere Milchstraße verschmelzen. Erst ganz zum Schluß bilden die Galaxien dann Galaxienhaufen und -superhaufen. Ein solcher Ablauf würde die höchst fasrige und filamentäre Struktur des heutigen Kosmos gut erklären. Wäre die Dunkle Materie dagegen «heiß», bestünde sie also aus beinahe lichtschnellen Partikeln (Neutrinos mit minimaler Masse beispielsweise), dann würden die größten Strukturen zuerst entstehen und sich die Galaxien erst später durch deren Zerfall entwickeln. Die Anhänger des «bottom-up»-Modells frohlocken jetzt, sehen sie doch in den Hubble-«Blobs» jene Bausteine, aus denen ihre Galaxien fusionierten.

Die bereits in den Blobs entstandenen Sterne bilden später die Bulges der Galaxien, das restliche Blob-Gas die galaktischen Scheiben, wo dann weitere Sterne – und mit ihnen die Spiralarme – entstehen. Zwerggalaxien wie die Magellanschen Wolken wären dann Blobs, die das Verschmelzen mit der Milchstraße gewissermaßen «verpaßt» haben. Die Kugelsternhaufen schließlich müßten so die ursprünglichsten Sternansammlungen sein, die es nicht einmal bis in die Blobs geschafft haben. Aber auch die Alternative ist noch lange nicht vom Tisch: Es könnte auch sein, daß die Blobs lediglich hellere Verdichtungen in einem großen diffusen Vorgänger der Galaxien darstellen, der als ganzer auch für die «Augen» des Hubble-Teleskops zu lichtschwach ist. Vielleicht kristallisiert sich auch ein gemischtes Bild heraus. Festzuhalten ist auf jeden Fall, daß wir dank Hubble erstmals überhaupt mit ausreichender Winkelauflösung in den Geburtszeitraum der Galaxien zurückblicken können, um derart fundamentale Fragen direkt anzugehen. Der große Infrarotsatellit SIRTF (Space Infra-Red Telescope Facility) aber sollte nach seinem Start im Jahr 2001 die Blobs besonders gut untersuchen können.

Auf den Spuren der Vorgänger der heutigen Galaxien war das Hubble-Teleskop schon seit seinem Start gewesen, und bereits 1995 wurde offenbar, wie sehr sich das Universum im Laufe von Jahrmilliarden entwikkelt hat. Damals war die «Medium Deep Survey» ausgewertet worden, eine originelle «Zufallsdurchmusterung» des Himmels: Immer wenn ein bestimmtes Himmelsobjekt mit Hubble länger beobachtet worden war, zum Beispiel um ein Spektrum aufzunehmen, hatte die Kamera WFPC2 inzwischen die Umgebung aufgenommen. Teilweise waren dabei sehr lange Belichtungen zustande gekommen: Dieses Projekt hatte letztlich Pate gestanden bei der Idee des Hubble Deep Field. Aber schon die Medium-Deep-Field-Bilder hatten enthüllt, daß vor mehreren Milliarden Jahren kleine, irregulär geformte und blaue Galaxien weit häufiger waren als heute, da die großen elliptischen Galaxien und Spiralen dominieren. Und als man, durch diese Entdeckungen inspiriert, ein ausgewähltes Himmelsfeld besonders lang belichtete, waren sogar zehnmal so viele irreguläre Galaxien zu erkennen, wie man erwartet hätte. Was später aus diesen «schwachen Blauen» wurde, hatten die Aufnahmen allerdings nicht verraten: Sind sie zu den heutigen Galaxien verschmolzen oder einfach verblaßt?

Bausteine des Universums, als es nur ein Sechstel seines heutigen Alters hatte? 18 junge Galaxien oder deren Vorstufen wurden auf dieser tiefen Hubble-Aufnahme des Himmels gefunden: Jeder der Klumpen ist kleiner als eine heutige Galaxie, und sie stehen nahe genug zusammen, um im Laufe einiger Jahrmilliarden zusammenstoßen zu können (Quelle: Windhorst, Pascarelle und NASA).

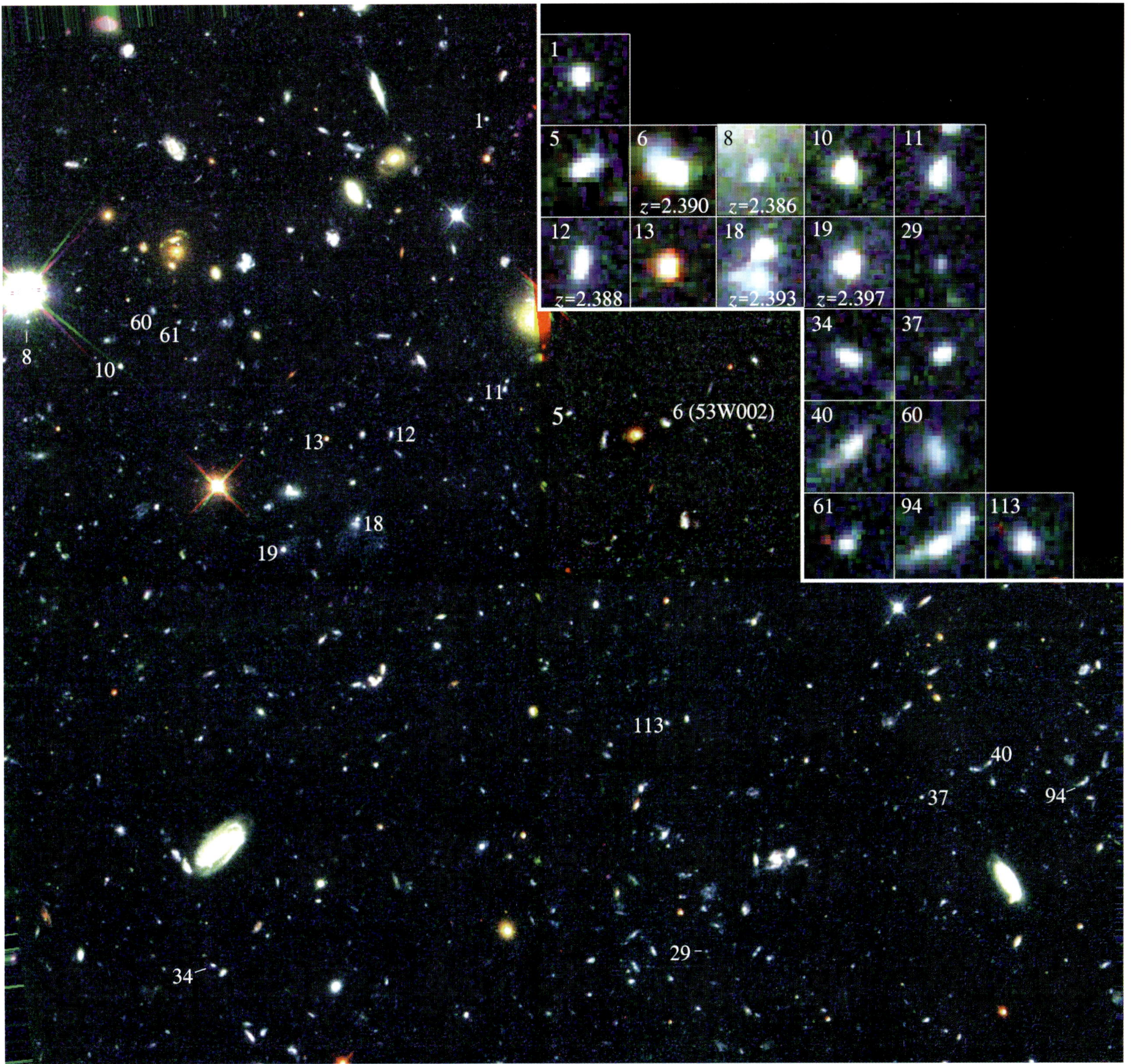

1
5
6
z=2.390
8
z=2.386
10
11
12
z=2.388
13
18
z=2.393
19
z=2.397
29
34
37
40
60
61
94
113
6 (53W002)

Kollidierende Galaxien – kosmische Verkehrsunfälle

Jahrzehntelang war in den Lehrbüchern zu lesen, daß Galaxien verschiedener Typen vorkommen: elliptische, spiralförmige (mit oder ohne zentrale Balken) und irreguläre, die in kein Klassifikationsschema passen. Man hat angenommen, daß alle Galaxienarten irgendwann in ferner Vergangenheit genau so entstanden sind und ihre Formen bis zur heutigen Zeit beibehalten haben. Wenn man freilich weiß, daß die Abstände zwischen den Galaxien nur etwa hundertmal größer sind als die Galaxien selbst und daß diese Sternsysteme ziellos mit Geschwindigkeiten von einigen hundert Kilometern pro Sekunde relativ zueinander durch das Weltall sausen, dann kann man sich vorstellen, daß «kosmische Verkehrsunfälle» keine Seltenheit sind. Was passiert bei einer solchen Kollision? Zusammenstöße zwischen einzelnen Sternen der Galaxien kommen nur sehr selten vor, da die Abstände der Sterne voneinander millionenmal größer sind als ihre Durchmesser. Auch das gegenseitige Durchdringen zweier Galaxien führt also praktisch nicht zu Sternkollisionen. Besitzen die Galaxien jedoch Gaswolken, so werden diese beim Zusammenstoß komprimiert, und es kommt an diesen Stellen zu einer sehr wirksamen Sternentstehung. Stößt man also auf ein Gebiet mit überraschend starker Sternentstehung in einer fremden Galaxie, so liegt sofort der Verdacht nahe, daß hier eine Kollision stattgefunden hat.

Und tatsächlich sind in den Tiefen des Raumes jede Menge Galaxien mit solchen exzessiv hohen Sternentstehungsraten entdeckt worden: Man nennt solche Objekte auch Starburst-Galaxien. In manchen Fällen läßt sich ein Starburst direkt auf einen kosmischen Zusammenstoß, manchmal auch nur auf den nahen Vorbeigang einer anderen Galaxie zurückführen. Die Untersuchung solcher wechselwirkenden Galaxien war lange Zeit ein Hobby von «verrückten Professoren». In den 40er Jahren unseres Jahrhunderts bastelte der schwedische Astronom Erik Holmberg zwei aus je 100 Glühlampen bestehende Modellgalaxien. Da damals die Computer zur Berechnung der Schwerefelder nicht leistungsstark genug waren, maß er die äquivalente «Beleuchtung» in jedem einzelnen Punkt mit Hilfe einer Photozelle und konnte sagen, wie sich die Sterne (= Glühlampen) gegeneinander bewegten. In den fünfziger Jahren fotografierte der Schweizer Astrophysiker Fritz Zwicky mit dem 5-Meter-Spiegel auf dem Palomar Mountain wechselwirkende Galaxien. Die von ihm gefundenen Strahlen und Schwänze erinnerten an die früher berechneten Ergebnisse von Holmberg.

Im darauffolgenden Jahrzehnt veröffentlichte der amerikanische Astronom Halton Arp einen Atlas sogenannter pekuliarer Galaxien, ein von vielen als Horrorkabinett empfundenes Kompendium kollidierender Galaxien und ihrer bizarr geformten Überreste. Das Universum schien ein gewalttätiger Ort zu sein, wo es immer wieder zu Zusammenstößen, Galaxienkannibalismus und Galaxienverschmelzungen kam. Wieder ein Jahrzehnt später machten Alar und Juri Toomre die ersten modernen Computerberechnungen von Galaxienkollisionen, die die von Zwicky und Arp gefundenen Verformungen erklären konnten. Aber mehr noch:

Es zeigte sich, daß sogar ein großer Prozentsatz der heutigen Galaxien Überrest solcher Verschmelzungen sein könnte und daß es sich dabei um elliptische Galaxien handeln dürfte. Dabei gibt es ein Problem: Spiralen enthalten viel Gas und Staub, elliptische Galaxien wiederum viele Kugelsternhaufen. Unsere Milchstraße zum Beispiel besitzt 150 Kugelhaufen, eine elliptische Galaxie vergleichbarer Helligkeit etwa 600. Das einfache Aufsummieren führt also zu einem klaren Widerspruch.

Als Ausweg blieb nur, daß bei der Kollision während des Sternentstehungs-Bursts viele Kugelhaufen neu gebildet werden. Diese Auffassung wurde lange bitter bekämpft, weil sich die Astrophysik daran gewöhnt hatte, in den Kugelsternhaufen die *ältesten* Sterne des gesamten Universums zu suchen. Schließlich waren gerade die Kugelsternhaufen immer wieder herangezogen worden, um die Untergrenze des Alters des ganzen Kosmos zu ermitteln! Doch das Hubble-Teleskop hat mittlerweile viele solche Fälle kollidierender Galaxien betrachtet, die Sternhaufen genauer untersucht und aus ihrer Farbe ihr ungefähres Alter abgeschätzt. So läßt sich die Stern- und Sternhaufen-Entstehungsrate im Verlauf einer Kollision genauer festlegen. Das spektakulärste Bild einer Galaxienkollision zeigt sicherlich der Blick in den Zentralbereich der «Antennen-Galaxien» NGC 4038 und 4039 – den Prototyp einer Galaxienkollision. Man sieht neben den rötlichen Galaxienkernen Ketten und Gruppen von insgesamt über 1000 blauleuchtenden Sternhaufen, deren Alter etwa 50 Millionen Jahre betragen dürfte; all dies sind frisch geborene künftige Kugelsternhaufen. Noch ist die Geschichte des Kosmos nicht endgültig umgeschrieben worden. Daß sämtliche elliptischen Galaxien aus verschmolzenen Spiralen entstanden sind, beweisen die Hubble-Beobachtungen nicht. Aber möglich wäre es.

Auch andere Einzelfälle von Galaxienkollisionen sind eine Detailbetrachtung wert. Da ist zum Beispiel die schon im ersten Hubble-Band vorgestellte «Wagenradgalaxie»: Eine kleine Galaxie stieß hier frontal mit einer Spiralgalaxie zusammen und hat dabei eine bemerkenswerte «Speichenstruktur» geschaffen. Der gelb leuchtende Kern der Wagenradgalaxie weist zwar ein Netz von Staubbändern auf, doch es fehlen die großen Sternbildungsgebiete, wie sie zum Beispiel unsere Milchstraße auszeichnen. Dafür wird der zentrale Ring aber von einer Schar Gaswolken umgeben, die wie riesige Kometen mit mehrere 100 Lichtjahre großen «Köpfen» und 1000–5000 Lichtjahre langen Schweifen aussehen. Vermutlich handelt es sich um Gaswolken, die bei der Kollision vor 200 Millionen Jahren herausgeschleudert wurden und nun wieder zurückfallen. Beim Auftreffen auf den Ring entsteht dann eine Schockstruktur. Die «Schweife» sind blau (stecken hier die fehlenden Sterne?), die Köpfe weiß: Hier werden große Mengen Wasserstoff vermutet. Viele Details sind aber noch unbegreiflich, doch dafür ist wenigstens die Galaxie identifiziert, die für all das verantwortlich ist. Mit dem Radioteleskop VLA wurde eine Spur neutralen Wasserstoffs entdeckt, die auf

Die Spuren einer kosmischen Kollision: links die gesamte «Antennen-Galaxie», die durch die Wechselwirkung zwischen NGC 4038 und 4039 entstanden ist, rechts die Zentralregionen dieser beiden Galaxien im Hubble-Bild. Es sind die orangefarbenen Klumpen beiderseits des Bildzentrums, während die ausladenden Spiralarme den Feuersturm der Sternentstehung nach der Kollision widerspiegeln (Quelle: Whitmore und NASA).

Sternentstehung in der Antennen-Galaxie: Brillant strahlende Sternhaufen haben sich hier in der Folge des Zusammenstoßes zweier Spiralgalaxien gebildet (Quelle: Whitmore und NASA).

den Verdächtigen zeigt. Wieder ein anderer Fall ist Arp 220, wo zwei Spiralgalaxien kollidiert sind und einen Schub von Sternbildung ausgelöst haben, der 100mal stärker als die gegenwärtige Rate in unserer Milchstraße ist; NICMOS hat den Durchblick durch das staubige System noch verbessert.

Was sich nach einem galaktischen Zusammenstoß tief im Inneren der Galaxien abspielt, läßt sich jedoch nirgends so detailreich untersuchen wie bei Centaurus A: Mit etwa 10 Millionen Lichtjahren Entfernung ist sie die uns nächstgelegene Aktive Galaxie und Radiogalaxie. Hier hat die Kollision einer Elliptischen Galaxie mit einer kleineren Spirale starke Sternentstehung angeregt. Eine Folge ist ein auffälliges Staubband, und im sichtbaren Licht kann Hubble dort blaue Sternhaufen junger Sterne erkennen. Noch interessanter sind jedoch Aufnahmen der Infrarotkamera NICMOS, die erstmals durch den Staub hindurch das aktive Zentrum der Galaxie zeigen. Dort haben auch die ausgeprägten Radiojets ihren Ursprung. Um die «Zentralmaschine» von Centaurus A gibt es offenbar eine Scheibe, die für ihre «Fütterung» sorgt. Möglicherweise entstand sie erst vor kurzer Zeit, so daß sie sich noch nicht an der Lage der Zentralmaschine, die eventuell ein supermassives Schwarzes Loch ist, orientiert.

Sterne zwischen den Galaxien

Nicht nur Feuerwerke im Innern der Galaxien sind Resultate von Galaxienkollisionen, es werden auch Sterne aus den Galaxien in den intergalaktischen Raum hinausgeschleudert. Schon fast 50 Jahre lang wurde vermutet, daß es in Galaxienhaufen intergalaktische Sterne gibt, die aus den Galaxien gerissen wurden, als sie sich bildeten oder später in Wechselwirkung standen. Ein diffuses Leuchten im Innern von Galaxienhaufen und die Entdeckung von Planetarischen Nebeln (also den leuchtenden Überresten untergegangener Sterne) zwischen den Galaxien des Virgo-Haufens schienen das tatsächlich zu bestätigen. Für eine genaue Abschätzung der Masse, die in diesen intergalaktischen Sternen steckte, reichte das aber nicht. Abermals brachte Hubble schließlich die Antwort. Die tiefe Belichtung eines galaxienfreien Feldes im Virgo-Hau-

«Überschall-Kometen» in der Wagenrad-Galaxie, dem Ergebnis der Kollision einer großen und einer kleinen Galaxie. Im Innenbereich wurden Knoten aus Gas entdeckt, die wie Kometen aussehen, mit Köpfen von einigen hundert Lichtjahren Durchmesser freilich und «Schweifen» von mehreren tausend. Diese Form zeigt, daß hier schnelleres Material in langsameres hineingerast ist. Die künstlerische Darstellung rechts verdeutlicht die Verhältnisse (Quelle: Struck et al. und NASA / Gitlin).

fen wurde mit dem Hubble Deep Field verglichen, das sozusagen den «Hintergrund» des Kosmos zeigt. Und siehe da, im Virgo-Bild konnte man etwa 630 Quellen mehr sehen! Sterne aus unserer eigenen Galaxis waren nur etwa 20 zu erwarten: Die 600 «überzähligen» Sterne erwiesen sich tatsächlich als Rote Riesen im Virgo-Haufen, die sich da bemerkbar machten.

Wo es helle Rote Riesen gibt, da muß es aber auch zehntausendmal mehr schwächere Sterne geben, die sich noch auf der Hauptreihe der Sternentwicklung befinden, aber selbst für das Weltraumteleskop viel zu schwach sind – im gleichen Bildfeld bis zu 10 Millionen! Addiert man die Massen der sichtbaren und unsichtbaren Sterne, so kommt heraus, daß zwischen den Galaxien des Virgo-Haufens immerhin zwischen 4 und 12 Prozent der gesamten Haufenmasse in Form von Sternen stecken (wobei Hochrechnungen aufgrund der Planetarischen Nebel sogar noch höhere Zahlen liefern). Die intergalaktischen Roten Riesen bestätigen nicht nur die langgehegte Vermutung, daß bei engen Begegnungen von Galaxien untereinander – wie sie in Galaxienhaufen oft vorkommen – Sterne herausgerissen werden können. Sie könnten sich auch nützlich machen, etwa zur Bestimmung der Verteilung von Dunkler Materie im Haufen oder als Standardkerzen. Auch die Existenz der Planetarischen Nebel zwischen den Virgo-Galaxien ist nun kein Rätsel mehr. Ob die intergalaktischen Sterne allerdings nur eine kosmische Kuriosität, also ein Abfallprodukt der Himmelsmechanik von Galaxienhaufen, oder ein für den Kosmos insgesamt bedeutendes Phänomen sind, läßt sich heute noch nicht sagen.

Ein weiteres Ergebnis der Wechselwirkung zwischen Galaxien kann sein, daß eine große Galaxie einem kleinen Begleiter seine Sternhaufen stiehlt – und auch diesen Fall hat das Hubble-Teleskop kürzlich beobachtet. Der Übeltäter ist die große elliptische Galaxie M 87 im Virgo-Galaxienhaufen. Mit Hubbles Kamera WFPC2 wurden jetzt Sternhaufen in M 87 entdeckt, die ursprünglich zu ihren Satellitengalaxien NGC 4486B und NGC 4478 gehört haben. Überführt werden kann M 87 des «Sternendiebstahls» allerdings nur per Indizienbeweis: Die Satellitengalaxien besitzen in ihren Außenbereichen deutlich weniger Kugelsternhaufen als vergleichbare Galaxien, die weiter von großen anderen Galaxien entfernt sind. Auch sind die kleinen Galaxien kompakter als die anderen, haben also neben den Sternhaufen auch die anderen Sterne ihrer Außenbereiche an M 87 abtreten müssen. Die Riesengalaxie steht schon lange im dringenden Verdacht, aus der Verschmelzung mehrerer kleinerer Galaxien hervorgegangen zu sein; aber sie scheint sich auch noch nachträglich in ihrer Umgebung bedient zu haben.

Sturm der Sternentstehung in Centaurus A: Ein dichtes Staubband kündet von einer kosmischen Kollision – und brillante blaue Sternhaufen junger Sterne von den Folgen. Der Rest der Galaxie strahlt dagegen im rötlichen Licht älterer Riesen- und Zwergsterne. Die Staubscheibe sehen wir fast von der Seite, und daß sie noch so dick ist, zeugt von einem geringen Alter (Quelle: Schreier et al. und NASA).

Das Innenleben von Centaurus A bleibt im sichtbaren Licht verborgen – aber nicht für Hubbles NICMOS-Infrarotkamera. Das Bild rechts enthüllt eine 130 Lichtjahre große Scheibe heißen Gases, die die Zentralmaschine von Cen A umgibt. Die roten Blasen sind leuchtende Gaswolken, die die starke Strahlung der Zentralmaschine angeregt hat (Quelle: Schreier et al. und NASA).

Quasare – Leuchtfeuer am Anfang der Zeit

Lange Zeit hatten sie nicht anders ausgesehen als schwache Sterne, wie es Millionen am Himmel gibt. Manche schwankten unvorhersehbar in ihrer Helligkeit und wurden dann als veränderliche Sterne zu den Akten genommen. Als die Radioastronomie den Kinderschuhen entwachsen war und die Positionen von Radioquellen am Himmel mit immer größerer Genauigkeit feststellen konnte, fand man heraus, daß manche dieser Radioquellen zugleich blaue «Sterne» waren. So entstand der seltsame Begriff Quasar als Abkürzung der Bezeichnung «quasistellare Radioquelle». Eine der ersten dieser optischen Identifikationen war die Radioquelle 3C273. Als man das Licht dieses Himmelskörpers analysierte, erwies sich sein Spektrum als äußerst seltsam. Eine Reihe von hellen breiten Linien trat bei Wellenlängen auf, wo bei gewöhnlichen Sternen keine zu finden sind. Der am Palomar-Observatorium arbeitende Astronom Maarten Schmidt fand schließlich Anfang der 60er Jahre heraus, daß die Linien durchaus zu bekannten chemischen Elementen gehörten, aber stark zum Roten hin verschoben waren. Die Verschiebung entsprach einer «Fluchtgeschwindigkeit» von 30 000 km/s – so etwas hatte es noch nie gegeben. War diese Rotverschiebung wirklich kosmologisch zu deuten, also Folge der Expansion des Kosmos, und der Quasar mithin weit entfernt? Oder bewirkte ein anderer physikalischer Effekt die Rotverschiebung?

Es sollte einige Zeit dauern, bis sich die «kosmologische Interpretation» der Rotverschiebungen der Quasare durchsetzte und damit die Annahme ihrer gewaltigen Distanzen. Da die Quasare am Himmel immer noch relativ hell sind, ergaben sich märchenhaft große Leuchtkräfte – das Vieltausendfache der Energieabstrahlung von Galaxien, wie wir sie in unserer Nähe beobachten können. Und was noch erstaunlicher ist: Die in manchen Objekten beobachteten Helligkeitsvariationen deuten darauf hin, daß die Energie in einem Gebiet von der Größe unseres Sonnensystems freigesetzt wird. Eine gegenwärtig sehr populäre Hypothese zur «Funktionsweise» der Quasare besagt, daß ein sehr massereiches Schwarzes Loch im Zentrum einer Galaxie Gas und Sterne in sich hineinsaugt. Die Materiescheibe, die sich um ein solches Objekt ausbildet, könnte in der Lage sein, die erforderliche Menge an Strahlungsenergie abzugeben. In den frühen Phasen unseres Universums waren Galaxien wahrscheinlich reich an Gas und Sternen, doch heutzutage sind die Zentralbereiche der Galaxien relativ gas- und sternenleer. Das immer noch wie eine Spinne im Netz im Zentrum einer Galaxie lauernde Schwarze Loch ist mittlerweile ziemlich «verhungert» und verrät sich nur noch indirekt durch eine große Masse.

Das Hubble-Teleskop hat sich in mehrfacher Hinsicht auch um die Erforschung von Quasaren verdient gemacht. Vor allem ging es darum zu klären, ob die Quasare wirklich in den Zentren von Galaxien stehen. Zwar hatten irdische Teleskope in einigen Fällen äußerst schwache Nebel um Quasare gefunden, aber die Bildqualität erlaubte nicht, die Natur der «gastgebenden Galaxien» festzustellen. Handelte es sich um Spiralen, um elliptische Galaxien oder um Galaxien, wel-

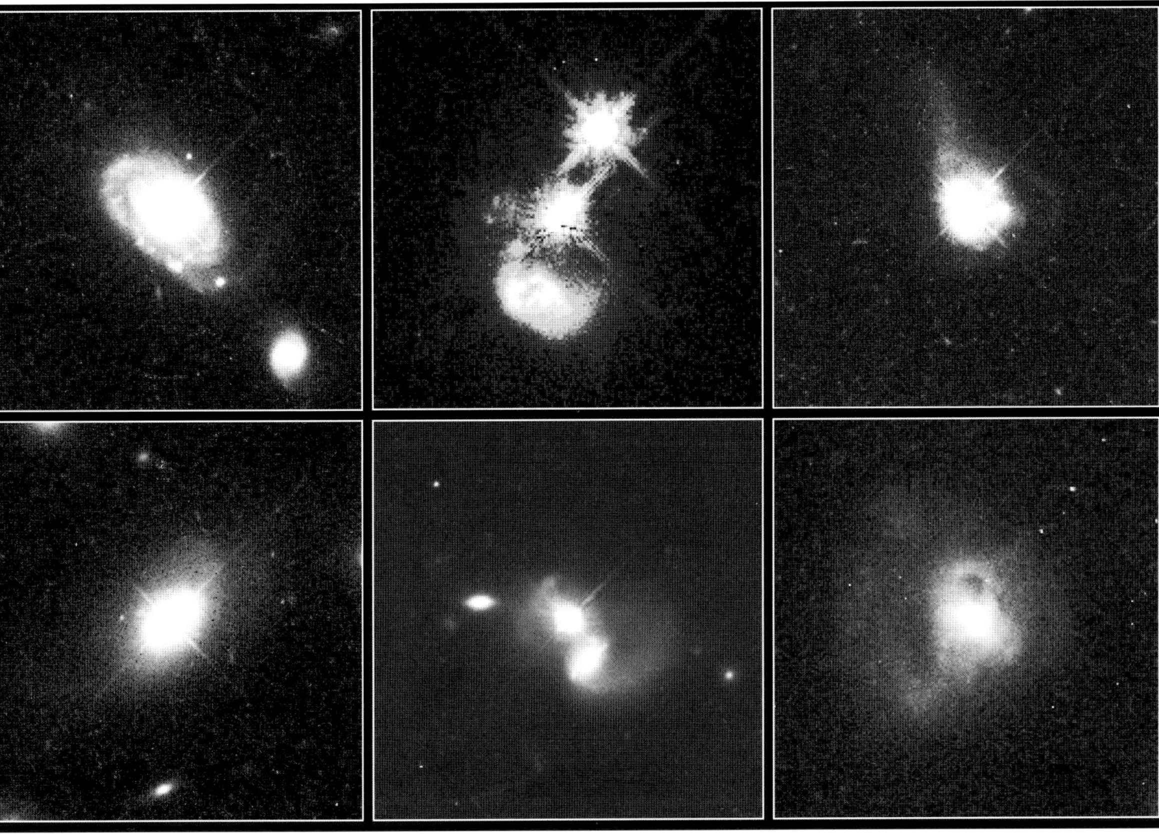

Die Heimat der Quasare: eine Vielfalt von Galaxien, von normal bis stark gestört. Dies sind sechs Beispiele, in der linken Spalte normale Galaxien, in der mittleren kollidierende und in der rechten ungewöhnlich geformte (Quelle: Bahcall & Disney und NASA).

che gerade Kollisionen erleben, die den «zentralen Maschinen» neue Nahrung liefern? Auch das Weltraumteleskop Hubble tat sich mit der Antwort schwer, wie einige Astrophysiker zunächst erleben mußten. Anfang 1995 ging eine Sensationsmeldung um die Welt, derzufolge Hubble das klassische Bild der Quasare völlig auf den Kopf gestellt habe – ein großer Teil von ihnen sei «nackt», das heißt gänzlich ohne umgebende Galaxie. Dieser kühne Schluß von prominenten Astrophysikern aufgrund einer Serie stark bildverarbeiteter Hubble-Aufnahmen wurde freilich bald von einer konkurrierenden Arbeitsgruppe angezweifelt und noch im selben Jahr schließlich auch kleinlaut dementiert. Schwache, ausgedehnte Strukturen rund um extrem helle Lichtpunkte nachzuweisen, war auch mit dem Hubble-Teleskop ein Problem geblieben; doch es konnte schließlich gemeistert werden.

Wie aber die Galaxien und das Quasarphänomen zusammenhängen, wurde selbst dann noch nicht klar. Die extrem leuchtkräftigen Quasare, die rund 100- bis 1000mal so stark strahlen wie ganze normale Galaxien, halten sich in einer bemerkenswerten Vielfalt von Galaxien auf, von denen viele gerade Kollisionen erleben, andere aber in jeder Beziehung «normal» aussehen. Lösen womöglich eine Reihe verschiedener Mechanismen diese Aktivität aus? Die nebenstehenden Abbildungen zeigen in der linken Spalte Quasare, die in einer normalen Spiralgalaxie (oben, PG 0052+251) oder einer normalen elliptischen stehen (unten, PHL 909). Die anderen vier Bilder zeigen Quasare in Umgebungen, die zumindest dem Phänomen förderlich zu sein scheinen: in kollidierenden oder verschmelzenden Galaxien. In der Mitte oben läuft die Kollision zweier Galaxien mit einer Geschwindigkeit von etwa 450 km/sec ab und hat eventuell «Materialtrümmer» freigesetzt, die dem Quasar IRAS 04505-2958 als Brennmaterial dienen. Möglicherweise flog eine Galaxie senkrecht durch die Ebene der Spiralgalaxie, riß den Kern mit und ließ die äußeren Spiralarme allein zurück. Der Kern liegt vor dem Quasar und ist von Gebieten umgeben, in denen neue Sterne entstehen. Der Quasar befindet sich in der Mitte des Bildes; darüber ist das Bild eines nahen Vordergrundsterns zu sehen, der nichts mit diesem kosmischen Verkehrsunfall zu tun hat.

In der Mitte unten ist der Quasar PG 1012+008 gerade dabei, mit einer hellen Galaxie (darunter) zu verschmelzen. Die wirbelnden Staub- und Gaswolken

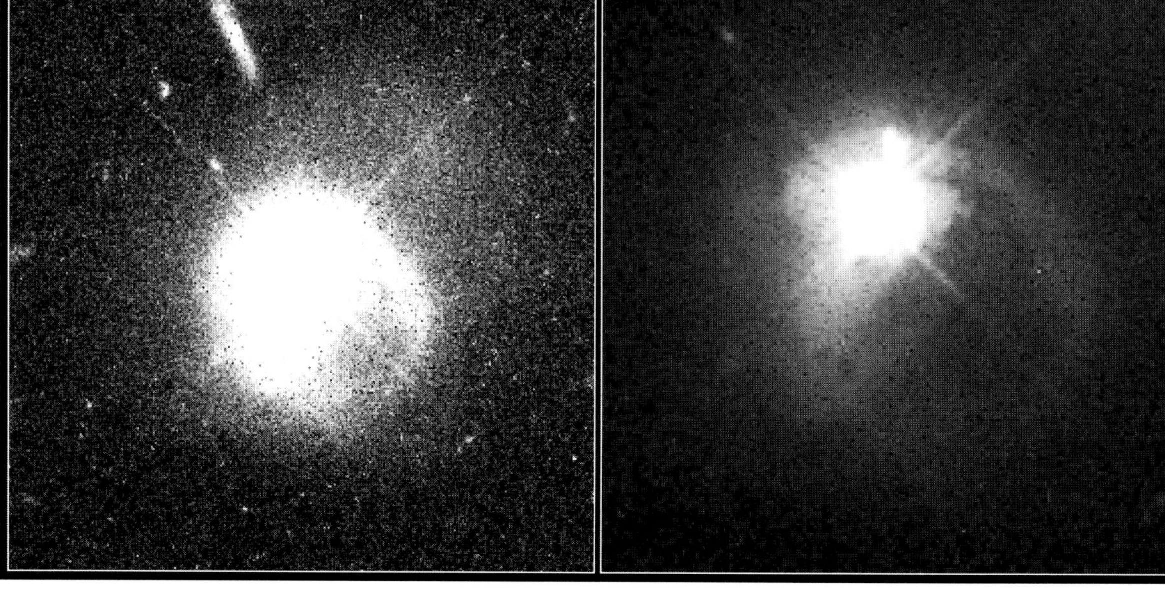

deuten auf eine Wechselwirkung zwischen dem Quasar und dieser Galaxie hin. Die kompakte Galaxie auf der linken Seite des Quasars wird möglicherweise auch in absehbarer Zeit mit dem Quasar verschmelzen. Rechts oben sieht man den Quasar 0316-346, der mit einem von Gezeitenkräften deformierten Gas- und Staubschweif umgeben ist. Die Wirtsgalaxie hat offenbar vor einiger Zeit einen nahen Vorbeigang einer anderen Galaxie erlebt, die allerdings nicht mehr auf dem Bild zu sehen ist. Und rechts unten ist wohl das Resultat einer Verschmelzung zweier Galaxien sichtbar, die einen elliptisch geformten Kern gebildet haben, der sich um den Quasar IRAS 13218+0552 befindet. Der Quasar ist von Ringen glühender Gaswolken umgeben. Die Abbildung auf dieser Seite zeigt den Fall eines Quasars in Assoziation mit Gezeitenschweifen, die er womöglich selbst aus der «host galaxy» herausgerissen hat. Rechts ein Ausschnitt mit anderer Kontrasteinstellung, der zeigt, daß der Quasar (greller Lichtfleck) nur 11000 Lichtjahre vom Kern der Begleitgalaxie (der Punkt direkt über ihm) entfernt ist. Es handelt sich dabei um einen Verwandten der Großen Magellanschen Wolke, der aber dem Quasar näher steht als unsere Sonne dem Milchstraßenzentrum. Vermutlich wird er in absehbarer Zeit in den Quasar fallen. Was dann wohl mit dessen Helligkeit geschieht?

All dies sind interessante Einzelfälle. Doch was sagt die Statistik? Die beiden konkurrierenden Hubble-Beobachtergruppen sind sich nicht ganz einig. Eine fand bei fast jedem Quasar Anzeichen wechselwirkender Galaxien (in 11 von 15 Fällen), die andere nur in jedem zweiten Fall von 20, während der Rest «normal» aussah. Einig sind sich beide Gruppen aber,

- daß die meisten Quasare in leuchtkräftigen Spiralen oder elliptischen Galaxien stehen (die eindeutige Klassifikation ermöglichte erst das Hubble-Teleskop),
- daß Zusammenstöße oder Beinahe-Zusammenstöße von Galaxien eine wichtige Rolle beim Auslösen des Quasarphänomens spielen, aber womöglich auch andere Mechanismen (bei den ungestört erscheinenden Galaxien) am Werke sind
- und daß «radioleise» Quasare ohne Radiostrahlung oft in elliptischen Galaxien stehen und nicht ausschließlich in Spiralen, wie man lange dachte.

Eine noch größere Hubble-Untersuchung an 33 Quasaren, die im März 1998 vorgestellt wurde, deutet an, daß große elliptische Galaxien generell die häufigsten gastgebenden Galaxien sind – auch in einigen der bis-

Ein Quasar inmitten verschmelzender Galaxien. Das Bild des Quasars PKS 2349 ist hier zweimal unterschiedlich wiedergegeben, um einmal den Außenbereich der gestörten Galaxie und einmal den Bereich näher am Quasar zu zeigen (Quelle: Bahcall und NASA).

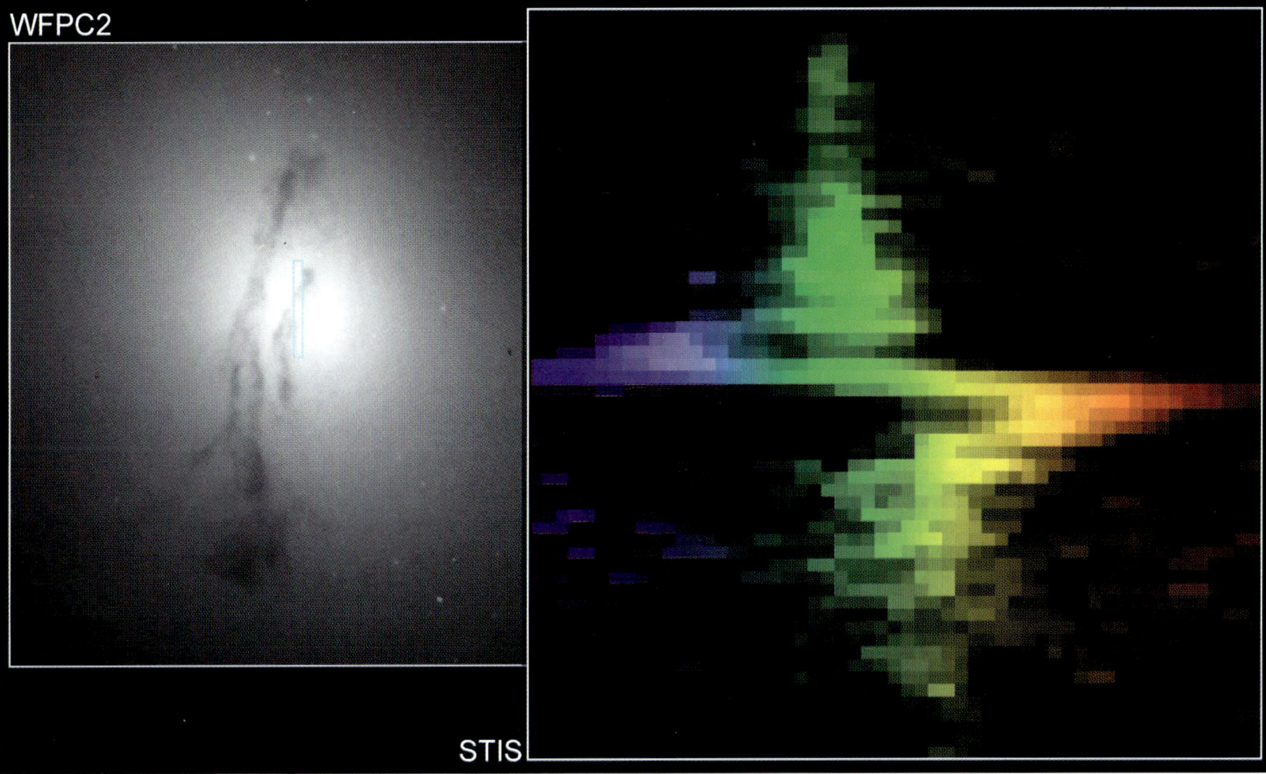

Die Signatur eines Schwarzen Lochs? Die bunte Zickzack-Linie rechts ist eine der ersten Messungen von Hubbles neuem Spektrographen STIS, dessen Spalt quer über die Galaxie M 84 im Virgo-Haufen gelegt wurde. Aufgetragen wurde dann die Geschwindigkeit des Gases, als Abweichung der Linie nach links oder rechts: In Richtung des Galaxienzentrums nimmt sie gewaltig zu, bis auf 400 Kilometer pro Sekunde, was auf eine zentrale Masse von 300 Millionen Sonnenmassen schließen läßt (Quelle: Bower & Green und NASA).

her kontroversen Fälle. Noch eingehendere Erkenntnisse werden jetzt von der neuen Infrarotkamera NICMOS des Hubble-Teleskops erwartet und ganz besonders von der Advanced Camera, die 1999 oder 2000 eingebaut werden soll. Sie hat nämlich einen eingebauten Koronographen, ein optisches System im Strahlengang, mit dem sich die Quasare gezielt abdecken lassen, so daß nur noch ihre «Gastgeber» sichtbar bleiben.

Noch stehen jedenfalls die großen Fragen im Raum, etwa die nach der Dauer und Verbreitung des Quasarstadiums: Ist es häufig, aber kurz – und sitzt ein «ausgebrannter» Quasar in fast jeder Galaxie – oder dauert es lange und ist selten? Und auch in der Frage nach der *Natur* jener zentralen Maschine, in der der Quasarprozeß abläuft, besteht noch Diskussionsbedarf. Sind es wirklich die vielzitierten supermassiven Schwarzen Löcher, oder erklären in der Öffentlichkeit kaum bekannte Modelle die Phänomene besser? Etwa die sogenannte «Brennende Scheibe», wo ein scheibenförmiger Riesenstern im Zentrum einer Galaxie für die spektakulären Phänomene sorgt? Hier wäre das Rätsel der scheinbar ungestörten Quasar-Galaxien weniger groß, denn bis eine Schwerkraft-Störung (zum Beispiel durch eine Kollision), die die «Fütterung» der zentralen Maschine fördern soll, nach innen gewandert ist, vergeht so viel Zeit, daß sich die Galaxie viel weiter draußen schon wieder regeneriert haben kann. Auch für das Hubble-Teleskop sind die Quasare viel zu weit entfernt, um ihrem zentralen Mechanismus direkt auf den Grund zu gehen; doch es gibt «Verwandte», die auch in der kosmischen Gegenwart noch vorkommen und an denen schon mehr zu erkennen ist.

Miniquasare in unserer Nachbarschaft: aktive Galaxien

Als 1943 der US-Astronom Carl K. Seyfert Galaxien mit hellen Kernen beobachtete, nahm kaum jemand von dieser Entdeckung Notiz. Seyfert wurde später Direktor des Dyer-Observatoriums in Nashville, Tennessee, wo er nur ein kleines Teleskop zur Verfügung hatte und seine Galaxien nicht weiter untersuchen konnte. Er kam noch in jungen Jahren durch einen Autounfall ums Leben und hat den Siegeszug «seiner» Galaxien nicht mehr erlebt. NGC 4151 ist die von uns aus gesehen hellste Seyfert-Galaxie. Wie im Fall der Quasare wird meist angenommen, daß die Kernaktivität in der «zentralen Maschine» der Galaxie durch die Materieakkretion in ein massereiches Schwarzes Loch hervorgerufen wird. Wenn die Quasare die mächtigen Dinosaurier der Urzeit sind, so sind die Seyfert-Galaxien, um im Bild zu bleiben, die Eidechsen, also ihre schwächlichen Nachkömmlinge. Und sie erscheinen in den irdischen Teleskopen nicht nur als grelle Lichtpunkte wie die Quasare, sondern offenbaren direkt, wie sie «funktionieren». Das Hubble-Bild von NGC 4151 zum Beispiel zeigt zwei leuchtende Gaskegel, die aus zahlreichen Gasknoten bestehen.

Dieses Gas wird von einer Strahlungsquelle aus dem Zentrum der galaktischen Aktivität heraus beleuchtet. Und mit Hubbles neuem Spektrographen STIS lassen sich die Bewegungen von Hunderten dieser Gasklumpen gleichzeitig erfassen: Jeder strahlt Emissionslinien verschiedener chemischer Elemente aus, und die Wellenlänge verschiebt sich je nach der Geschwindigkeit. Wie die Analyse zeigen sollte, folgen die meisten der Gasklumpen einer Strömung nach außen. Manchmal sind Seyfert-Galaxien so reich an Staub, daß die zentrale Maschine völlig verborgen bleibt, es sei denn, Infrarotkameras wie Hubbles NICMOS lüften den Schleier. Bei einer ganzen Reihe anderer Galaxien hat Hubble aber schon im sichtbaren Licht die Umgebung der geheimnisvollen zentralen Maschine in erstaunlicher Detailfülle abbilden und untersuchen können. Bei NGC 6251 zum Beispiel ist zu erkennen, wie das grelle ultraviolette Licht aus der Zentralregion nur auf einer Seite an der zentralen Staubscheibe der Galaxie vorbeileuchten kann, die offensichtlich wie die Krempe eines Hutes gewölbt ist. Der «hübscheste» und eindrucksvollste Fall bleibt freilich NGC 4261, wo die Staubscheibe perfekt zu erkennen ist. Und innerhalb dieser Staubscheibe existiert eine Gasscheibe, deren hohe Rotationsgeschwindigkeit die Masse des zentralen Objekts verrät: rund 1 Milliarde Sonnenmassen.

Es ist zwar interessant zu wissen, ob in dieser oder jener Galaxie wieder mal ein – mutmaßliches – supermassives Schwarzes Loch entdeckt worden ist, aber noch aufregender wäre die Antwort auf folgende Fragen: Wie häufig sind zentrale schwarze Löcher? Steht ihre Masse in irgendeinem Zusammenhang mit der Masse der Wirtsgalaxie? Auf der Suche nach Antworten wurden 27 nahe Galaxien mit dem Canada-France-Hawaii Telescope und dem Weltraumteleskop Hubble systematisch durchforstet. Man hat dabei Anzeichen solcher Objekte in drei normalen Galaxien gefunden. Das Indiz ist jeweils die hohe Geschwindigkeit von Sternen, die um die Zentren der Galaxien kreisen. In der Galaxie NGC 3379 = M 105 sitzen demnach 50

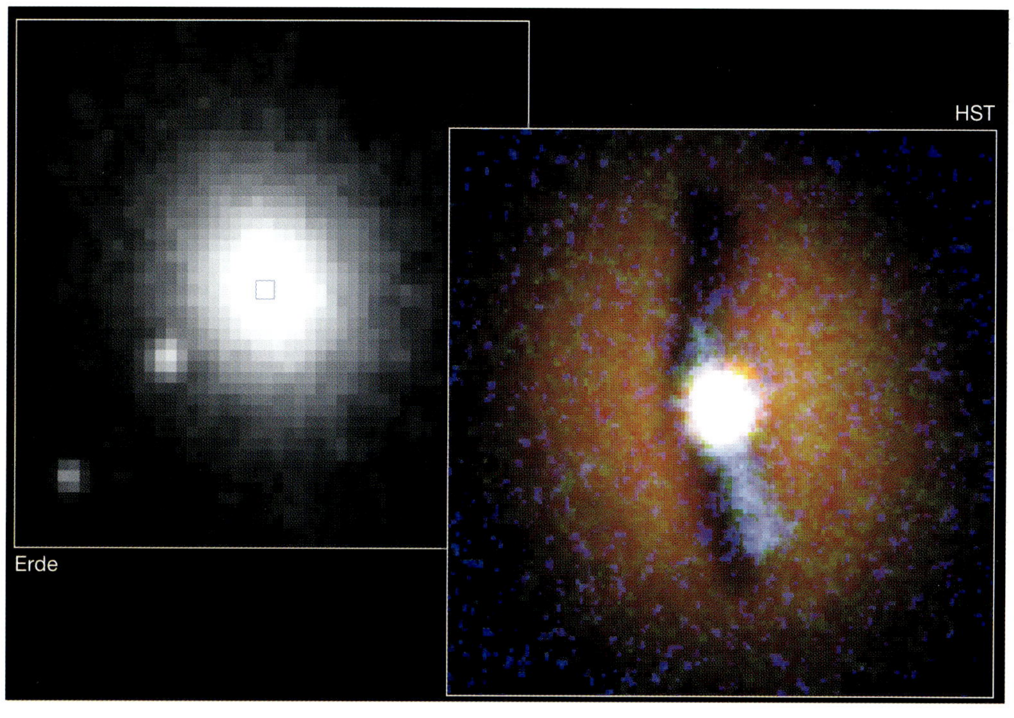

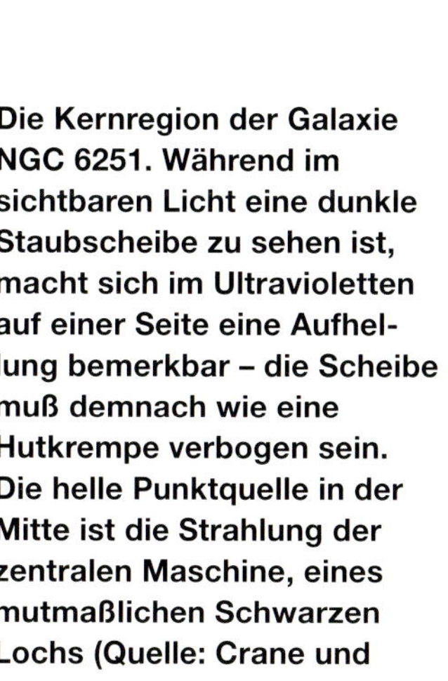
Die Kernregion der Galaxie NGC 6251. Während im sichtbaren Licht eine dunkle Staubscheibe zu sehen ist, macht sich im Ultravioletten auf einer Seite eine Aufhellung bemerkbar – die Scheibe muß demnach wie eine Hutkrempe verbogen sein. Die helle Punktquelle in der Mitte ist die Strahlung der zentralen Maschine, eines mutmaßlichen Schwarzen Lochs (Quelle: Crane und NASA).

Millionen, in NGC 3377 100 Millionen, und in NGC 4486B sogar 500 Millionen Sonnenmassen auf winzigem Raum zusammengedrängt. Solche riesigen Massenansammlungen, die nur wenig Licht ausstrahlen, werden allgemein als gewaltige Schwarze Löcher interpretiert. Folgende Trends zeichnen sich ab:

- In fast jeder großen Galaxie scheint ein supermassives Schwarzes Loch zu sitzen, wobei
- die Masse des Schwarzen Lochs proportional zur Masse der Galaxie ist.
- Anzahl und Massen der Quasare passen zu der Hypothese, daß in den Zentren der meisten Galaxien einmal ein Quasar gebrannt hat, der dann ein schweres, aber inaktives Schwarzes Loch (SL) zurückgelassen hat.

Der (heutige) Weltraum müßte demnach voll von «Quasarfossilien» sein – und damit stellt sich zugleich die Frage, warum eigentlich nicht alle Galaxien heute als Seyfert-Galaxien Aktivität entfalten und hell strahlende Zentralregionen besitzen. Offensichtlich liegt das an der mangelhaften «Fütterung» der zentralen Maschinen: Materie aus der Scheibe der Galaxie muß ihnen sozusagen mundgerecht zugeführt werden. Zwar genügt einer typischen Seyfert-Galaxie eine Sonnenmasse pro Jahr, um ihre Aktivität anzutreiben, aber auch diese Menge muß erst einmal nach innen transportiert werden. Eine wichtige Rolle könnte Staub dabei spielen, das deuten neue Hubble-Bilder von zwei Galaxien an. In NGC 1667 ist Staub zu erkennen, der sich spiralförmig in Richtung Zentrum der Galaxie bewegt. Ein ähnliches Phänomen scheint bei NGC 3982 am Werke zu sein. Wie dieser Mechanismus allerdings im Detail funktioniert, bleibt vorerst unklar, aber er stellt eine Alternative zum bisher einzigen bekannten Weg des Materietransports in galaktische Zentren dar, der mit komplizierten Sternorbits und der Ausbildung eines zentralen Materie-«Balkens» in Spiralgalaxien zusammenhängt. Der nächste Schritt wird nun der Vergleich mit inaktiven Galaxien und die Klärung der Frage sein: Was genau funktioniert bei ihnen anders?

Gravitationslinsen — «Hubble mit Teleobjektiv»

Als Einstein seine Allgemeine Relativitätstheorie entwickelte, war einer der «Tests», die er sich vorstellen konnte, der Nachweis der von einer Masse verursachten Raumkrümmung. Im Fall der Sonne ergab sich bereits, daß das Licht der Sterne in der Nähe der Sonne verbogene Pfade zurücklegen müßte und die Örter der Sterne deshalb ein bißchen weiter von der Sonne weg erscheinen müßten (was sich tatsächlich messen ließ). Ein paar Jahre später rückte der russische Physiker Chwolson eine kleine Notiz in die Zeitschrift «Astronomische Nachrichten» ein, in der er feststellte, daß die Raumkrümmung nicht nur eine Verzerrung, sondern auch eine Verstärkung des Lichtes hervorrufen könnte. Ähnliche Aussagen wurden 15 Jahre später auch von Einstein und Zwicky gemacht. Aber niemand glaubte, daß solche «minimalen» Effekte im Universum tatsächlich nachweisbar sein könnten. Was aber, wenn die Gravitationslinse nicht ein Stern, sondern eine massereiche Galaxie oder sogar ein Galaxienhaufen wäre? Dann müßte der Effekt deutlich stärker sein. Noch viele Jahrzehnte sollten allerdings vergehen, bis die ersten Fälle von Gravitationslinsen gesichtet wurden. 1979 war es ein Quasar, den eine Galaxie im Vordergrund als Bildpaar «gelinst» hatte. Und seit 1988 wurden um einige Galaxienhaufen seltsame Bögen und Flecken entdeckt, die sich bei näherem Hinsehen gleichfalls als «gelinste» Hintergrundgalaxien entpuppten.

Diese Entdeckungen waren freilich nur ein erster Schritt. Da die Mathematik, die die Gestalt der Gravitationsbögen beschreibt, eindeutig bekannt ist, läßt sich umgekehrt aus den Bögen auf die Massen schließen, die einen konkreten Linseneffekt verursachen. Und dies unabhängig davon, ob die Massen leuchten (also Sterne sind) oder nicht! Eine genaue Karte der Dunklen Materie im Galaxienhaufen CL0024+1654 ließ sich zum Beispiel mit Hilfe seiner Gravitationslinsenwirkung auf einen Teil eines noch entfernteren Haufens erstellen, dessen Licht achtmal «abgebildet» wird. Eine so komplizierte Geometrie ist allerdings nicht mehr direkt mathematisch zu invertieren. Die Astrophysiker mußten im Computer über eine Million Modelle der Massenverteilung durchspielen, bis sie sich der optimalen auf 3 Prozent genau angenähert hatten. Die individuellen Galaxien sitzen auf einem sanft zur Haufenmitte hin ansteigenden Untergrund. Die leuchtenden Galaxien tragen nur 1/250 zur Gesamtmasse des Haufens bei, Staub und Gas rund 1/10–90 Prozent der Masse aber sind dunkel und unbekannter Natur. Diese geheimnisvolle Dunkle Materie verteilt sich dabei gleichmäßig über den Haufen. Noch eine andere Erkenntnis drängt sich auf: Manche Galaxien haben in ihren Halos weniger dunkle Materie als andere; sie ist ihnen wahrscheinlich bei Kollisionen abhanden gekommen.

Die typische Gravitationslinsenwirkung einer Galaxie oder eines Galaxienhaufens besteht darin, Objekte im Hintergrund zu Bögen zu verzerren. Besonders hübsche Beispiele dieser Art sind der Galaxienhaufen 0024+1654, der eine ungefähr doppelt so weit hinter ihm stehende blaue Galaxie etwa fünfmal «abbildet», und auch RX J1347.5-1145, der Galaxienhau-

So wirkt ein ganzer Galaxienhaufen als Gravitationslinse: Das kombinierte Schwerefeld der gelben elliptischen und Spiralgalaxien hat das Bild einer blauen Galaxie dahinter dramatisch verzerrt und verfünffacht. Die Galaxie ist etwa doppelt so weit entfernt wie der Galaxienhaufen. Obwohl die Spiralgestalt durch den Linseneffekt dramatisch verändert wurde, lassen sich doch noch Details ausmachen (Quelle: Colley et al. und NASA).

fen mit der größten Leuchtkraft im Röntgenbereich am Himmel und einer der größten Massen: Auf den STIS-Bildern des Hubble-Teleskops sind auch hier mehrere Bögen zu erkennen. Befindet sich aber das gelinste Objekt exakt in der optischen Achse, dann wird es zu einem perfekten Kreis abgebildet!

Einen solchen Idealfall hat Einstein tatsächlich in seinen Veröffentlichungen beschrieben, aber daß er jemals in der Natur gefunden werden könnte, daran glaubte er nicht. Doch nach langem Suchen fand man ein solches Naturwunder: Ein nahezu perfekter «Einstein-Ring» wurde zuerst mit einem britischen Radioteleskop entdeckt und schließlich vom Hubble-Teleskop im Infraroten abgebildet. In diesem Fall ist es eine ferne Galaxie, die fast genau hinter einer näheren steht. Ein Teil von ihr wird von deren Schwerefeld zu einem perfekten Kreis verzerrt. Mathematisch läßt sich dies in allen Details modellieren. Das Radiobild von B1938+666 sieht noch wie eine typische Gravitationslinse aus: Die kleine Radioquelle im Zentrum der Galaxie wird zu einem der typischen Bögen verzerrt, sie steht also zwar nahe der Sichtlinie, aber eben nicht exakt hinter der linsenden Galaxie. Doch das Bild der neuen Hubble-Kamera NICMOS zeigt am gleichen Ort am Himmel einen perfekten Ring rund um die Vordergrundgalaxie: Die komplette Galaxie, die im Infraroten sichtbar wird, ist so ausgedehnt, daß ein Teil von ihr exakt hinter der anderen Galaxie steht, und dieser Bereich von ihr formt nun den ersten echten Einstein-Ring am Himmel. Ganz perfekt ist er freilich nicht: Die auch im Infraroten hellere Zentralregion der Galaxie wird zu einem helleren Bogen

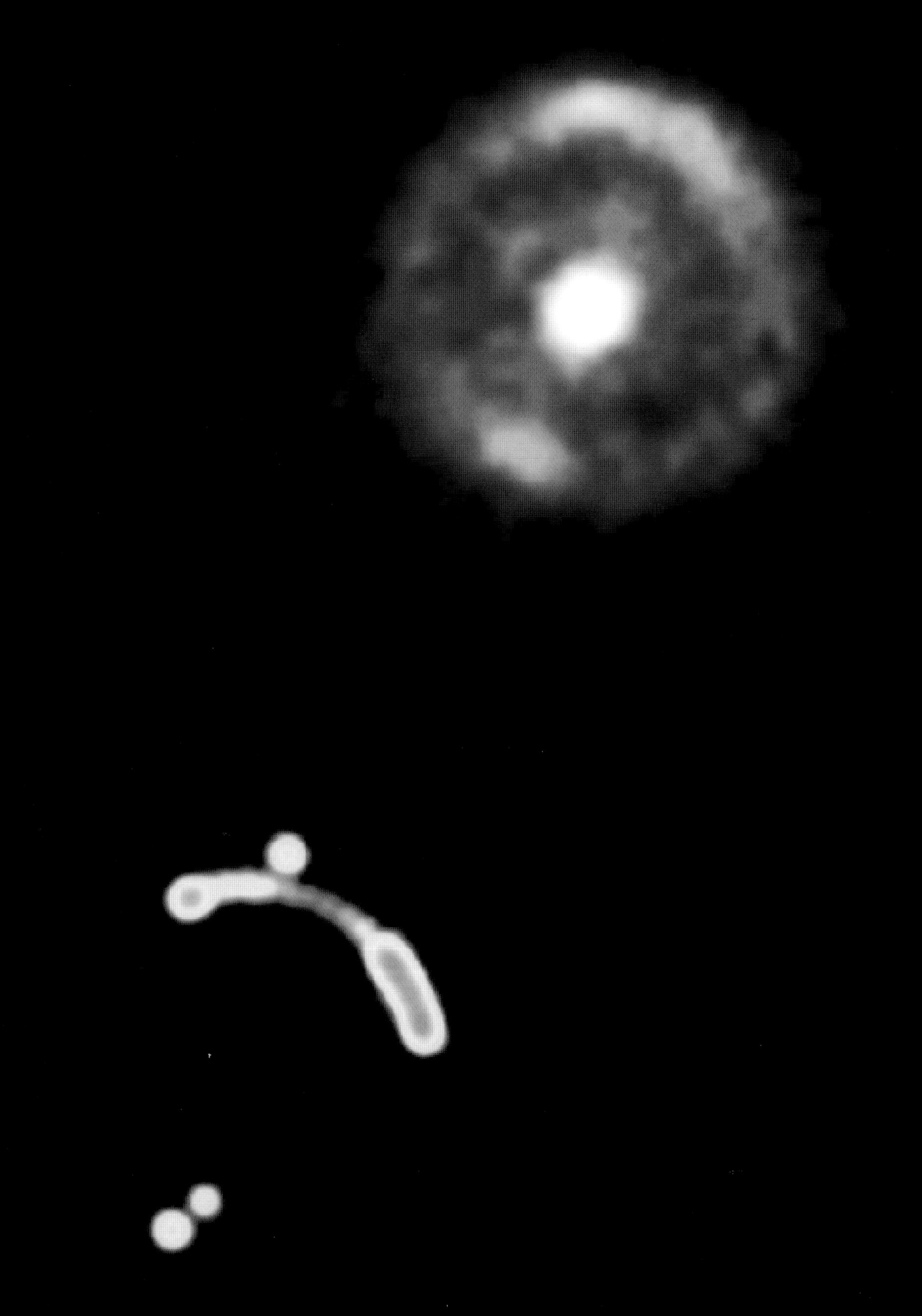

Ein fast perfekter «Einstein-Ring» ist diese Gravitationslinse: Während das Radiobild des britischen MERLIN-Radiointerferometers nur einen Teil des Rings zeigt, den hier eine Vordergrundgalaxie aus einer fernen Quelle geformt hat (unten), konnte Hubbles NICMOS (oben) den kompletten Ring sichtbar machen (Quelle: King und NASA).

verformt, der das obere Drittel des kompletten Ringes überlagert.

Ein anderer Sonderfall der Gravitationslinsen sind die sogenannten Einstein-Kreuze, bei denen ein Quasar fast exakt hinter einer Vordergrundgalaxie steht und von ihr in mehrere Bilder gespalten wird: diese bilden rund um die Galaxie ein winziges Kreuz. Ein solcher Fall galt einst als mindestens so exotisch wie ein Einstein-Ring, und am ganzen Himmel waren nur zwei Exemplare bekannt. Die schon erwähnte Medium Deep Survey Hubbles hat die Zahl der Einstein-Kreuze inzwischen schlagartig erhöht. Auch als mit diesem Programm, bei dem die Kamera WFPC2 zufällige Himmelsfelder aufnimmt, erst etwa eine Himmelsfläche von der Größe des Vollmonds abgesucht war, konnte bereits die Entdekkung von zwei neuen Kreuzen vermeldet werden. Am ganzen Himmel müßte es, hochgerechnet, eine halbe Million solcher Linsen geben. Hat man erst einmal ein Dutzend gefunden, dann lassen sich sogar Aussagen von kosmologischer Tragweite daraus ableiten, beispielsweise über die mittlere Dichte des Alls und die Zukunft des Universums. Schon aus den ersten zwei Hubble-Funden wurde 1995 unter allerlei Vorbehalten auf eine unterkritische Dichte des Alls geschlossen – was heute schon fast die Standardsicht des Universums ist, wie wir auf den Seiten 61f. gesehen haben.

Gravitationslinsen lassen sich auch als Zusatzteleskope geradezu kosmischen Ausmaßes verwenden, weil sie mitunter ferne Himmelsobjekte zwar verzerren, aber auch heller erscheinen lassen. Sie machen manchmal etwas wesentlich deutlicher sichtbar, das uns andernfalls vielleicht entgangen wäre. Die vermeintlich «hellste Galaxie des Universums» zum Beispiel, die Anfang der 90er Jahre Furore machte, wurde schließlich durch ein Hubble-Bild als «verfälscht» durch eine Gravitationslinse entlarvt. Die hatte sie glatt um einen Faktor 30 (!) heller erscheinen lassen, als sie in Wirklichkeit ist. Erst dem Hubble-Teleskop gelang dieser Beweis, denn mit seiner Auflösung war eindeutig die charakteristische Bogenform des Objekts zu erkennen, wie sie nur Linsen in dieser Reinheit produzieren. Zahlreiche wissenschaftliche Arbeiten über die vermeintliche Monstergalaxie waren also vergeblich gewesen. Im allgemeinen sind die Astronomen den Gravitationslinsen aber eher dankbar, wenn sie sich vor eine ferne Galaxie plazieren. Praktischerweise lassen sich die Entfernungen von Linse wie gelinstem Objekt immer ungestört bestimmen. Das Licht der verzerrten Objekte trägt schließlich immer noch das kosmische Herstellungsdatum – die Rotverschiebung – in sich, die bei der Verbiegung des Lichtweges nicht verändert wird.

Die erste «teleskopische» Nutzung einer Gravitationslinse gelang bereits 1995, und zwar anhand des schon im ersten Hubble-Band abgebildeten Galaxienhaufens Abell 2218. Ein Bogen rechts oben im Bild ist – wie die mathematische Modellierung des Falles zeigte – durch die Linsenwirkung gleich um den Faktor 15 heller gemacht worden, als die ferne Galaxie sonst erschienen wäre. Dies animierte zur näheren Erforschung des Himmelsobjekts, das als der Bogen abgebildet wurde: Es ist, wie ein Spektrum enthüllte, eine Galaxie mit einer Rotverschiebung von immerhin 2,5 (während der Galaxienhaufen mit einer Rotverschiebung von nur 0,18 wesentlich näher ist). Das Spektrum der fernen Galaxie verrät auch, daß sie gerade mit heftiger Sternbildung beschäftigt war, als sie ihr Licht aussandte. Und eine Gravitationslinse war es auch, die 1997 zu einem neuen Entfernungsrekord im Kosmos führte, der allerdings nur wenige Monate hielt; gleichzeitig war dies der erste Fall, in dem eine durch Linsenwirkung zwar aufgehellte, aber auch verunstaltete Galaxie mathematisch wieder entzerrt und als das dargestellt werden konnte, was sie wirklich ist.

In einer Entfernung von 5 Milliarden Lichtjahren befindet sich der Galaxienhaufen CL1358+62, und in seiner Nähe sind verzerrte Bilder einer noch weiter entfernten Galaxie zu sehen. Das unförmige «Objekt» fiel zuerst durch seine tiefrote Farbe auf. Das Hubble-Teleskop vermochte dort mit seiner sprichwörtlichen Bildschärfe Strukturen zu erkennen. Und eines der 10-Meter-Keck-Teleskope auf Mauna Kea, Hawaii, konnte Spektren dieser Galaxie aufnehmen. Eine bei 720 Nanometern gefundene Emissionslinie ließ sich dann unzweifelhaft der Wasserstofflinie Lyman-Alpha zuordnen, deren Laborwellenlänge aber bei 122 Nanometern liegt: Ihre Rotverschiebung (wie auch die eines später in der Nähe entdeckten Begleiters) ist also 4,92. Das war etwas mehr als bei dem langjährigen Rekordhalter, einem Quasar mit 4,90; erst 1998 wurde eine noch weiter entfernte Galaxie aufgespürt. Der zeitweilige Rekord war aber nicht das Wichtigste. Das Gravitationsfeld des Galaxienhaufens konnte modelliert, die Linsenwirkung berechnet und damit das unverzerrte Originalbild der Galaxie rekonstruiert werden. Hubble schaut also gewissermaßen durch ein zwar schlechtes, aber dennoch brauchbares Teleobjektiv – und das Bild ist 5- bis 10mal detailreicher, als es ohne Linse wäre!

Der hellste Lichtfleck scheint kaum aufgelöst zu sein, sein Durchmesser liegt bei etwa 800 Lichtjahren, und seine Leuchtkraft ist heller als diejenige von großen Sternentstehungsgebieten in Starburst-Galaxien. Es kann aber auch sein, daß wir hier gerade Zeugen der Entstehung des echten Galaxienkerns (Bulge) sind. Zu erkennen sind noch einige weitere Starburst-Knoten mit je 700 Lichtjahren Durchmesser, verteilt in einem 15 000 Lichtjahre großen Raum. So mag unsere Milchstraße vor rund 13 Milliarden Jahren auch ausgesehen haben. Und die Galaxie ähnelt insgesamt so mancher anderen mit hoher Rotverschiebung im Hubble Deep Field. Die Spektrallinien deuten Bewegungen mit Geschwindigkeiten von 200 km/s an, die turbulent sind. Möglicherweise wird das Gas durch Supernova-Explosionen hin- und hergeschleudert und geht der Galaxie letztendlich zum großen Teil verloren. Diese junge, heftige Phase der Galaxienentwicklung könnte so ein sehr rasches Ende finden.

Wieder einen Schritt näher an die Anfänge gelangte die Astrophysik dann 1998 durch die ganz zufällige

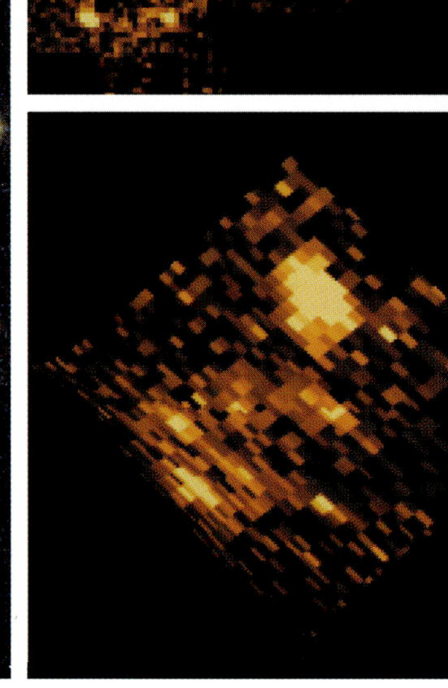

Ein Galaxienhaufen als kosmisches Teleskop: Der Haufen CL1358+62 wurde hier benutzt, um eine ferne Galaxie – zeitweilig die fernste bekannte überhaupt – abzubilden. Das vom Gravitationslinseneffekt verzerrte Bild ist oben rechts herausvergrößert und unten rechts mathematisch entzerrt worden: Ungefähr so sieht die Galaxie mit der Rotverschiebung 4,92 wirklich aus (Quelle: Franx & Illingworth und NASA).

(und gravitationslinsenfreie) Entdeckung einer Galaxie mit einer Rotverschiebung von 5,34. Direkt *gemessen* worden war ein solcher Wert noch bei keinem Himmelsobjekt, auch wenn die Farben bestimmter Flekken im Hubble Deep Field in ähnliche Distanzen weisen (siehe Kasten auf Seite 48–50). Eigentlich waren die Astronomen auf der Suche nach Galaxien mit Rotverschiebungen um 4 gewesen, und bei der Spektroskopie eines Kandidaten geriet noch ein weiteres Objekt in denselben Spektrographenspalt; es sandte nur eine einzelne Spektrallinie aus und war auf Himmelsaufnahmen überhaupt nur im Infraroten zu sehen. Das Spektrum ist denkbar einfach: Da gibt es nur diese einzige, asymmetrische Emissionslinie bei 772 Nanometern, die auf einem schwachen Kontinuum sitzt. Die einzige plausible Erklärung ist, wie schon bei Hubbles Gravitationslinse, daß es sich um Lyman-Alpha-Emission des Wasserstoffs handelt, die durch eine enorme Rotverschiebung von 5,34 vom Ultravioletten (122 nm) ins nahe Infrarot verschoben wurde!

Was der erste klare Sprung über die magische $z = 5$-Hürde im Sinne einer echten Distanz bedeutet, hängt leider in extremem Maße vom angenommenen kosmologischen Modell ab. Für einen (zunehmend unwahrscheinlicheren) Kosmos mit einer Hubble-Konstante von 50, keiner Kosmologischen Konstante und kritischer Dichte zum Beispiel wäre das All zu der Zeit, in der wir die Galaxie sehen, nur 820 Millionen Jahre alt gewesen, was 6 Prozent des Weltalters wären, für Omega = 0,2 wären die Zahlen 1,6 Milliarden Jahre und 9 Prozent. Auch über die Natur der Galaxie läßt sich nur wenig aussagen. Die schmale Beschaffenheit der Lyman-Alpha-Linie zeigt immerhin, daß die Strahlung nicht aus einem aktiven Kern stammt, sondern besser zu einer Starburst-Galaxie paßt: 10 000 heiße Riesensterne können das beobachtete Licht produzieren. Und die Galaxie ist bereits für das Keck-Teleskop räumlich aufgelöst, wenn auch die nähere Untersuchung ihrer Morphologie bereits geplanten Aufnahmen mit dem Hubble-Teleskop vorbehalten bleibt. So läßt sich auch jetzt noch nicht sagen, ob es sich um eine echte Ur-Galaxie handelt, die gerade ihre erste Episode der Sternbildung erlebt. Ein besonders großes Exemplar ist sie jedenfalls nicht; auch bleibt ihre Rolle im Gesamtgeschehen der Galaxienbildung unklar.

Keine zwei Monate hielt der Rekord, da wurde im Mai 1998 eine Galaxie mit noch höherer Rotverschiebung bekannt. Die Galaxie mit $z = 5{,}64$ war kein Zufallsfund, sondern das Ergebnis eines systematischen Suchprogramms. Mit den Keck-Teleskopen wird gezielt nach den starken Lyman-Alpha-Emissionslinien weit entfernter Galaxien gesucht. Mit kleineren Teleskopen hätte die Suche wenig Erfolg, aber die 10-Meter-Spiegel der Keck-Teleskope sind lichtstärker als jedes andere derzeit verfügbare Instrument. Sie haben den Sprung in eine Epoche kurz nach der Entstehung des Kosmos geschafft, als in den Galaxien noch nicht viel von dem Staub produziert wurde, der in älteren Galaxien oft das Lyman-Alpha-Licht der jungen Sterne verschluckt. Doch auch das ist noch nicht das Ende. Es gibt bereits Indizien für Galaxien mit Rotverschiebungen bis 6,5.

Himmlisches Feuerwerk: Kosmische Gamma-Strahlen-Ausbrüche

Etwa einmal an jedem Tag wird der Himmel für Sekunden oder Minuten von einem Gammastrahlenblitz aufgehellt: Irgendwo am Firmament erscheint urplötzlich eine Punktquelle, die eine extrem harte Strahlung, härter noch als Röntgenlicht, aussendet; dann verschwindet sie wieder, wahrscheinlich für immer. Die Erdatmosphäre läßt diese Strahlung nicht zum Boden gelangen, und die Menschheit wußte lange Zeit überhaupt nichts von diesem himmlischen Feuerwerk. Dann kamen der Kalte Krieg und die Kernwaffenversuche, gefolgt von einem Teststoppabkommen für überirdische Atomtests; als Folge dieser Entwicklung kam das Problem auf, wie man ein solches Abkommen überwachen kann. Die Lösung schien denkbar einfach: Ein Atombombentest setzt eine Menge Gammastrahlen frei. Mit einer Art Geigerzähler auf einem Erdsatelliten kann also festgestellt werden, ob ein Gammastrahlenblitz von einem Test ausgesandt wurde. Die USA hatten seit den 60er Jahren solche Satelliten vom Typ Vela in Erdumlaufbahnen geschickt. Überraschenderweise wurden sehr bald Signale registriert, ohne daß andere Effekte von Atombombentests (wie seismische Erschütterungen des Erdkörpers) nachgewiesen werden konnten; geheime Nukleartests konnten das also nicht gewesen sein.

Weitere Detektoren wurden auf Raumsonden, die zu anderen Planeten unterwegs waren, mitgeschickt, und es stellte sich heraus, daß die Gammablitze aus den Tiefen des Raums kamen. Doch dauerte es noch mehrere Jahre, bis die Sache publik gemacht werden durfte. Die erste Arbeit zu diesem Thema konnte erst 1973 erscheinen. Und während des nächsten Vierteljahrhunderts sollte die Astrophysik an einem ihrer hartnäckigsten Rätsel überhaupt zu knacken haben. Oft weiß man nicht, wie ein kosmisches Phänomen funktioniert; bei den Gammablitzen oder Gamma Ray Bursts (GRBs) aber war den Fachleuten noch nicht einmal andeutungsweise klar, *wo* sie im Kosmos stattfanden! Die frühen Detektoren lieferten praktisch keine Richtungsinformation, und auch das «Interplanetare Netzwerk» von Detektoren auf den verschiedenen Planetensonden, das die Ankunftszeiten eines solchen Blitzes mit hoher Genauigkeit ermittelte und so die Richtung feststellen konnte, lieferte erst mit einiger Verzögerung leidlich genaue Positionen. Optische Beobachtungen der verdächtigen Orte am Himmel, die mehrere Wochen und Monate nach einem Gammablitz stattfanden, enthüllten niemals irgend etwas Auffälliges, das Hinweise auf die Natur der blitzenden Quelle gegeben hätte. Und kein Blitz kam jemals von einem Ort, wo es zuvor einen Gamma Ray Burst gegeben hatte.

Längst waren auch die Theoretiker auf den Plan getreten. Während die Gammaforscher nur die schiere Existenz des Phänomens und eine Sammlung von zeitlichen Verläufen der Gammaleuchtkraft und die optischen wie die Radiobeobachter nichts als Negativbeobachtungen präsentieren konnten, wurden mehr als hundert Theorien darüber erdacht, wie die Blitze wohl zu erklären wären; die Beobachtungen ließen allerdings auch viel Spielraum. Da die Gammablitze isotrop, also aus allen Richtungen mit gleicher

Wahrscheinlichkeit, kamen, ließen sie sich wahlweise einer sehr nahen oder einer sehr fernen Klasse von Objekten zuschreiben: Von kollidierenden Kometen in Sonnennachbarschaft bis hin zu Phänomenen auf Neutronensternen in den Tiefen des Universums – alles war möglich. Eine Häufung in der Ebene der Milchstraße wie bei vielen anderen kosmischen Phänomenen (oder irgendeine andere eindeutige Konzentration, etwa in der Richtung von Galaxienhaufen) gab es nicht. Die Situation war frustrierend, und man bedauerte vor allem, daß nie gleichzeitig mit einem Gammablitz oder kurz danach ein solcher Blitz in irgendeinem anderen Spektralbereich beobachtet worden war.

Als dann am 5. April 1991 das NASA-Gammaobservatorium Compton mit dem Space Shuttle Atlantis in eine Erdumlaufbahn gebracht wurde, trat die Erforschung der Gammablitze in ein neues Stadium. Dieser in einer Höhe von 450 km die Erde umkreisende Satellit ist mit 4 x 9 m Größe und einem Gewicht von 17 Tonnen der «große Bruder» des Hubble-Teleskops und nach ihm das zweite «Great Observatory». Die empfindlichen Detektoren an allen Ecken des Satelliten konnten zwar in kurzer Zeit die ungefähre Position eines Gamma Ray Bursts (GRB) ermitteln, die auch sofort in alle Welt gemeldet wurde; aber auch jetzt gab es keine Identifikationsmöglichkeiten. Die lokalisierten Himmelsareale waren für optische Beobachtungen einfach noch zu groß, um aus den vielen Objekten im Bildfeld das eine herauszufinden, das vielleicht etwas mit dem Gammablitz zu tun hatte. Die große Leistung des Compton Gamma Ray Observatory lag in einem ganz anderen Bereich. Weil seine Detektoren viel empfindlicher als alle Vorgänger waren, vergrößerte sich der Katalog der Gammablitze nun rapide, und es wurde immer klarer, daß es wirklich nicht die geringste Häufung der Blitze aus irgendeiner Richtung oder Ebene gab. Sie kamen von überallher.

Und noch etwas anderes fand das Gammaobservatorium Compton heraus, was die Theoretiker schon Ende 1991 in weit größere Aufregung versetzte: Ihr populärstes Modell war plötzlich am Ende! Am plausibelsten war es während der gesamten 80er Jahre den meisten erschienen, die Gammablitze Neutronensternen in unserer Milchstraße zuzuschreiben; sie sind nämlich die extrem kompakten Überreste von Explosionen massereicher Sterne. Man konnte sich eine Menge von Vorgängen vorstellen, wie auf den Oberflächen dieser nur ein Dutzend Kilometer großen Kugeln aus Atomkernmaterie Gammablitze produziert werden – durch abstürzende Kometen zum Beispiel. Neutronensterne aber sollten sich in der Milchstraßenscheibe häufen, wo die massereichen Sterne geboren werden, deren Überreste sie schließlich sind. Doch das Observatorium Compton hatte inzwischen nicht nur herausgefunden, daß die Gammablitze von überall her kamen. Die Intensitätsverteilung der vielen Blitze bewies zudem in eindrucksvoller Klarheit, daß wir über den «Rand» der räumlichen Verteilung der Quellen hinausschauen, denn es gab «zu wenig» schwache Bursts.

Damit hatten sich die Neutronensterne in der galaktischen Scheibe erledigt. Sie waren nur so lange «erlaubt» gewesen, wie ihre Anhänger argumentieren konnten, daß wir nur die nächstgelegenen Exemplare als Blitzer wahrnehmen könnten und deswegen in ihrer Verteilung am Himmel die Milchstraße noch nicht sahen. Comptons Erkenntnis, daß wir das gesamte Volumen der Quellen überblicken können, machte dieser Theorie ein Ende. Nun blieben nur noch drei Klassen von Blitzquellen übrig:

1. Da war einmal die Kometenwolke rund um das Sonnensystem; sie ist zwar räumlich begrenzt und ungefähr kugelförmig, aber es fehlt ein plausibler Grund, warum es dort ausreichend energiereiche Vorgänge für Strahlungsproduktion im Gammabereich geben sollte.
2. Zwar war es noch irgendwie möglich, Neutronensterne in einem weiten, kugelförmigen «Halo» rund um die Milchstraße zu plazieren – doch wie sie dort hingekommen sein sollten, war eine andere Frage. Außerdem wurde die mögliche räumliche Verteilung in einem solchen Szenario mit dem Größerwerden des Compton-Positionskatalogs immer krasser eingeschränkt.
3. Schließlich konnte man die Quellen der Blitze in den Tiefen des Universums ansiedeln, im Bereich der fernsten Galaxien. Auch dies würde wieder die zufällige Verteilung der Blitze am Himmel erklären, während die kosmologische Rotverschiebung für den Eindruck sorgen würde, man sehe über den Rand des Volumens hinaus.

Die Theorien über die Gammablitze waren jetzt zwar eingeschränkt, aber immer noch gab es jede Menge völlig unterschiedliche Interpretationsmöglichkeiten. Und dann wurde 1996 der italienisch-niederländische Röntgensatellit Beppo-SAX gestartet, der die Forschung abermals auf eine grundlegend neue Basis stellte. Der Satellit schaffte das bis dahin Unmögliche: Er konnte kurz nach einem Gammablitz zu der ungefähren Himmelsposition ausgerichtet werden und eine Aufnahme im Röntgenbereich machen, in der dann in mehreren Fällen das «Nachleuchten» eines Gammablitzes identifiziert wurde. Und dessen Positionsmessung hatte nun endlich die nötige Genauigkeit, so daß auch optische Beobachter «die Nadel im Heuhaufen» finden konnten.

Drei derart identifizierte Gammablitze sollten Geschichte machen: GRB 970228, GRB 970508 und GRB 971214. Die Ziffernfolge gibt jeweils das Datum im Format Jahr – Monat – Tag an: GRB 970228 wurde am 28. Februar 1997 vom Gammablitz-Monitor des BeppoSAX-Satelliten aufgezeichnet und von einer der Weitwinkel-Röntgenkameras des Satelliten beobachtet. Zwei optische Beobachtungen mit dem William-Herschel-Teleskop auf La Palma ergaben, daß sich in

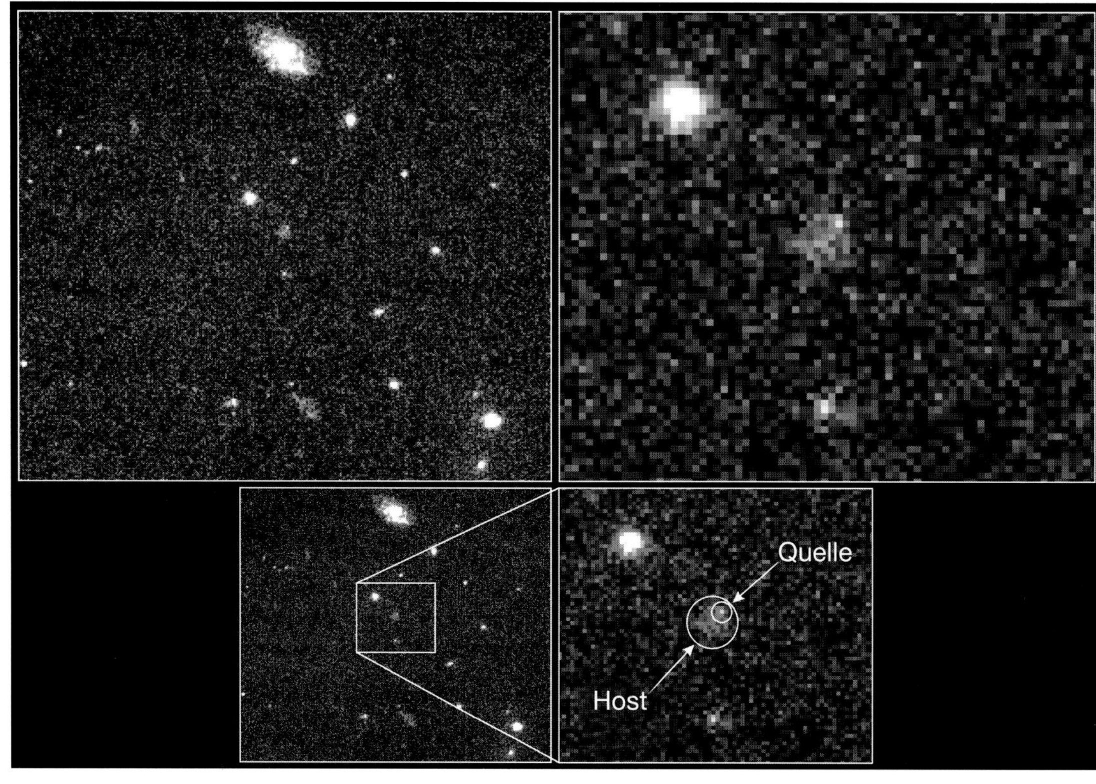

Hubble auf der Spur des Gammablitzes vom 28. Februar 1997: Auch am 5. September konnte das Weltraumteleskop immer noch das inzwischen auf 1/500 der Maximalhelligkeit abgefallene schwache Nachleuchten sowie die Galaxie sehen, in der das Ereignis offensichtlich stattgefunden hatte (Quelle: Fruchter & Pian und NASA).

dem Gebiet ein sternförmiges Objekt befand, das in dieser Zeit dramatisch an Helligkeit abnahm – von der 21. bis unter die 23. Größenklasse.

Weitere Beobachtungen zeigten dann, daß die schwache Quelle möglicherweise ein diffuses Aussehen hatte; jedenfalls war es Mitte März für irdische Teleskope bereits zu einem fast unkenntlichen schwachen Fleckchen am Himmel geworden. Am 26. März wurde das Objekt erstmals vom Hubble-Teleskop beobachtet, das es als Sternchen der Größenklasse 25,7 in unmittelbarer Nähe eines diffusen Objekts fand. Am 7. April gelang eine weitere Beobachtung.

Doch zunächst kam Konfusion auf: Manche Auswerter der Hubble-Bilder meinten, daß sich das Objekt in diesem kurzen Zeitraum ein gewisses Stück am Himmel bewegt hatte, andere fanden es dagegen völlig stationär. Einige Beobachter vom Boden aus glaubten, daß der benachbarte Nebel an Helligkeit abgenommen habe, andere hielten seine Helligkeit für konstant. Als das Sternbild Orion nach einigen Monaten wieder aus der für das Weltraumteleskop «verbotenen Zone» der Sonnenumgebung auftauchte, folgte eine weitere Beobachtung. Am 5. September 1997 war der Lichtpunkt schon auf die Größe 27,7 gefallen (sein Licht also auf ein Fünftel des vorherigen Wertes abgesunken), aber er war immer noch da. Und nun ließen sich weitreichende Schlüsse ziehen.

Die beständige Sichtbarkeit des Nachleuchtens und sein allmähliches Abklingen stehen im Einklang mit Theorien, die die Strahlung auf einen in extrem weiter Entfernung aufleuchtenden «relativistischen Feuerball» zurückführen, der sich nahezu mit Lichtgeschwindigkeit ausbreitet. Wäre ein solcher Feuerball von wesentlich kleinerer Dimension in unserer Galaxis aufgeleuchtet, so würde seine Expansion durch die Wechselwirkung mit interstellarem Material im Laufe der ersten Wochen schon merklich abgebremst worden sein, und er wäre rasch unseren Blicken entschwunden. Auch frühere Behauptungen einiger Astronomen, daß das Objekt eine meßbare Bewegung an der Himmelskugel aufweise – was auf eine sehr kleine Entfernung (geradezu in der Nachbarschaft unserer Sonne) hingedeutet hätte –, wurden durch das September-Bild Hubbles klar widerlegt. Der Punkt bewegte sich am Himmel nicht, konnte also im Prinzip eine beliebig große Entfernung haben.

Das nebelhafte Objekt in unmittelbarer Nähe des Feuerballs hatte seine Helligkeit nicht merklich verändert, was darauf schließen ließ, daß es mit dem Feuerball nicht in unmittelbarem Zusammenhang steht. Aber es könnte sich dabei ohne weiteres um die Galaxie handeln, in der sich der Gammastrahlenausbruch ereignet hatte. Da sich das schwache optische Bild des Gammastrahlenausbruchs am Rand der Galaxie befindet, hat ein solcher Ausbruch offenbar nichts mit der Aktivität im kompakten Kern einer Galaxie zu tun. Das Modell kollidierender Neutronensterne ist zwar durch diese Beobachtungen nicht bewiesen worden, steht aber in Einklang mit ihnen. Noch wesentlich größere Klarheit hatten in der Zwischenzeit schon Beobachtungen des Blitzes vom 8. Mai und seinem Nachleuchten geschaffen. Auch für GRB 970508 war, nachdem der

BeppoSAX-Satellit seine genaue Position bestimmt hatte, rasch das optische Gegenstück gefunden worden. Und es gelang auch die Aufnahme eines Spektrums des Objekts mit dem Keck-II-Teleskop.

Dieses Spektrum zeigte zunächst keine auffälligen Strukturen, doch eine genaue Untersuchung ergab im blaugrünen Bereich eine Reihe von Absorptionslinien, die von ionisiertem Eisen und Magnesium herrühren – freilich bei einer Rotverschiebung von 0,835, mit einer schwächeren Absorption bei 0,768. Was hatte das zu bedeuten? Solche Absorptionssysteme findet man gewöhnlich auch bei Quasaren, die sich bei ähnlich großen Rotverschiebungen befinden. Ihr Licht durchquert auf dem Weg zu uns für uns praktisch unsichtbare Galaxien, deren interstellares Material diese Linien aus dem Licht des Quasars herausfiltert. Genauso können wir im Fall des Gammablitzes sagen, daß er sich bei einer Rotverschiebung von 0,835 oder mehr befinden muß – je nachdem, ob das stärkere Absorptionssystem zu der Galaxie gehört, deren Mitglied er ist, oder ob die Galaxie einfach nur in seinem Lichtweg steht. Wenn wir von einem Ereignis auf alle schließen, wie es in der Astronomie auch sonst guter Brauch ist, so können wir zum ersten Mal direkt feststellen, daß sich die Gammablitze in weiten, «kosmologischen» Entfernungen befinden, in einer Entfernung von einigen Milliarden Lichtjahren!

Auch das Nachleuchten dieses Blitzes wurde bald mit dem Hubble-Teleskop beobachtet, am 2. Juni 1997 nämlich; doch zeigte sich diesmal keine auffällige Galaxie am Ort des Gammablitzes. Dafür gab es damals eine ganze Reihe möglicher Erklärungen: Vielleicht war der Blitz in einer relativ schwach leuchtenden Galaxie aufgetreten, die viel weniger Licht aussendet als die Milchstraße, vielleicht war er in einer weiter entfernten Galaxie aufgeleuchtet, und das Objekt, das in seinem Spektrum seinen Eindruck hinterließ, ist nur eine schwache Vordergrundgalaxie. Es war aber auch möglich, daß er überhaupt nicht in einer Galaxis aufgeleuchtet war, sondern im intergalaktischen Raum. Klarheit schufen endlich neue Beobachtungen im Frühjahr 1998: Jetzt war doch eine ganz schwache Galaxie am Ort des Blitzes zu sehen – sein Nachleuchten hatte sie 1997 schlicht überstrahlt.

So lange das Rätselraten um die Natur der mysteriösen Gammablitze auch gedauert hatte, so plötzlich war es doch zu Ende: In Scharen wechselten diejenigen Theoretiker, die bislang auf Neutronensterne in der Milchstraße als Quellen gesetzt hatten, zum kosmologischen Modell über. Die Indizien bei den Februar- und Mai-Blitzen hatten sich einfach als zu überzeugend erwiesen. Weil die optischen Quellen jeweils rasch verblaßt waren und an ihren Örtern vorher nichts gewesen war, ist ein Zusammenhang der Leuchterscheinungen mit den nur minutenlangen Gammablitzen praktisch sicher. Und was noch besser war: Der Mai-Blitz hatte überdies ein Gegenstück im Radiobereich, von dem weitere wichtige Informationen über die Natur der gewaltigen Explosion selbst abgeleitet werden konnten. Was den Feuerball mit einem unvorstellbar großen Energiegehalt von 10^{53} erg ursprünglich ausgelöst hat (es könnte z. B. die Kollision zweier

Der Rekord-Blitz: Das ist die unauffällige Galaxie mit einer Rotverschiebung von 3,4, in der vier Monate vor dieser Aufnahme, im Dezember 1997, ein Gammablitz aufleuchtete. Das Nachleuchten ist verblaßt: Nichts zeugt mehr von der titanischen Explosion, die hier stattgefunden hat (Quelle: Kulkarni & Djorgovski und NASA).

theoretische Durchdringung, daran besteht kein Zweifel, noch viel Arbeit machen wird.

Die rasche Zeitvariabilität innerhalb typischer Gammablitze zeigt, daß die Quelle am Anfang nicht größer als 100 km sein kann oder 10mal so groß wie der Radius eines Neutronensterns. Solche Feuerbälle bestehen überwiegend aus Nukleonen, Atomkernteilchen, die fast mit Lichtgeschwindigkeit auseinanderstieben. Es wird auch von «relativistischen» Phänomenen gesprochen, weil die Formeln der Relativitätstheorien berücksichtigt werden müssen. Während dieser rasenden Expansion entsteht auf eine noch lange nicht im Detail erklärbare Weise die Gammastrahlung. Die Wechselwirkung des Feuerballs mit seiner interstellaren Umgebung – dem Gas in der Galaxis, in der die Explosion stattfindet – sorgt gleichzeitig für das längere Nachleuchten bei niedrigeren Energien und eine allmähliche Abbremsung des Feuerballs.

Genau diese Abbremsung wurde offenbar direkt beobachtet, und zwar von zwei Radiointerferometern nach dem Blitz vom Mai 1997. Die entsprechende Radioquelle «funkelte» nämlich zunächst wie ein Stern

Neutronensterne sein), ist für die folgenden Wochen relativ egal. Entscheidend sind die rapide Umsetzung der Energie in Gammastrahlung und das «Nachleuchten» im Röntgen-, visuellen und Radiobereich, das nun offensichtlich beobachtet wurde und dessen

bei unruhiger Luft: Das war die typische «Szintillation» durch das interstellare Gas, ein seit Jahrzehnten bekannter Effekt der Radioastronomie, der nur bei sehr kompakten, quasi punktförmigen Himmelsquellen auftritt. Im Verlauf von drei Monaten ließ das Radio-Funkeln aber immer mehr nach, das heißt, die Quelle wurde spürbar größer. Ein explosives Ereignis in unserer Nachbarschaft, in dem millionenmal weniger Energie steckte, wäre dagegen wesentlich schneller gebremst worden und lange verblaßt. Allerdings sollte auch nicht verschwiegen werden, daß die optische Lichtkurve dieses Gammablitzes *nicht* zum Feuerball-Modell paßt, jedenfalls in seiner einfachsten Form. Die Helligkeit hätte der Theorie nach nämlich sofort maximal sein müssen, bevor sie abzusinken begann, in Wirklichkeit brauchte sie aber einen guten Tag für den anfänglichen Anstieg.

Daß die Theorie noch nicht ganz wasserdicht ist, bewies auch ein dritter Gammastrahlenblitz – GRB 971214. Auch bei ihm wurde nach der genauen Röntgenposition das optische Gegenstück gefunden, und wieder ist eine schwache Galaxie in seiner Nähe. Es stellte sich heraus, daß diese Galaxie eine Rotverschiebung von 3,4 hat – das entspricht einer Entfernung von 12 Milliarden Lichtjahren. Die Energieabgabe dieses Blitzes war einige hundert Male größer als die einer Supernovaexplosion – soviel Energie wie unsere Milchstraße in einigen Jahrhunderten abstrahlt. Ein oder zwei Sekunden lang war dieser Blitz so hell wie das gesamte restliche Universum gewesen. Man vermutet darüber hinaus, daß noch hundertmal mehr Energie in Form von Neutrinos und Gravitationswellen abgegeben wurde. Schon gibt es auch einen Namen für solche Objekte: Hypernovae. Was verbirgt sich hinter diesem Namen? Theoretiker sagen, daß mehr Energie freigesetzt wird, wenn der Kern eines massereichen Sterns in ein Schwarzes Loch fällt, als wenn zwei Neutronensterne verschmelzen. Ist dies hier eingetreten? Oder ist unsere Annahme, daß die Gammastrahlung mit gleicher Stärke in alle Richtungen abgegeben wird, falsch? Dann könnte auch ein verschmelzendes Neutronensternpaar, wenn man es aus der optimalen Richtung betrachtet, so hell erscheinen wie besagter Gammablitz. Wenn wir aber annehmen, daß die Energieabgabe bei den harten Gammastrahlen nicht «isotrop» ist, dann müßte man am Himmel neben Gammablitzen auch Objekte finden, die ein paar Wochen lang bloß im Röntgen- oder optischen Licht leuchten. Solche Objekte hat man aber nicht entdeckt – allerdings hat man auch noch nicht ernsthaft gesucht!

Das Leben der Sterne

Kinderstuben der Sterne: Orionnebel und Adlernebel

Der Orionnebel: Geburtsort neuer Sterne und Planeten

In den vergangenen Kapiteln haben wir uns mit Galaxien beschäftigt und herausgefunden, daß sie nicht nur aus Sternen bestehen. Ihre Aktivität, die Formenvielfalt der Spiralen, all dies hat seine Ursache in der Bildung neuer Sterne aus dem Material zwischen den Sternen. Dieses besteht aus Wasserstoff und Helium, «Ur-» Elementen, die zum größten Teil noch vom Urknall übriggeblieben sind, und aus «Verunreinigungen» in Form von schwereren chemischen Elementen, die in früheren, vergangenen Sterngenerationen «zusammengekocht» worden sind. Dieses interstellare Material ist in den Scheiben der Spiralgalaxien im Überfluß vorhanden. An manchen Stellen ist es dünn und heiß, an anderen dicht und kalt. Nur dort, wo es die nötige Dichte *und* eine genügend hohe Temperatur hat, kann es den Beobachter erfreuen; bewundernd erkennt er leuchtende Nebel, die sogenannten H-II-Gebiete. II bezeichnet den Wasserstoff in seiner ionisierten Form: der einfachste Atomkern, ein einziges Proton, hat seinen massearmen Begleiter, das Elektron, verloren und ist zum elektrisch geladenen Ion geworden.

Wieso leuchtet eine solche Wolke, die doch keine eigene Energieerzeugung besitzt? Bei H-II-Gebieten handelt es sich im allgemeinen auch um Sternentstehungsgebiete, und die gerade entstandenen jungen massereichen Sterne sind sehr heiß. Ihre Ultraviolettstrahlung läßt die Atome der H-II-Regionen fluoreszieren, das heißt, Wasserstoffatome werden ionisiert (ihres einen Elektrons beraubt), und sie rekombinieren wieder, fangen es also wieder ein. Die rötliche Farbe der Gasnebel stammt vom Wiedereinfangen eines Elektrons durch ein ionisiertes Wasserstoffatom. In den allermeisten Fällen wird dabei die tiefrote H-Alpha-Linie abgestrahlt. Das uns am nächsten liegende H-II-Gebiet ist der Orionnebel, den man am Winterhimmel als schwachleuchtendes Wölkchen im «Schwert» des Orion erkennen kann. Wir sehen jedoch nur die «heiße» Spitze eines Eisbergs: Der Orionnebel ist großenteils noch eine riesige kalte, staubige Molekülwolke, die für optisches Licht undurchdringlich ist. In ihrem Innern ballen sich Gasklumpen zu neuen Sternen zusammen und geben dabei Infrarotstrahlung ab. Solche «Kreißsäle» waren für optische Teleskope bislang tabu, das Hubble-Weltraumteleskop inklusive.

Und doch gelingt es Hubble seit einigen Jahren, einige jugendliche Sterne, die vor dem Hintergrund des leuchtenden Nebels stehen und die von protoplanetaren Staubscheiben (den «Proplyds») umgeben sind, mit nie gekannter Bildschärfe zu photographieren. Bevor wir uns aber in Einzelheiten verlieren, werfen wir einen Blick auf das aus 15 Einzelaufnahmen des Weltraumteleskops zusammengesetzte Mosaik des Orionnebels. Es überdeckt eine Fläche von 30 Quadratbogenminuten und hat bei einer Entfernung von etwa 1500 Lichtjahren eine Seitenlänge von 2,5 Lichtjahren. Die vier massereichsten und heißesten Sterne des Orionnebels formen das «Trapez». Sie sind maßgeblich für die Anregung des Orionnebels und damit sein

Ein Farbpanorama der Zentralregion des Orionnebels. Neben jungen Sternen sind auch die «Nebenwirkungen» ihrer Geburt zu sehen, zum Beispiel Schockwellen und gebündelte Ausströmungen, die dem Nebel eine äußerst komplexe Form verliehen haben (Quelle: O'Dell und NASA).

Der Innenbereich des Orionnebels mit dem Sternhaufen «Trapez» und anderen jungen Sternen (Quelle: Johnstone & Bertoldi und NASA).

Leuchten verantwortlich. Neben den Trapezsternen gibt es etwa 700 andere junge Sterne in verschiedenen Stadien ihrer Entwicklung – zusammen formen sie einen wahrhaft erstaunlichen Sternhaufen. Die Sterne stehen hier 10 000mal dichter gepackt als in der Umgebung der Sonne, dichter als irgendwo sonst in der Milchstraße. Manche der Sterne geben Gasstrahlen hoher Geschwindigkeit («Jets») ab, die im dünnen Gas des Nebels Überschall-Stoßfronten hervorrufen. Sie sind als dünne, gekrümmte Strukturen («bogenförmige Stoßfronten») auf dem Bild zu erkennen.

Das Orion-Mosaik enthält nun neben rund 500 Sternen auch 153 leuchtende protoplanetare Scheiben und ein paar *dunkle* Proplyds, die als Silhouetten vor dem hellen Gasnebel erscheinen. Obwohl sie zu 99 Prozent aus Gas und nur zu 1 Prozent aus Staub bestehen, genügt dieser doch, um sie völlig undurchsichtig zu machen. Die Sterne im Inneren der Proplyds haben zwischen 30 und 150 Prozent der Masse unserer Sonne. Die Proplyds sind auch in dieser Beziehung «embryonische Sonnensysteme», von denen man annehmen darf, daß dort schließlich Planeten entstehen können. Und das ist nicht die Ausnahme, sondern schon fast die Regel: Mindestens jeder dritte Stern im Trapez-Haufen ist von einer sichtbaren Scheibe umgeben, und weitere Sterne zeigen zumindest infrarote Hinweise auf Staub in ihrer Umgebung. Insgesamt dürfte also etwa jeder zweite Stern im Orionnebel von einer Scheibe umgeben sein. Das läßt vermuten, daß auch sonst im Universum Planetenentstehung kein ungewöhnlicher Vorgang ist. Allerdings gibt es Faktoren, die der Planetenbildung möglicherweise entgegenwirken. In der Nähe der Trapezsterne liegende Proplyds verlieren durch den Druck des Sternlichts einen Teil ihres Gases und Staubes. Berechnungen zeigen, daß sie innerhalb von einer Million Jahren vom Stern weg in den Raum «gepustet» werden können, während der Aufbau von Planeten

vermutlich einen etwa zehnmal so langen Zeitraum in Anspruch nimmt.

Die bei der zweiten Service-Mission installierte Infrarotkamera NICMOS war zum ersten Mal in der Lage, auch die Tiefen der staubverhüllten Orion-Molekülwolke (OMC-1) zu erforschen. Die Gegenüberstellung der optischen und der Infrarotaufnahme zeigt zunächst ein helles sternförmiges Objekt, das im Optischen «unsichtbar» ist. Es ist das Becklin-Neugebauer-Objekt (BN), eine der ersten hier entdeckten Infrarotquellen. Das hellste Sterngebiet auf der optischen Aufnahme ist dagegen das schon gutbekannte Oriontrapez, also die vier hellsten Sterne des Orionnebels. Das Infrarotbild zeigt verschiedene ausgedehnte Strukturen, die bislang noch nicht bekannt waren. Ein dunkles, mondsichelförmiges Gebiet oberhalb (nördlich) von BN ist vermutlich ein Materieklumpen, der von einer Strahlungsquelle oder einem Materiestrom zum Leuchten gebracht wird. Zwei weitere auffällige, helle Bögen unterhalb (südlich) von BN sind strahlender interstellarer Staub, der möglicherweise auch mit Materieströmen von jungen Sternen zusammenhängt. Ein aufmerksamer Betrachter erkennt auf der Infrarotaufnahme drei enge Doppelsternpaare. Die projizierte Entfernung zwischen den Komponenten eines Sternpaares beträgt etwa das Zweifache der Entfernung zwischen unserer Sonne und Pluto, dem äußersten bekannten Planeten unseres Sonnensystems.

Zwei Versionen einer Hubble-Nahaufnahme des Trapezes: Neben den vier hellen und einigen weiteren jungen Sternen sind auch mehrere Proplyds zu sehen – die unter der starken Strahlung der Sterne erheblich zu «leiden» haben und stark verformt worden sind. Hier ist die Bildung von Planeten wohl eher nicht zu erwarten (Quelle: Johnstone & Bertoldi und NASA).

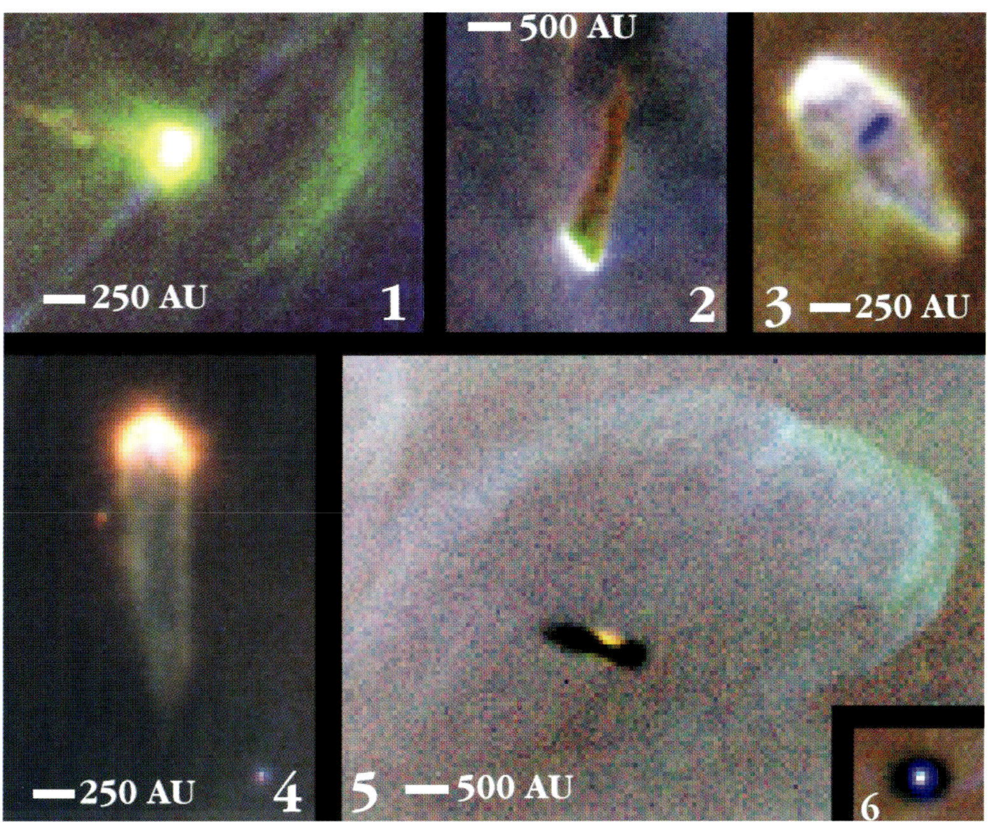

Eine Galerie von zirkumstellaren Scheiben aus dem Orionnebel: Die ersten vier sind durch die Zentralsterne des Nebels schon arg in Mitleidenschaft gezogen worden, die letzten beiden erscheinen als Silhouetten vor dem hellen Nebel (Quelle: Johnstone & Bertoldi und NASA).

Das Herz der Orion-Molekülwolke (OMC-1). Das Bild oben zeigt wenig Details, das Infrarotbild unten jedoch ein chaotisches Sternentstehungsgebiet mit einem massereichen jungen Stern, dem Becklin-Neugebauer-Objekt, das im sichtbaren Licht unsichtbar ist (Quelle: Thompson et al. und NASA).

Der Adlernebel: Geburtsstätte von Sternen oder nicht?

Eines seiner faszinierendsten Bilder gelang Hubble im Zentralbereich des Adlernebels (Messier 16) im Sternbild der Schlange (Serpens), der sich in einer Entfernung von etwa 7000 Lichtjahren befindet. In diesem Adlerhorst gibt es viele «EGGs», keine echten Eier natürlich, sondern «Evaporierende Gasförmige Globulen» – Astronomen lieben sinnige Abkürzungen. Die EGGs befinden sich an den Enden fingerförmiger Strukturen, die wiederum auf riesigen Säulen kalten Gases sitzen. Diese Säulen, auch als «Elefantenrüssel» bezeichnet, ragen aus der Oberfläche einer riesigen Wolke kalten Wasserstoffs heraus: Innerhalb dieser lichtjahregroßen Säulen besitzt das kühle Gas eine so hohe Dichte, daß es unter der eigenen Schwerkraft kollabiert und so junge Sterne bilden kann. Diese sammeln immer mehr umliegendes Material auf und nehmen an Masse zu. Wenn nun die ersten massereichen jungen Sterne aufleuchten, senden sie eine Flut ultravioletter Strahlung aus, die das Gas an der Oberfläche der Säulen aufheizt und es in den interstellaren Raum «verdampft». Das Hubble-Bild zeigt dieses durch den Einfluß des intensiven Lichts verdampfende («photoevaporierende») Gas als geisterhafte Ströme, die von den Säulen wegfließen.

Doch dieses Gas verdampft nicht überall gleich stark: Die EGGs sind dichter und bieten dem «Lichtsturm» mehr Widerstand. Einige EGGs erscheinen als kleine Höcker an der Oberfläche der Säulen, andere sind in stärkerem Maße freigelegt und ähneln Fingern, die aus der größeren Wolke herausragen. Die Finger bestehen aus Gas, das wegen des Schattenwurfs der EGGs vor der Verdampfung geschützt wurde. Manche der EGGs haben sich völlig von der größeren Säule losgelöst und sehen aus wie Tränen. In manchen Fällen können die im Innern der EGGs befindlichen Sterne gesehen werden. Nach den Worten des Wissenschaftlers Jeff Hester wirken solche Objekte wie «Eiswaffeln, und der gerade aus dem Gas und Staub hervortretende Stern sieht aus wie eine Kirsche auf der Waffel». Das beeindruckende Bild, das beim Betrachter unweigerlich einen dreidimensionalen Eindruck schafft, wurde im November 1995 schlagartig zu *der* Hubble-Aufnahme schlechthin, auch wenn es im Grunde wenig Neues brachte: Die «Elefantenrüssel» sind so groß, daß bereits Amateurastronomen sie abbilden können. Mit der Veröffentlichung des Hubble-Bildes sollte sich aber die Diskussion darüber verschärfen, was in diesen Blasen dichten Gases wirklich vor sich geht. Wächst tatsächlich in fast jedem «Ei» ein Sternen-«Küken» heran, oder reicht es nicht zum entscheidenden Schwerekollaps, und die Sternentstehung im Adlernebel ruht zur Zeit?

Antworten auf diese Fragen kann wiederum nur die Infrarotastronomie geben, die in die Geburtswolken von Sternen hineinschauen kann. Erste Analysen schienen die Deutung der EGGs als Wohnorte von Sternenembryos (auch YSOs = Young Stellar Objects genannt) durchaus zu stützen. In etlichen EGGs seien solche Embryos bereits auf früheren Infrarotaufnahmen geortet worden, schrieben immerhin 23 Autoren in der großen Hubble-Veröffentlichung zum Thema Adlernebel im Juni 1996, und einige von ihnen sähe man sogar schon im sichtbaren Licht in ihren EGGs sitzen. «Wir wissen nicht, welcher Anteil der EGGs Embryos enthält», war damals das Fazit, «aber wir haben eindeutige Beweise dafür, daß einige von ihnen ‹schwanger› sind». In der Veröffentlichung wurde sogar die Vermutung geäußert, daß es sich bei den Globulen von M 16 um «denselben Objekttyp handelt, der zuvor als Nebelkondensation in M 42 gesehen wurde». Dort wurde er als Proplyd, protoplanetare Scheiben also, interpretiert. Während die Scheibendeutung im Orionnebel «ernste Probleme» aufwerfe, seien «evaporierende Globulen» wie in M 16 eine «natürliche» Interpretation der Blasen in M 42, zumal eindeutig scheibenförmige Morphologien in beiden Nebeln selten seien.

Diese Veröffentlichung war eine der kontroversesten des Jahres, und vor allem den Proplyd-Forschern, die im Orionnebel die Geburtsstätte vieler Planetensysteme wähnen, mißfiel die radikale Umdeutung ihrer Scheiben in Globulen. Sie konnten schließlich eine ganze Reihe von Argumenten für die Scheibennatur der Proplyds vorbringen, die in einigen Fällen in der Tat augenfällig ist. Aber auch die Behauptung, in vielen der EGGs in M 16 säßen junge Sterne, wurde angezweifelt. Der Adlernebel galt nicht als Ort aktiver Sternbildung in der Gegenwart. Was tun? Da halfen nur neue Beobachtungen mit hoher Winkelauflösung im Nahen Infraroten. Da das Hubble-Teleskop seine NICMOS-Kamera zu jener Zeit noch nicht bekommen hatte, war dies ein Fall für die adaptive Optik – moderne Verfahren, die die Luftunruhe teilweise beseitigen, um auch Teleskopen auf der Erde eine größere Bildschärfe zu verleihen.

Schon bald darauf wurden neue Daten veröffentlicht, und die waren eindeutig: Bis auf einen einzelnen Fall, wo tatsächlich ein Sternenembryo in einem EGG zu sitzen scheint, sind die EGGs durchweg frei von Embryos, das heißt, es bilden sich dort zur Zeit keine Sterne! Die früher aufgrund unschärferer Infrarotbilder vermuteten Übereinstimmungen von EGG- und Sternpositionen sind schlagartig hinfällig geworden. Aber das muß noch nicht das Ende der Kontroverse unter den Fachleuten sein: Einige Forscher nennen die EGGs nun «präprotostellare Regionen» und wollen damit der Vermutung Ausdruck geben, daß es sich durchaus um stark verdichtete Gebiete des Nebels handelt, die unter ihrer eigenen Schwerkraft immer dichter werden und wo eben später die Sternentstehung beginnen wird. Vielleicht hat sie auch bereits begonnen, aber die Sterne sind noch zu klein oder zu kühl, als daß man sie selbst mit Infrarotkameras sehen könnte.

Der Adlernebel blieb auch in den Folgejahren wichtiges Beobachtungsobjekt für die Infrarotastronomie, auf der Erde wie im Weltraum. Im Mai 1998 wurden Bilder der Infrarotkamera des europäischen Satelliten ISO bekannt. ISO hatte den «Elefantenrüssel» ausgiebig bei 5 bis 9 und 12 bis 18 Mikrometern Wellenlänge untersucht – und wie bisher, bis auf eine Ausnahme,

Die «Elefantenrüssel» des Adlernebels (Messier 16) und die «EGGs» an ihren Vorderenden: dramatische Zeugnisse der allmählichen Zerstörung einer Molekülwolke unter dem Strahlungsbombardement der aus ihr hervorgegangenen Sterne (Quelle: Hester & Scowen und NASA).

keine Anzeichen von Jungsternen im Inneren der EGGs entdecken können. Die Sternentstehungsrate mußte also gering sein, was aber auch sehr interessant war: Derselbe Prozeß, der das molekulare Gas in dem Nebel abbaut und nur die dramatischen Rüssel zurückläßt, scheint die Sternbildung stark zu unterdrükken. Allerdings haben Infrarotmessungen von der Erde aus gezeigt, daß immerhin in jedem fünften EGG ein junger Stern verborgen sein könnte. Auf jeden Fall aber sind die EGGs ein anderes Phänomen als die Proplyds im Orionnebel: In fast jedem Proplyd konnte schließlich im Nahen Infraroten ein Stern aufgespürt werden.

Konus- und Lagunennebel

Weniger kontrovers sind die Meinungen im Falle des Konusnebels, wo Hubbles neue Infrarotkamera NICMOS bereits fündig geworden ist: Während man im sichtbaren Licht an der entsprechenden Stelle gar nichts sieht, ortet NICMOS im nahen Infraroten einen schon länger bekannten massereichen und hellen Stern (NGC 2264 IRS oder Allen's Source) und dazu noch 6 bisher unbekannte «Babysterne». Sie stehen in unmittelbarer Nachbarschaft des großen Sterns, nur 0,04 bis 0,08 Lichtjahre (400 bis 800 Milliarden Kilometer) von ihm entfernt. NGC 2264 IRS hat die 2000fache Leuchtkraft unserer Sonne und einen starken Sternwind, das heißt, er verliert fortwährend von seiner Masse in den Raum. Dieser Sternwind hat nun offensichtlich das benachbarte interstellare Medium zusammengeschoben und die Bildung der 6 viel kleineren und sonnenähnlichen Sterne ausgelöst. Das Bild war übrigens auch technisch ein Triumph. Die optischen Beugungsringe um den hellen Stern wie um die schwachen Sterne sah man im NICMOS-Team mit besonderer Genugtuung, sind sie doch Indiz für eine praktisch perfekte Optik.

Wieder ein anderes Sternentstehungsgebiet ist der schon mit dem bloßen Auge erkennbare Lagunen-Nebel (Messier 8), der sich in einer Entfernung von 5000 Lichtjahren im Sternbild Sagittarius (Schütze) befindet. Der Zentralstern dieser Gaswolke, Herschel 36, bringt mit seiner energiereichen Strahlung Teile des Gases zum Leuchten. Die darüberliegende helle Gaswolke wird wegen ihrer charakteristischen Form «Sanduhr-Nebel» genannt. Hubbles Ansicht der Szene enthüllt eine Vielzahl kleiner Strukturen im dichten interstellaren Gas, kleine dunkle Wolken («Bok-Globulen»), bogenförmige Stoßfronten um Sterne, Fetzen ionisierten Gases, Gasringe, knoten- und strahlförmige Gasverdichtungen. Und dann ist da noch etwas, das wie ein Tornado aussieht! Im Herzen des Nebels wurde ein Paar von Wirbeln, die etwa ein halbes Lichtjahr groß sind, in dem von heißen Sternen ionisierten Gas gesichtet. Herschel 36 könnte tatsächlich ein Phänomen analog zur Entstehung von Tornados auf der Erde verursacht haben. Die große Temperaturdifferenz zwischen der heißen Oberfläche und dem kalten Inneren der dichten Gaswolken mag zusammen mit stellarem Strahlungsdruck eine starke horizontale Scherung produziert haben. Die könnte dann die Wolken «verdreht» und ihnen die suggestive Tornadoform verliehen haben.

Ein «Familienportrait» im Konusnebel: Sechs junge Sterne vom ungefähren Ausmaß unserer Sonne sind rund um den großen Stern NGC 2264 IRS sichtbar gemacht (Quelle: Thompson et al. und NASA).

«Tornados» im Lagunennebel? Die Gasströmungen im Inneren dieses bekannten Gasnebels erinnern zumindest an das aus der irdischen Meteorologie bekannte Phänomen – und tatsächlich könnte die zugrundeliegende Physik ähnlich sein (Quelle: Caulet und NASA).

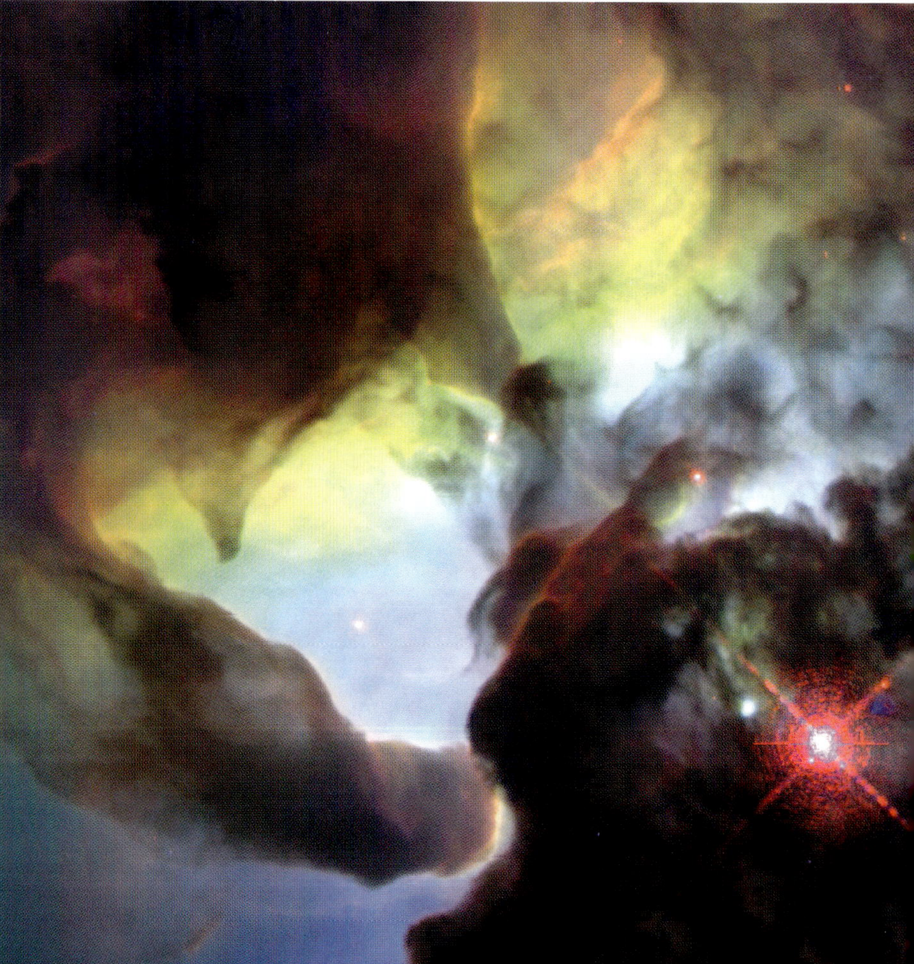

Kosmische Silhouetten – Staub in Galaxien (Quelle: Keel & White und NASA).

Helle Sternentstehung in einer schwachen Galaxie: Die irreguläre Galaxie NGC 2366 ist eher unauffällig – bis auf die helle Sternbildungsregion NGC 2363. Die Hubble-Aufnahme zeigt zwei dichte Haufen massereicher Sterne, die unterschiedlich weit entwickelt sind: Der 4 bis 5 Millionen Jahre alte oben hat bereits sein Gas herausgetrieben, der weniger als 2 Millionen Jahre alte unten sitzt noch in dem Nebel, aus dem sich die Sterne gebildet haben (Quelle: Drissen et al. und NASA).

Ein Blick in die Ferne: Sternenstehungsgebiete in anderen Galaxien

Nicht nur die relativ kleinen Sternentstehungsgebiete in der näheren Sonnenumgebung wie der Orionnebel wurden vom Hubble-Teleskop untersucht. Besonders aktive und ausgedehnte Sternenstehungsgebiete finden sich in den frühen Galaxien vom Typ der Magellanschen Wolken. Diese relativ massearmen Galaxien erleben erst jetzt ein Maximum der Sternentstehung, während diese Zeit für die Milchstraße und andere große Spiralgalaxien meist schon in der ferneren Vergangenheit liegt. NGC 2366 ist eine solche «irreguläre» Galaxie vom Magellan-Typ. Ein großes Sternentstehungsgebiet hat wegen seiner Auffälligkeit sogar eine separate Nummer im Nebelkatalog bekommen: NGC 2363. Beide Objekte sind etwa 10 Millionen Lichtjahre von uns entfernt. NGC 2363 ist in seiner Größe mit dem 30-Doradus-Nebel der Großen Magellanschen Wolke zu vergleichen, einer prächtigen Sternentstehungsregion, die das Bild dieses Nachbarn unserer Milchstraße erheblich prägt.

Der hellste Stern auf Hubbles Bild (an der Spitze des «Angelhakens») ist ein massereicher Stern mit 30-60 Sonnenmassen vom Typ der Leuchtkräftigen Blauen Veränderlichen (LBV), der gerade eine aktive Phase durchläuft. Nur dank der Auflösung durch Hubble ist der Stern klar vom Rest der Sternwolke zu unterscheiden. Ein Vergleich mit Archivbildern zeigt, daß der Stern innerhalb von drei Jahren um einen Faktor 40 heller geworden ist. Solche Sterne und Sternausbrüche sind relativ selten – in der Milchstraße wären P Cygni (Ausbruch im Jahre 1600) und Eta

In einem gigantischen Nebel namens NGC 604 in der Spiralgalaxie Messier 33 werden heute noch Sterne geboren (Quelle: Yang und NASA).

Carinae (Ausbruch 1837–1860) zu erwähnen. Das Hubble-Bild zeigt auch zwei dichte Sternhaufen, die sich aus massereichen Sternen zusammensetzen und sich in verschiedenen Stadien ihrer Entwicklung befinden. Sternwinde und Explosionswellen haben das Gas aus dem älteren, oberen Sternhaufen entfernt, der etwa 4 bis 5 Millionen Jahre alt ist. Der jüngere, hellere Haufen (Zentrum und unten) hat ein Alter von wahrscheinlich weniger als zwei Millionen Jahren und ist noch in die Gas- und Staubwolken eingebettet, aus denen er entstanden ist.

Es ist interessant zu spekulieren, warum in Sternsystemen vom Magellantyp eine so heftige Sternentstehung am Ende des Balkens auftritt. Offenbar ist die Bewegung des Gases in einem Balken derart, daß es sich an den Enden konzentriert und dort Sternentstehung hervorruft. Die Effizienz des Mechanismus ist jedenfalls beachtlich: Das Sternentstehungsgebiet ist 10mal größer und 10mal heller als das größte in unserer eigenen, wesentlich größeren Milchstraße! Ein weiteres riesiges Sternentstehungsgebiet, NGC 604, befindet sich in der Spiralgalaxie Messier 33, in einer Entfernung von 2,7 Millionen Lichtjahren im Sternbild Dreieck. Messier 33 ist ein Mitglied der «Lokalen Gruppe» von Galaxien, der auch die Milchstraße angehört. Obwohl es üblich ist, daß in den Spiralarmen neue Sterne entstehen, ist dieses Gebiet extrem groß. Es hat einen Durchmesser von etwa 1500 Lichtjahren. Im Zentrum von NGC 604 befinden sich mehr als 200 heiße Sterne mit Massen zwischen dem 15- bis 60fachen der Masse der Sonne. Ihre energiereiche Strahlung bringt das Gas des Sternentstehungsgebiets zum Leuchten.

Die Riesen unter den Sonnen: Betelgeuze, Pistolenstern und Eta Carinae

Betelgeuze

Alle Sterne erscheinen auch in den größten Teleskopen nur als Lichtpunkte: Diese «Weisheit» alter Astronomielehrbücher ist schon seit vielen Jahrzehnten überholt. Bereits zu Beginn des 20. Jahrhunderts gab es intelligente Methoden, um die Winkeldurchmesser der größten Sterne am Himmel direkt zu messen, und seit den 70er Jahren wurden Versuche unternommen, mit aufwendigen optischen und mathematischen Tricks auch richtige Bilder von Sternoberflächen aufzunehmen. Gleichwohl war es eine Sensation, als 1995 die ersten *direkten* Aufnahmen von der Oberfläche eines fremden Sterns gelangen: dank Hubble und seiner Faint Object Camera im ultravioletten Licht. Das Motiv war Betelgeuze (die im deutschen Sprachraum immer noch verbreitete Schreibweise «Beteigeuze» geht auf einen historischen Rechtschreibfehler zurück), der helle rote Stern im Orion: Sein scheinbarer Durchmesser wird immer größer, je kürzer man die Wellenlänge wählt. Dafür ist die ausgedehnte, dünne Atmosphäre dieses Roten Riesen verantwortlich. Je kürzer die Wellenlänge, desto weniger tief schaut man hinein. Im grünen Licht ist Betelgeuze deswegen nur 0,05 Bogensekunden «groß», im ultravioletten aber 0,11 Bogensekunden. Die Faint Object Camera von Hubble hat dagegen seit der Installation der Korrekturoptik COSTAR ein theoretisches Auflösungsvermögen von 0,015 Bogensekunden.

Das Scheibchen von Betelgeuze kann also von Hubble ohne weiteres aufgelöst werden, und es hat mehr zu bieten als nur einen hellen Kreis. Mitten in der Atmosphäre des Sterns prangte nämlich bereits bei der ersten Aufnahme ein mysteriöser heller Fleck, der 2000°C heißer war als die Umgebung. Dieses Phänomen war keine einmalige Störung auf dem Riesenstern. Auch bei späteren Hubble-Beobachtungen waren einer oder mehrere riesige heiße Flecken vorhanden. Sie stellen ein neuartiges Phänomen dar und scheinen mit gewaltigen Konvektionszellen zusammenzuhängen, wie wir sie in weit harmloserem Maße auch in unserer Sonne kennen. Heiße Gase steigen hier aus der Tiefe auf, um anderswo wieder abzusinken. Diese Hubble-Entdeckung sollte bald wichtig werden, um ein anderes Mysterium von Betelgeuze zu erklären. Radioastronomen fanden heraus, daß es in der ausgedehnten Atmosphäre des Sterns kühle Blasen gibt, die den optischen Beobachtern völlig entgehen. Offenbar schleudern die starken Konvektionsströmungen ganze Taschen kühleren Gases hoch in die Atmosphäre, und die heißen Flecken auf den Hubble-Bildern sind vielleicht genau die Stellen, wo die Blasen abgestoßen werden. Der starke Sternwind, der für Riesensterne wie Betelgeuze typisch ist, könnte durch solche Prozesse angetrieben werden.

Der Pistolenstern

Eine der ersten rekordverdächtigen Beobachtungen mit der neuen NICMOS-Kamera betraf einen Stern, der sich in der Nähe des Zentrums unsererer Milch-

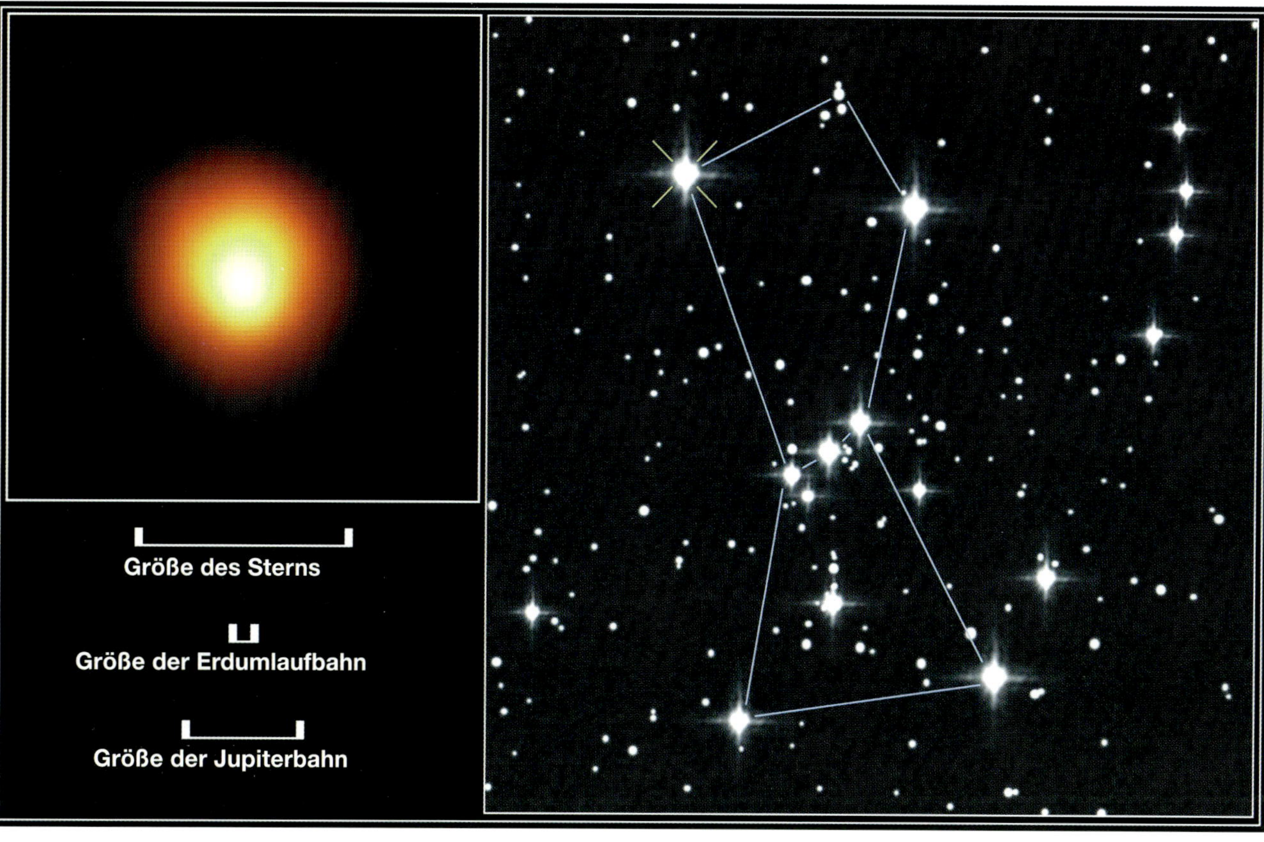

Die erste direkte Aufnahme von der Oberfläche eines anderen Sterns gelang Hubble bei Alpha Orionis oder Betelgeuze, dem hellen roten Stern im Orion (Quelle: Dupree & Gilliland und NASA).

straße befindet und deshalb sein Licht durch riesige Mengen interstellaren Staubes vor uns verbirgt. Im Infraroten werden zwar immer noch 90 Prozent der Strahlung von diesem Staub verschluckt, aber der Rest, der zu uns gelangt, bietet auch so noch ein interessantes Bild. Der Stern selbst hat eine Leuchtkraft, die diejenige unserer Sonne um das Zehnmillionenfache übersteigt. Er strahlt in einer Sekunde soviel Energie ab wie unsere Sonne in zwei Monaten. Ein Stern mit einer solchen Leuchtkraft muß massereich sein, andernfalls würde er von seiner eigenen Strahlung in Stücke gerissen. Aus der Leuchtkraft kann man also die Masse abschätzen, die beim etwa 150fachen der Sonnenmasse liegt. Trotz dieses riesenhaften Vorrats an «Brennmaterial» kann der Stern nicht lange so verschwenderisch mit seinen Ressourcen umgehen. Seine Lebenszeit mißt sich nur in Millionen Jahren, nicht in Milliarden wie die der Sonne. Irgendwann wird sich die Materie im Zentrum des Sterns in Eisen umgewandelt haben, und dann erfolgt ein Kollaps dieses Kerns, der die äußeren Schichten in einer Supernovaexplosion (vom Typ II) in den Weltraum schleudert.

Doch schon in seiner früheren Lebenszeit hat dieser Stern stürmische Phasen durchgemacht; das zeigt der ihn umgebende Gasnebel, der aufgrund seiner Form «Pistolennebel» genannt wird (und so heißt dieser Superstern, nicht gerade einfallsreich, der «Pistolenstern»). Dieser Nebel hat eine Ausdehnung von vier Lichtjahren, was etwa der Entfernung des nächsten Fixsterns (Alpha Centauri) von der Sonne entspricht. Theoretiker haben sicherlich große Schwierigkeiten, sich vorzustellen, wie ein so massereicher Stern überhaupt entstehen konnte. Und die

Der «Pistolenstern», einer der hellsten Sterne unserer Milchstraße, ist hier neben seinem Nebel abgebildet worden – weil er nahe des galaktischen Zentrums sitzt, wird sein grelles Licht im Sichtbaren von Staub stark geschwächt (Quelle: Figer und NASA).

Untersuchung seiner Langzeitstabilität ist gewiß auch ein interessantes Projekt, bei dem Beobachter und Theoretiker zusammenarbeiten können. Allerdings sollte man nicht vergessen, daß unsere Einschätzung seiner Leuchtkraft (und damit seiner Masse) noch sehr unsicher ist. Auch der Verdacht, daß es sich statt um einen um mehrere eng benachbarte kleinere Sterne handeln könnte, ist noch nicht ganz ausgeräumt. Aber daß der Pistolenstern unzweifelhaft ein Leuchtturm im nahen Kosmos ist, steht außer Frage, wenngleich er für den irdischen Beobachter durch einen unvorstellbar dichten Nebel leuchtet.

Eta Carinae

Ein weiterer Superstern der Milchstraße ist Eta Carinae – im Sternbild Carinae in der Nähe vom Kreuz des Südens gelegen –, der nebst einem beeindruckenden Gasnebel leider nur am südlichen Sternenhimmel zu bewundern ist. Er wurde 1677 von dem Astronomen Edmund Halley als nicht besonders auffälliger Stern der 4. Größenklasse katalogisiert. 1730 erreichte er aber die 2. Größe, wurde schwächer und wieder heller – und im April 1843 war das Maximum erreicht; er war nach Sirius zum zweithellsten Stern des Nachthimmels geworden. Die Energiemenge, die der mysteriöse Stern dabei umsetzte, entspricht beinahe der einer Supernova: Er gab soviel Licht ab wie etwa 5 Millionen Sonnen. Dieser damalige Helligkeitsanstieg ging auch mit einem Auswurf von Materie einher, die zu Staub kondensierte. Vermutlich war es zu einer Instabilität der äußeren Regionen gekommen, die dem extremen Strahlungsdruck kaum noch standhalten konnten. Der Staub schwächte das Licht des Sterns für Jahrzehnte ab, und die visuelle Helligkeit sank bis zur 8. Größe, um in den letzten Jahren wieder leicht anzusteigen.

Obwohl Eta Carinae sich in einer Entfernung von rund 7 500 Lichtjahren befindet, konnte mit modernen Methoden der Bildanalyse aus Hubble-Aufnahmen ein überwältigend detailreiches Bild hergestellt werden, das Einzelheiten von der Größe des Sonnensystems zeigt. Hubble verdeutlicht die Geometrie dieses Materieausstoßes: zwei polare Wolken und eine große dünne äquatoriale Scheibe, die allesamt mit einer Geschwindigkeit von etwa 650 km/s in den Weltraum expandieren. Die neuen Fotos zeigen, daß ultraviolettes Licht vor allem in der Äquatorregion ausgestrahlt wird, weil sich dort wenig absorbierender Staub befindet. Die Polwolken enthalten große Mengen Staub und erscheinen deshalb rötlich. Staubwolken, winzige Kondensationen und seltsame radiale Streifen erscheinen auf diesem Hubble-Foto mit ungewöhnlicher Klarheit. Es wird angenommen, daß Eta Carinae in wenigen hunderttausend Jahren als Supernova vom Typ II sein Leben als Riesenstern beendet und sich dann in ein Schwarzes Loch oder einen Neutronenstern verwandelt. Doch bis dahin wird er die Astrophysiker weiter in Atem halten, denn immer wieder entdeckt man neue aufregende Phänomene.

Für Aufsehen sorgten zum Beispiel Hinweise auf Laserstrahlung aus einer Gasblase in unmittelbarer Nähe von Eta Carinae, auf die ein schwedischer Atomphysiker gestoßen war. Seltsame spektrale Emissionslinien aus der Blase konnten zwar auf das chemische Element Eisen zurückgeführt werden, aber die relativen Stärken der verschiedenen Linien zueinander «stimmten nicht». Als einzige plausible Erklärung blieb schließlich die sogenannte stimulierte Emission übrig: Ein Effekt genau wie in einer Laserquelle im irdischen Labor (oder in einem Laserpointer aus dem Supermarkt) läßt die stärksten Linien noch stärker werden. Eta Carinae war damit zum Sitz eines Ultraviolettlasers geworden. Bei einem Besuch in der Nähe würde man vielleicht einer Szenerie ansichtig werden, die entfernt an einen Disco-Scheinwerfer erinnert: Aus der

Das schärfste Bild des Eta-Carinae-Nebels: Die hohe Auflösung und aufwendige Techniken der Bildverarbeitung haben hier die Feinstruktur dieses wundersamen Nebels herausgearbeitet, der bei einer Eruption des Sterns vor 150 Jahren entstanden ist ... und seither ständig expandiert (vgl. die Abb. auf der rechten Seite). Materie näher am Stern expandiert schneller als das Material weiter außen (Quelle: Morse & Davidson und NASA).

Gasblase, in der der Laserprozeß abläuft, schießen scharfe Strahlen in viele verschiedene Richtungen. Und einer dieser Laserstrahlen scheint ausgerechnet die Erde zu treffen.

Das Mysterium Eta Carinae hat auch eine zeitliche Komponente: zwei ausgeprägte Periodizitäten im Verhalten des Sterns. Sein Spektrum verändert sich alle 5 1/2 Jahre dramatisch, und alle 85 Tage kommt es zu Maxima seiner Röntgenstrahlung, die ansonsten ab 1996 kontinuierlich anstieg, bis sie Ende 1997 dramatisch einbrach. Ein Modell, das alle diese Phänomene erklären kann, gibt es noch nicht, doch zeichnet sich immer klarer ab, daß Eta Carinae ein Doppelsternsystem mit 5,5 Jahren Umlaufszeit ist; um den Jahreswechsel 1997/1998 nahmen die beiden Sterne wieder einmal ihren geringsten Abstand voneinander ein. Schon seit Anfang der 80er Jahre und zuletzt Mitte 1992 waren immer wieder seltsame Veränderungen in Eta Carinaes Spektrum beobachtet worden. Die Emissionslinien wurden plötzlich schwächer oder verschwanden für Wochen ganz, während es gleichzeitig zu starken Variationen der Radio- und Röntgenstrahlung kam. Für Ende 1997 war daher die nächste «Krise» des Sterns vorhergesagt worden. Und tatsächlich begann das Verschwinden der hochangeregten Linien fast auf die Woche genau. «Touchdown!» schrieb einer der Eta-Carinae-Forscher auf seine Webseite: «Der 5,52-Jahres-Zyklus ist periodisch, und kein anderer Mechanismus als eine Doppelsternnatur kann dieses ‹uhrenartige› Verhalten eines superhellen Sterns erklären.»

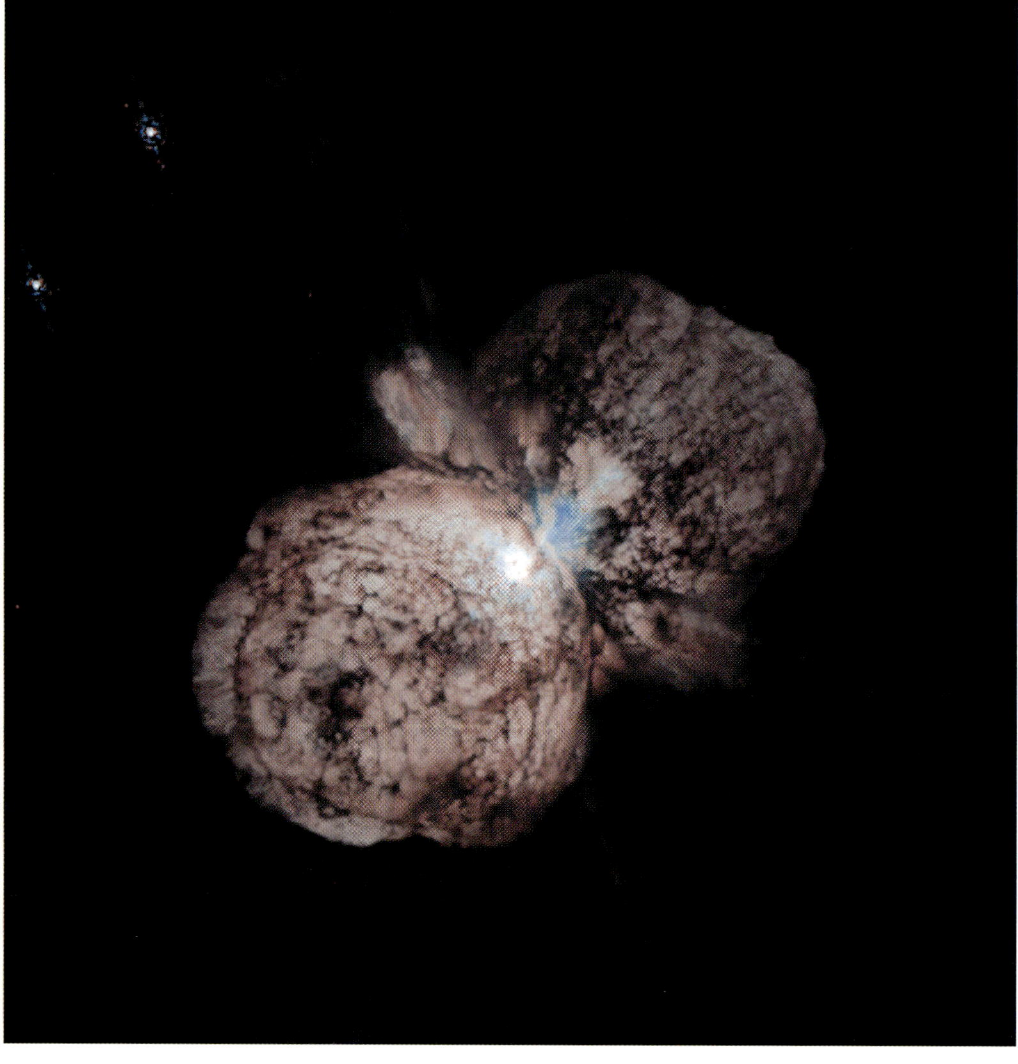

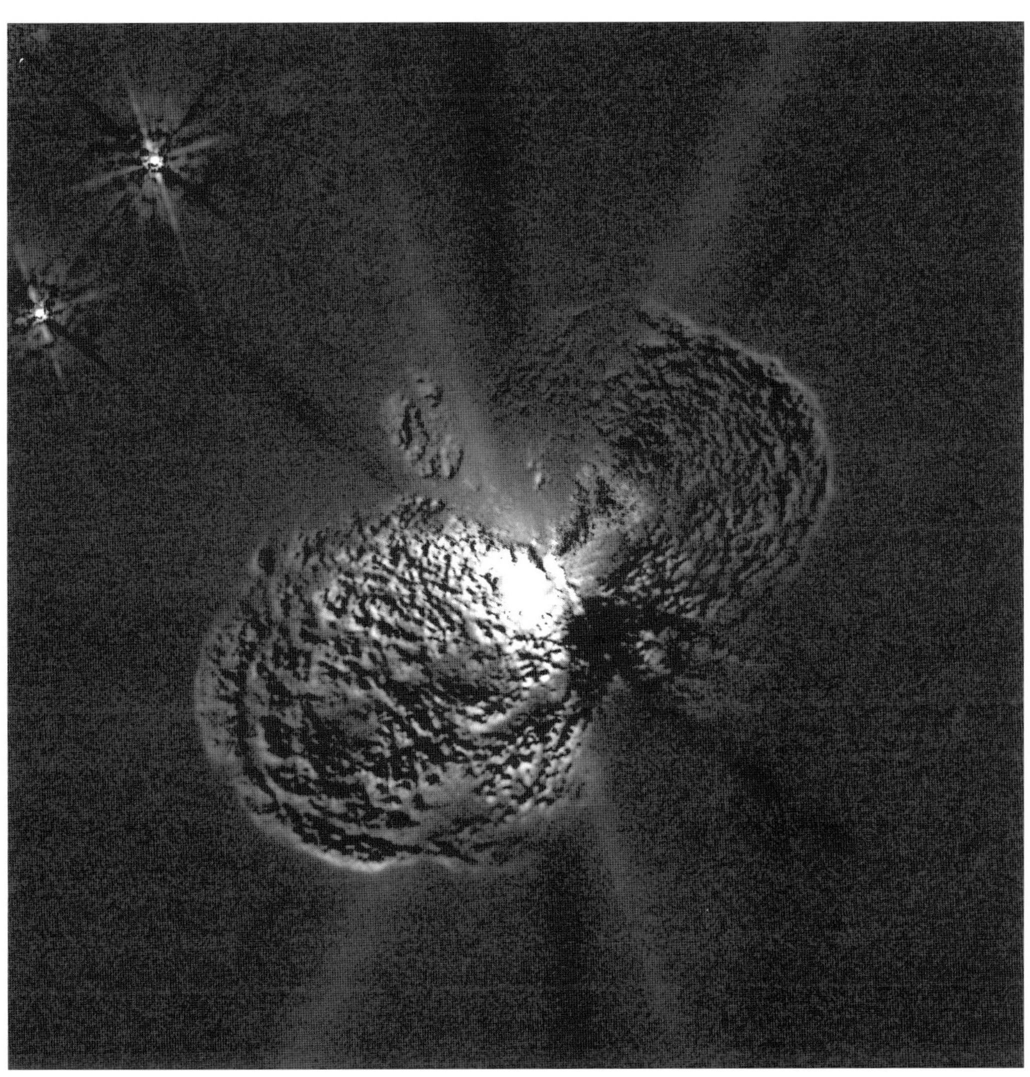

Eta Carinae ist damit das schwerste bekannte Doppelsternsystem. Jeder der beiden Sterne hat ungefähr 70 Sonnenmassen! Die spektralen Veränderungen alle 5 1/2 Jahre lassen sich so erklären: Je näher die Sterne zueinander rücken, desto heftiger kollidieren ihre 500 und 1000 km/s schnellen Sternwinde. Dadurch steigt einerseits die harte Röntgenleuchtkraft, je näher sich die Sterne kommen, und andererseits werden schließlich die Emissionslinien im dichten Gas absorbiert. Doch was verursacht dann die markanten «Flares» der Röntgenleuchtkraft alle 85 Tage sowie den plötzlichen Einbruch der Röntgenstrahlung Ende 1997? Letzterer könnte wohl mit dem Staub um einen der beiden Sterne zusammenhängen, der rund um den Zeitpunkt der größten Annäherung die Röntgenstrahlung schluckt. Doch die Röntgenflares, die keinerlei Entsprechung im Optischen haben, bleiben mysteriös. Und ausgerechnet das Weltraumteleskop Hubble hatte in diesem Fall keine Gelegenheit, mit seinen besonderen Fähigkeiten möglicherweise wichtige Einsichten zu liefern. Denn trotz flehentlicher Anträge hatten Hubbles Manager den Eta-Carinae-Forschern für die spannenden Wochen keine Sonderbeobachtungszeit eingeräumt…

Kugelsternhaufen, Weiße Zwerge und Blue Stragglers: Verjüngung durch Crash?

Blue Stragglers

Eine grundlegende Erkenntnis der Astrophysik besagt, daß alle Sterne eines bestimmten Sternhaufens etwa zur gleichen Zeit entstanden sind. Das läßt sich gut an einem Hertzsprung-Russell-Diagramm ablesen, in dem die Sterne des Haufens nach Helligkeit und Farbe aufgetragen sind. Der sogenannten Hauptreihe, die sich von den hellen blauen Sternen zu den schwachen roten hin erstreckt, fehlen mit zunehmendem Alter die hellen blauen Sterne. Die Entwicklung dieser massereichen Sterne verläuft rasch, und sie wandern von der Region der hellen blauen Sterne in das Gebiet der hellen Roten Riesen. Schließlich gehen die äußeren Schichten solcher Roter Riesen verloren, und «des Pudels Kern» kommt zum Vorschein: ein Weißer Zwerg. In Kugelsternhaufen sind solche Zwergsterne nur sehr schwer nachzuweisen, denn diese Sternhaufen stehen in großen Entfernungen von der Sonne, und Weiße Zwerge strahlen nur wenig Licht ab. Es ist deshalb sinnvoll, in dem uns am nächsten stehenden Kugelhaufen M4 nach solchen Sternen zu suchen. In einem kleinen Feld des Haufens mit einem Durchmesser von 0,63 Lichtjahren wurden prompt 8 Weiße Zwerge aufgespürt und 75 in einem etwas größeren Feld.

Nun kann abgeschätzt werden, daß der Kugelhaufen insgesamt etwa 40 000 Weiße Zwerge enthält. Aus dem oben erwähnten Hertzsprung-Russell-Diagramm ist bei Kenntnis der Sternentwicklung leicht das Alter eines Sternhaufens abzulesen. Kugelhaufen erweisen sich durchweg als sehr alte Gebilde, auch wenn wir gesehen haben, daß sie mitunter noch heute entstehen können, wenn Galaxien miteinander zusammenstoßen. Unter den offenen Sternhaufen in der Scheibe der Milchstraße findet man dagegen sowohl junge wie alte Sternansammlungen. Massereichere Sterne altern schneller, sie verlassen die Schar der «gewöhnlichen» Zwergsterne und werden zu Roten Riesen. Beispielsweise haben sich schon alle Sterne im Kugelhaufen 47 Tucanae, die eine größere Masse als 0,9 Sonnenmassen haben, zu Roten Riesen entwickelt. Nur der untere Teil der Hauptreihe, wo sich die gelben und roten Zwergsterne befinden, existiert noch, das obere Gebiet der blauen Sterne ist praktisch leer. Wenn man die

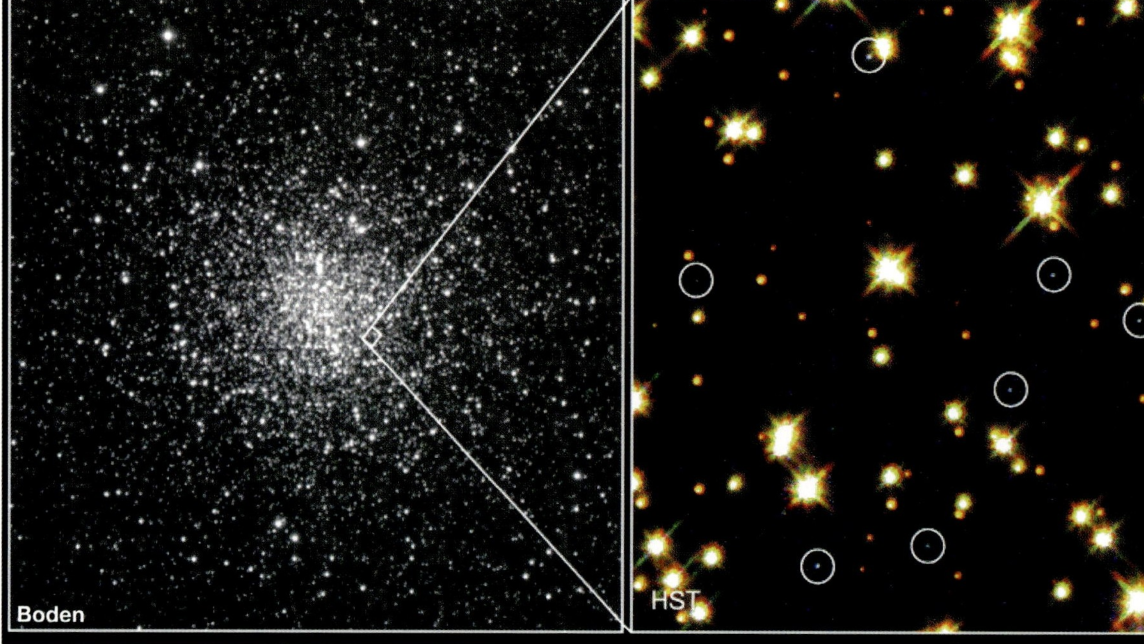

Die Weißen Zwerge im Kugelsternhaufen Messier 4: Ungefähr 40 000 der über 100 000 Sterne, aus denen der Haufen besteht, gehören zu diesem Typ, 75 davon fand Hubble in einem kleinen Bereich, und sieben sind hier markiert (Quelle: Bolte/Richer und NASA).

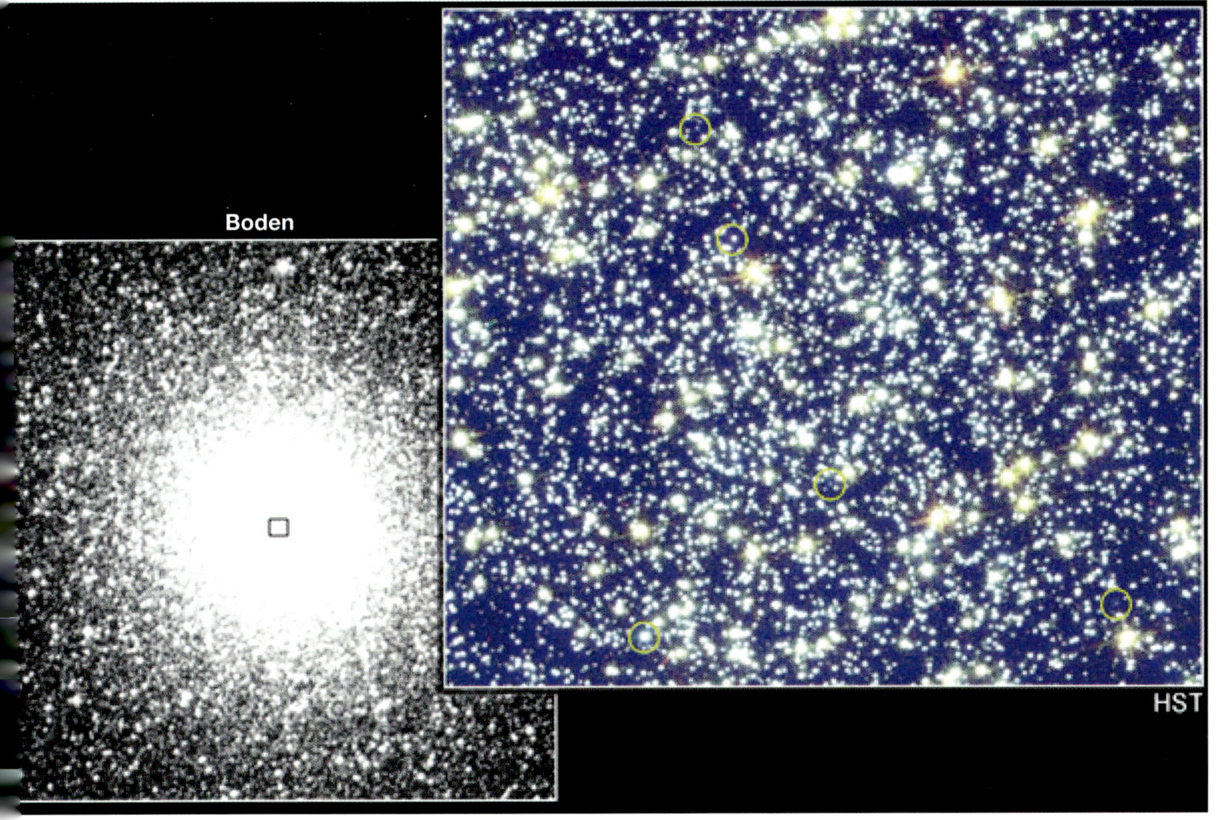

«Blue Stragglers» im Kugelsternhaufen 47 Tucanae – identifiziert von Hubble im Gewimmel des Haufenzentrums (Quelle: Saffer & Zurek und NASA).

Hertzsprung-Russell-Diagramme alter Haufen jedoch genauer untersucht, findet man im Gebiet der blauen Sterne hin und wieder einige Objekte, die man als «Blue Stragglers» (etwa: «Blaue Nachzügler») bezeichnet.

Das sollten also massereichere Sterne sein, die vor wesentlich kürzerer Zeit entstanden sein müssen als der Rest der Sterne des Haufens. Wie ist so etwas zu erklären? Alles deutet darauf hin, daß die Mitglieder eines Sternhaufens zur gleichen Zeit entstanden sind, vor etwa 15 Milliarden Jahren – auf ein paar hunderttausend Jahre kommt es dabei nicht an. Wie kann dann ein «Blue Straggler» wesentlich jünger erscheinen? Ein solcher Stern, der sich nahe dem Zentrum des Kugelsternhaufens 47 Tucanae befindet, wurde mit Hubbles (inzwischen ausgebautem) Faint Object Spectrograph untersucht: Das Spektrum eines Sterns verrät dem Astronomen die Temperatur, Rotationsrate, Schwerebeschleunigung an der Oberfläche und bei bekannter Helligkeit und Entfernung auch den Durchmesser und die Masse des Sterns. Der Blue Straggler im Herzen von 47 Tucanae ist ein Stern von 1,7 Sonnenmassen, der relativ rasch um seine Achse rotiert. Und in der Tat: Während andere Sterne des Haufens mit einer solchen Masse sich längst über das Stadium der Roten Riesen in Weiße Zwerge verwandelt haben, haben wir es hier mit einem «Nachzügler» zu tun.

Alles deutet darauf hin, daß es sich bei den Blue Stragglers um Sterne handelt, die aus der nicht weit zurückliegenden Fusion zweier Sterne geringerer Masse entstanden sind, welche sich bis zu diesem Zeitpunkt kaum über das Zwergstadium hinaus entwickelt haben. Blue Stragglers werden also nicht später als andere Sterne des Kugelhaufens aus interstellaren Gaswolken geboren, sondern entstanden auch vor 15 Milliarden Jahren, allerdings nicht als Einzelsterne, sondern in Form von zwei großen Bausteinen – zwei einzelne Sterne kleinerer Masse, die erst kürzlich (sagen wir, vor ein paar Millionen Jahren) zusammengefügt wurden. Vermutlich handelt es sich bei einer solchen Sternfusion nicht um die Kollision zweier Sterne, die in völlig unterschiedlichen Bahnen ihrer Wege zogen, sondern um das Verschmelzen zweier Objekte, die sich schon vorher in einer engen Bahn umkreist haben.

Kollabierende Kerne

Kugelsternhaufen sind nicht nur wegen des originellen Schicksals einzelner Sterne interessant, auch als Gesamtheit erleben sie im Laufe der Jahrmilliarden eine Entwicklung. Weil die Sterne in den Kugelhaufen besonders eng zusammenstehen, ist das Hubble-Teleskop ein ideales Werkzeug, um in ihr Herz vorzudringen – so geschehen bei Messier 15. Über 30 000 Sterne sind auf einer Aufnahme zu erkennen, die eine Kantenlänge von 28 Lichtjahren hat, und auch im Zentrum des Sternhaufens steigt die Zahl der Sterne pro Volumen immer noch an. Dieses Phänomen kann zweierlei bedeuten: Vielleicht sitzt im Zentrum des Sternhaufens ein Schwarzes Loch von ein paar tausend Sonnenmassen, das mit seiner Schwerkraft die hohe Konzentration der Sterne erzwingt. Doch das gilt keineswegs als die wahrscheinlichste Erklärung; vielmehr scheint es in M 15 zu einem Kernkollaps gekommen zu sein. Modellrechnungen sagten so etwas schon länger voraus: Binnen weniger Jahrmillionen – ein Wimpernschlag, verglichen mit den Jahrmilliarden, die Kugelhaufen alt sind – kann es zu einer gewaltigen Instabilität kommen.

Man spricht von einer «gravothermalen Katastrophe»: Sie tritt dann ein, wenn Sterne nahe dem Haufenzentrum durch ihre gegenseitige Schwerkraftwirkung etwas von ihrer «thermischen» Bewegungsenergie verloren haben. Wenn Milliarden Jahre vergehen, sind einige Sterne zu «lethargisch» geworden, um dem Schwerkraftzug ihrer Nachbarn zu widerstehen. Ab diesem Moment sinken sie in Richtung Zentrum des Kugelhaufens und werden immer schneller. Zu einem großen Knall in der Mitte kommt es aber nicht, weil andere Prozesse dem völligen Zusammenbruch entgegenwirken (Doppelsterne spielen dabei eine Schlüsselrolle). Schließlich erreicht der kollabierte Sternhaufen einen neuen, halbwegs stabilen Zustand. Man schätzt, daß etwa jeder fünfte Kugelsternhaufen einen solchen Kernkollaps erlebt. Seit 1991 hat Hubble Dutzende von Kugelhaufen abgelichtet, aber bei keinem ist die Sternenkonzentration zum Zentrum hin so groß wie bei Messier 15. Er dürfte der erste Haufen mit eindeutigen Anzeichen eines Kernkollapses sein.

Das Herz des dichtesten Kugelhaufens, Messier 15: Hubble hat hier erstmals die Anzahl der Sterne pro Volumenelement in Abhängigkeit vom Abstand vom Zentrum messen können (Quelle: Guhathakurta et al. und NASA).

Immer fest im Blick — die Supernova 1987A

So expandiert die Supernova 1987A: Während das sonderbare «Ringsystem» strahlt, expandiert die Explosionswolke im Zentrum so schnell, daß man das Wachsen mit Hubbles Auflösung bereits direkt verfolgen kann (Quelle: Pun & Kirshner und NASA).

Als am 21. Februar 1987 ein Blauer Überriese in der Großen Magellanschen Wolke explodierte, einem der beiden galaktischen Begleiter der Milchstraße, war dies für die moderne Astrophysik die erste Supernova-Explosion «vor unserer Haustür». Der Lichtpunkt am Rande der kleinen Galaxie erreichte binnen einiger Wochen eine scheinbare Helligkeit der 2. Größe und verwandelte sich im Laufe der folgenden Jahre in ein schwächliches Gebilde, das man heute fast nur noch vom Weltraumteleskop aus beobachten kann. Das Licht der Supernova brauchte 167 000 Jahre, um von der Großen Magellanschen Wolke zu uns zu gelangen. Ein massereicher Stern hatte seinen Kernbrennstoff erschöpft, sein innerer Kern, der aus Eisen bestand, kollabierte, und die beim Kollaps freigesetzte Energie schleuderte die äußeren Schichten mit Geschwindigkeiten von bis zu 15 000 Kilometern pro Sekunde ins All. Auch wurden zu Anfang große Mengen energiereicher Strahlung freigesetzt, die Gas in der Nachbarschaft der Supernova aufleuchten ließ, ganz so, als ob jemand eine gigantische Leuchtstoffröhre eingeschaltet hätte.

Diese «Röhre» hat freilich eine seltsame Form. Es handelt sich dabei um einen relativ dichten, kleinen Ring, umgeben von zwei dünnen, weit ausgedehnten Ringen. Manche Astronomen nehmen schon das Wort «olympisch» in den Mund, auch wenn es nur drei Ringe sind; die haben es freilich in sich. Der innere, wesentlich dichtere Ring ist noch am leichtesten zu erklären. Es handelt sich um Gas, das vor etwa 20 000–30 000 Jahren vom Vorgänger der Supernova, der zu diesem Zeitpunkt noch ein Roter Überriese war, in den Raum befördert wurde. Wie er zu seiner torusförmigen Gestalt kam, ist schon schwerer zu verstehen. Der schnellere Sternwind des später zum Blauen Überriesen mutierten Sterns hat das ältere Gas vielleicht «zusammengerollt». Wie aber die äußeren beiden Ringe entstanden sind, darüber gehen die Meinungen immer noch weit auseinander. Die präzise Analyse von Hubble-Aufnahmen brachte an den Tag, daß es auch außerhalb des hellen inneren Ringes und innerhalb der äußeren ein schwaches Leuchten gibt. Vielleicht stellen die äußeren Ringe den Rand einer sanduhrförmigen Schale dar. Es gibt sogar Informationen über die chemische Zusammensetzung ihres Materials, denn einer der Außenringe geriet einmal dem Hubble-Teleskop zufällig in einen Spektrographenspalt. Das Material ist weniger «prozessiert» als das des Innenringes, stammt also noch aus der Zeit, als der später explodierte Stern noch ein Roter Riese war.

Selbst knapp 10 Jahre, nachdem sie über die Astrophysik hereinbrach, sorgt die SN 1987A in der Großen Magellanschen Wolke noch weiter für Aufregung. Hubble kann die immer weiter expandierende Trümmerwolke, die der explodierte Stern hinterlassen hat, inzwischen nicht nur räumlich auflösen, sondern auch die Form erkennen, die die Wolke angenommen hat. Sie ist keineswegs kugelförmig, sondern besteht aus zwei Blasen, die sich mit fast 2700 km/s voneinander entfernen. Das ergibt die Form einer Hantel, die bereits 1/10 Lichtjahr groß geworden ist. Die räumliche Lage ihrer «Taille» entspricht dabei der Lage des inneren leuchtenden Rings um die Supernova. Das überrascht nun allerdings weniger: Offensichtlich hatte sich vor der Explosion in dieser Ebene viel Materie angesammelt, die einerseits zu dem Ring zusammengeschoben wurde (den dann erst der ultraviolette Blitz der Supernova-Explosion aufleuchten ließ) und andererseits nun die Ausbreitung der Explosionswolke zu behindern scheint. Die Asymmetrie der Explosion kann mit einer schnellen Rotation des ehemaligen Sterns oder gar mit der Anwesenheit eines – bisher noch nicht entdeckten – Begleiters zusammenhängen.

In der sichtbaren Explosionswolke steckt aber nicht die gesamte Masse, die seit 1987 auseinanderstiebt. Es gibt auch Materie, die schon viel weiter gekommen ist. Kontakt zwischen ihr und Gas, das vorher da war, findet längst statt, was sich seit Anfang der

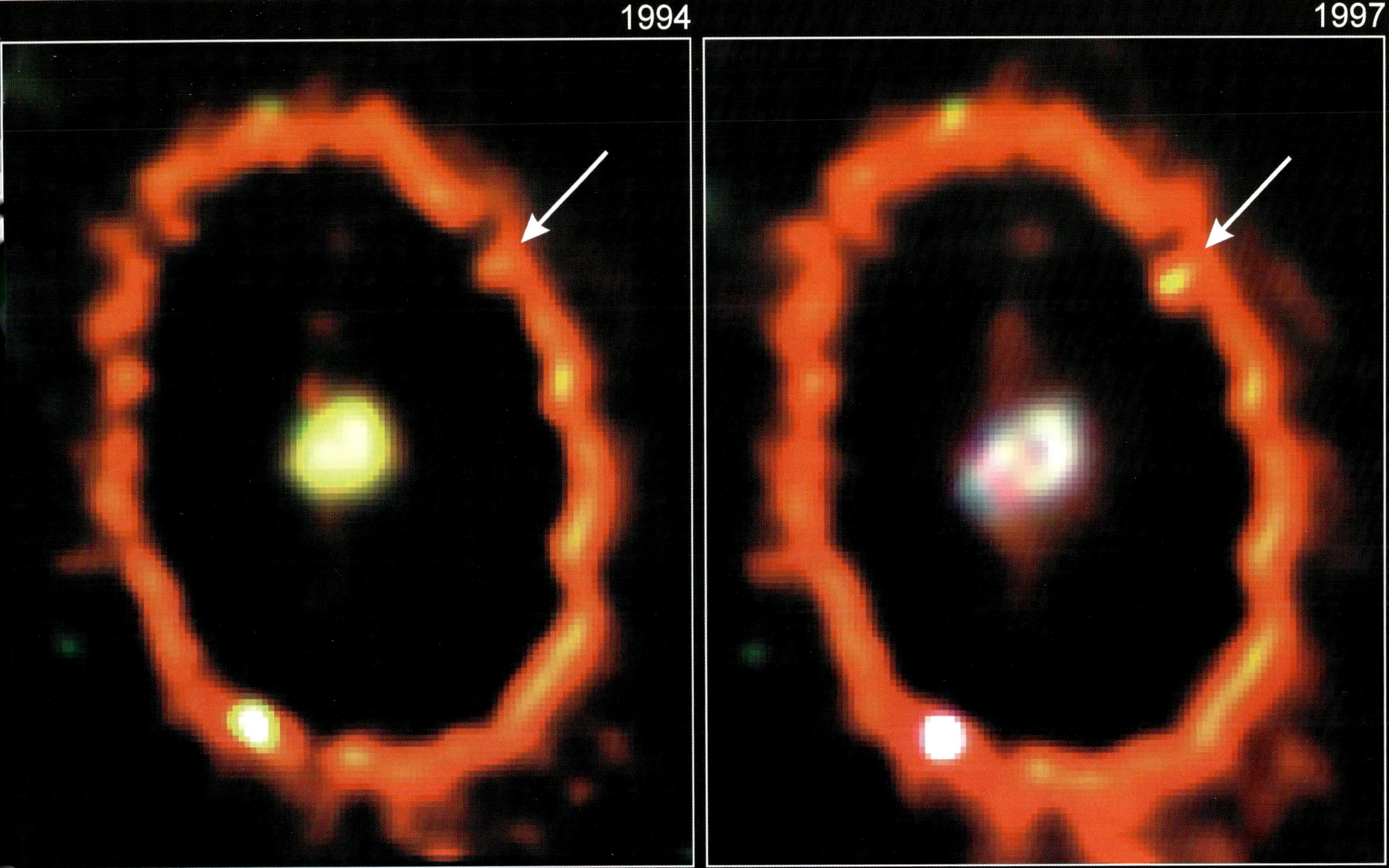

Ein heller Knoten ist im Inneren der Ringe um die Supernova erschienen: Hier haben die ersten und schnellsten Ausläufer der Explosion bereits den Gasring erreicht und eine Zone erheblich aufgeheizt (Quelle: Garnavich und NASA).

90er Jahre in Röntgenemission (gemessen vom Satelliten ROSAT) und Radiostrahlung niederschlägt. In den Tagen nach der Explosion des Sterns waren die schnellsten Gase in den Spektren zu erkennen gewesen, aber dann wegen ihrer geringen Dichte zehn Jahre lang unsichtbar geblieben. Doch die Wechselwirkung des 15 000 km/s schnellen Wasserstoffs mit Gas noch innerhalb des hellen Ringes hat eindeutig begonnen, wie STIS-Spektren im fernen Ultravioletten demonstrieren. Das von der Supernova ausgeschleuderte Material kollidiert bereits heftig mit dünnem Gas innerhalb des Rings und heizt es auf Temperaturen von etwa 50 000 Grad auf. Charakteristische Lyman-Alpha-Emission von Wasserstoff macht sich in einer ausgedehnten Zone innerhalb des Rings bemerkbar, zusammen mit der Emission schnellen Stickstoffs. Und auch einige Emissionslinien des heißen Ringes selbst sind in den STIS-Spektren zu sehen.

Auch die nächste Phase der Kollision hat schon begonnen; eine Stelle des inneren Rings, 150 Milliarden Kilometer groß, ist 1997 und 1998 immer heißer und heller geworden und bildet bereits jetzt einen auffälligen, neuen hellen Fleck. An dieser Stelle gab es schon vorher einen kleinen «Auswuchs» des Ringes nach innen, ein Hinweis darauf, daß diese Stelle von den schnellsten Explosionstrümmern als erste getroffen wurde. Jetzt dürfte es nur noch wenige Jahre dauern, bis der ganze Ring von solchen heißen Regionen übersät ist. Modellrechnungen zeigen, daß der Ring in der kommenden Dekade um den Faktor 1000 heller werden dürfte, wenn er von der Hauptmasse der Supernova-Ejekta getroffen wird! Fürs bloße Auge sichtbar sein (wie 1987 die Supernova) wird er wohl nicht, aber für irdische Sternwarten und eine Anzahl neuer Satellitenteleskope könnte er leicht zum Objekt des Jahrzehnts werden. Im Maximum hatte die Supernova die astronomische Größenklasse 2,9 erreicht und war leicht mit bloßem Auge zu sehen, doch heute hat sie nur noch die Größenklasse 19. Bei ihrer zweiten Jugend aber könnten es noch einmal 13 werden. Sie würde dann auch wieder im Amateurteleskop zu sehen sein. Es wird aber wohl noch etwa bis zum Jahr 2005 dauern, bis die Hauptmasse der Supernova 1987A von innen auf den Gasring trifft.

Die Chemie des inneren Rings um die Supernova hat Hubbles STIS-Instrument direkt sichtbar gemacht: Der gesamte Ring paßte in den Spektrographen und wurde in seine Farben zerlegt. Sauerstoff (grün), Stickstoff und Wasserstoff (orange) und Schwefel (rot) lassen sich so nachweisen (Quelle: Sonneborn/Pun und NASA).

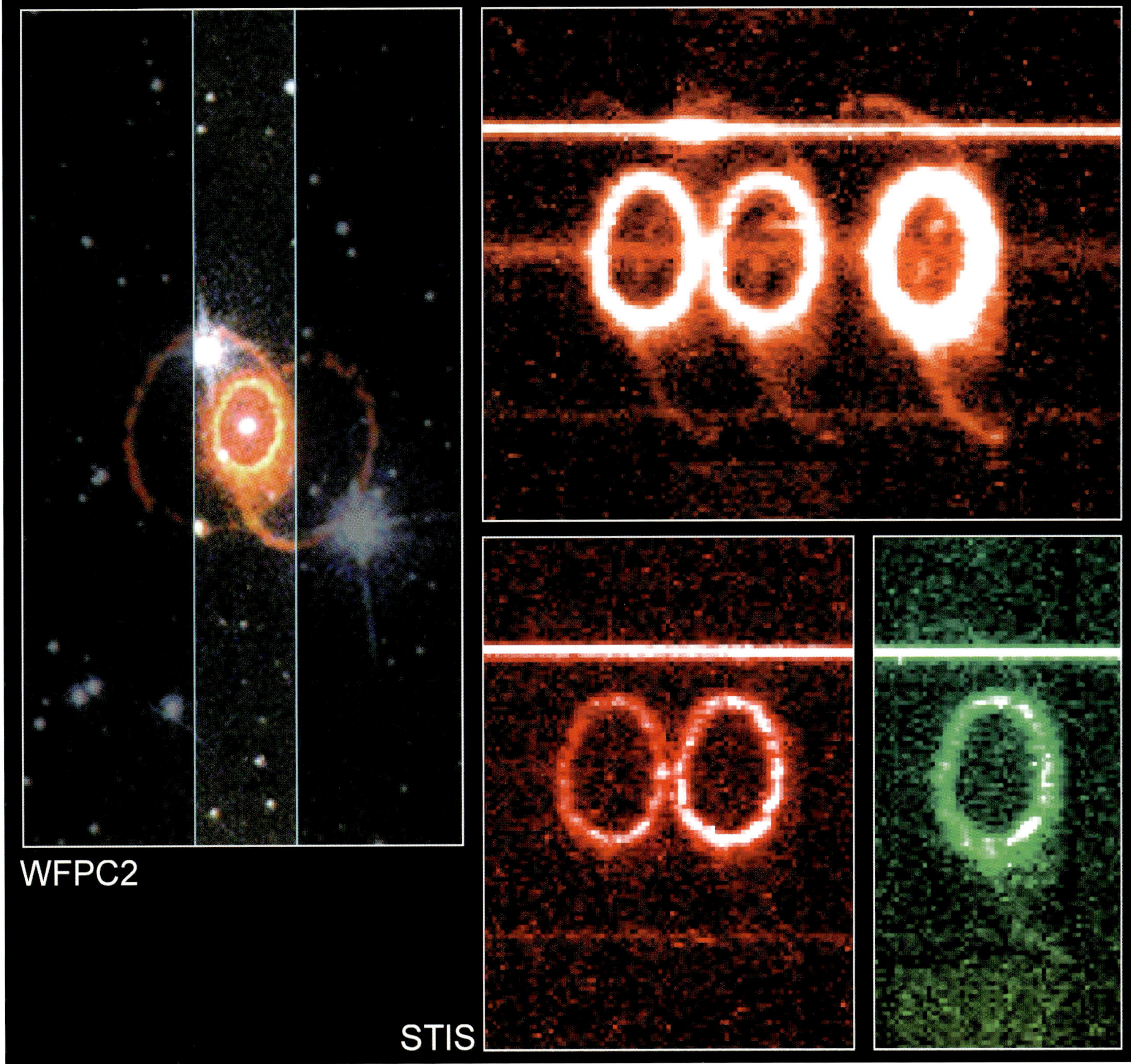
WFPC2
STIS

Neutronensterne

Der Sternenfriedhof hat viele Insassen: Weiße Zwerge, Neutronensterne und vielleicht auch Schwarze Löcher. Während man alle diese Objekte relativ leicht nachweisen kann, wenn sie in einem engen Doppelsternsystem auftreten (und sie zu Zwergnova-Explosionen, klassischen Novae oder Röntgennova-Explosionen beitragen), ist es viel mühsamer, sie als Einzelsterne zu entdecken. Denn dann verraten sie sich nur durch ihre eigene Leuchtkraft. Wir kennen relativ viele einsame Weiße Zwerge und auch einige rasch rotierende Neutronensterne. Diese Überreste von Supernova-Explosionen, die einige Jahrhunderte oder Jahrtausende in der Vergangenheit liegen, sind die Pulsare, die sich durch gleichmäßiges «Ticken» im Radiobereich verraten. Der berühmteste Pulsar ist der «Bewohner» des Krebsnebels: Die Sternexplosion des Jahres 1054 ist noch nicht einmal ein Jahrtausend alt, und viele interessante Phänomene in ihrer Folge lassen sich hier noch untersuchen. Besonders der bizarr geformte Nebel, die Hülle des explodierten Sterns, der im Zentrum nur den Pulsar zurückließ, ist immer wieder für Überraschungen gut. Beobachter auf der Erde wußten schon länger, daß sich der Krebsnebel auf Zeitskalen von Monaten oder Jahren verändern kann, und es war auch bald entdeckt worden, wie er insgesamt expandiert.

Doch das dynamische Geschehen, das sich dann bei seiner häufigen Überwachung durch das Hubble-Teleskop offenbarte, hatte man so nicht erwartet. In der Nähe des Pulsars gibt es ein Streifenmuster im Nebel, das ständig seine Form ändert! Der noch 30mal in der Sekunde rotierende junge Neutronenstern betätigt sich durch sein starkes Magnetfeld als Teilchenbeschleuniger, und auf diesen «Pulsarwind» beinahe lichtschneller Teilchen und seine Wechselwirkung mit dem Nebelgas dürften diese leuchtenden Phänomene zurückgehen. Eine Interpretation geht dahin, daß der Pulsar sowohl entlang der Rotationsachse in zwei gebündelten Jets als auch in der Äquatorebene Teilchen beschleunigt. Ein «herumtanzender», besonders intensiver Lichtfleck in der Nähe des Pulsars, der bereits «Kobold» getauft wurde, wäre in diesem Szenario zum Beispiel die Schockfront eines der polaren Jets im Nebel. Der wahrscheinlich ebenfalls existierende Jet in die Gegenrichtung ist allerdings unsichtbar. Bisher war man meist davon ausgegangen, daß der Pulsar seinen Wind in alle Richtungen absondert – jetzt wird überlegt, daß die Teilchen in der Äquatorebene am stärksten beschleunigt werden und deshalb bevor-

Die Dynamik des Krebsnebels kann Hubble sichtbar machen – und wie der Pulsar mit den Überresten der Sternexplosion von 1054 wechselwirkt. Er wirkt wie eine Sternleiche, die 30mal in der Sekunde rotiert und gleichzeitig wie ein Teilchenbeschleuniger, der rasch veränderliche Leuchterscheinungen in dem Nebelgas verursacht (vgl. die Abb. Seite 127) (Quelle: Hester & Scowen und NASA).

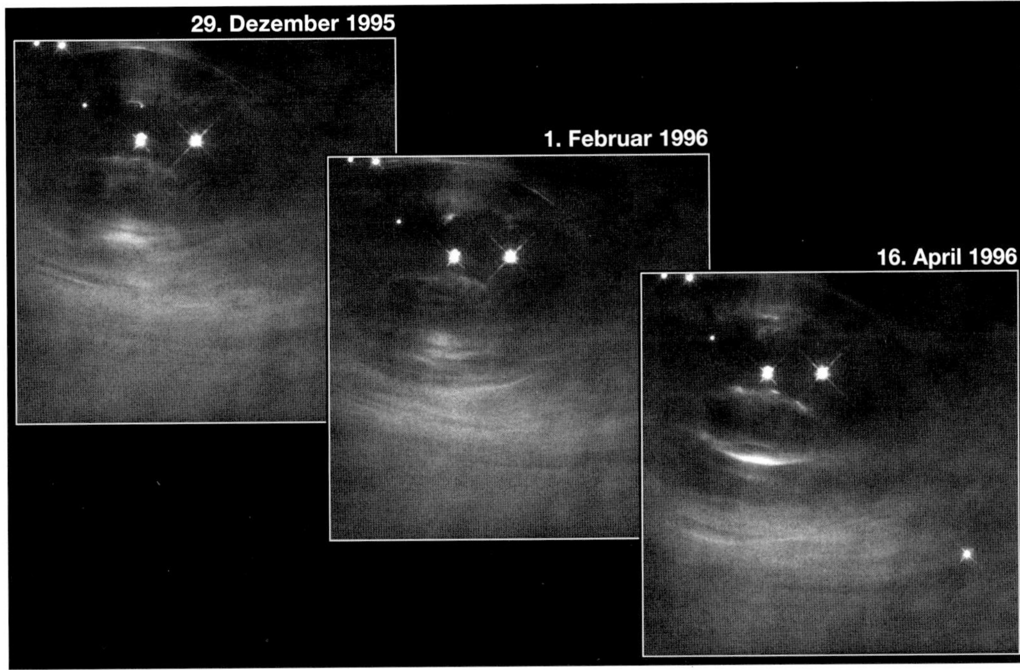

zugt dort dem Magnetfeld entweichen, während entlang der Achse die Verdrillung des Magnetfelds die Beschleunigung liefert.

Wie aber sieht ein alter, isolierter Neutronenstern aus? Es könnte einige hundert Millionen davon in unserer Galaxis geben. Ein solcher alter Neutronenstern sollte ein relativ heißes, aber lichtschwaches Objekt sein. 1992 wurde am Himmel vom Röntgensatelliten ROSAT eine helle Röntgenquelle entdeckt, die im Optischen zunächst kein Gegenstück hatte. Das Hubble-Teleskop fand dort endlich einen schwachen blauen Stern der 25. Größe. Da er vor einer interstellaren Molekülwolke steht, kann seine Entfernung abgeschätzt werden: Sie ist kleiner als 400 Lichtjahre. Mit den Helligkeiten im optischen, ultravioletten und Röntgenbereich lassen sich nun Temperatur und Größe des Sterns abschätzen. Es handelt sich um eine 650 000°C heiße Kugel von höchstens 28 km Durchmesser. Die Kenntnis dieser Größe ist für theoretische Untersuchungen des Zustands dichter Materie wichtig. Die Materie ist so dicht gepackt, daß die Elektronen und Protonen, aus denen gewöhnliche Materie unter anderem besteht, zusammengepreßt wurden und Neutronen bildeten. Neutronensternmaterie ist die dichteste Materieform, die wir kennen, eine Handvoll wiegt soviel wie ein Flugzeugträger!

Auch nach anderen isolierten Neutronensternen hat das Weltraumteleskop Hubble gefahndet, und in den meisten Fällen wurde es fündig. Mit der Faint Object Camera gelang es beispielsweise, im Ultravioletten den Pulsar 1055-52 abzubilden. Er ist zwar die wirksamste bekannte Quelle von Gammastrahlung, in der er die Hälfte seiner Energie abstrahlt, aber nur ganz wenig von seiner Strahlung geht in den sichtbaren Bereich. Und überdies steht neben ihm auch noch ein 100000mal hellerer Stern, der erdgebundenen Teleskopen die Beobachtung gänzlich unmöglich machte. Hubble hatte mit der erfolgreichen Sichtung bereits 4 von 8 bekannten Pulsaren untersucht, die im optischen Wellenlängenbereich strahlen: den jungen Krebspulsar in seinem Supernovarest und 3 alte Neutronensterne, deren Supernovareste nicht mehr vorhanden sind. Isolierte Neutronensterne zu finden, ist besonders wichtig, um die Mechanismen der Pulsarstrahlung zu erkunden. Nur rund sieben Fälle sind nämlich bekannt, von denen keine Radiostrahlung ausgeht, und nur einer von ihnen sendet Gammastrahlung aus. Aber sie alle sind starke Röntgenstrahler.

Späte Sternentwicklung — ein Fest der Farben und Formen

Wenn im Innern der Sterne der Wasserstoff verbrannt ist und sich ein Kern aus Heliumasche gebildet hat, ist der Stern von einem normalen Zwergstern wie die Sonne zu einem Roten Riesen geworden. Diese Heliumasche kann in einer gigantischen Explosion zu brennen anfangen. Die Explosion ist zunächst unsichtbar, da sie sich tief im Innern des Sterns abspielt. Doch der Stern ändert langfristig seine Struktur, er wird zunächst schwächer, bevor er seinen zweiten Aufstieg zum Riesenast macht. Jetzt brennt im Kern das Helium und hinterläßt Asche in Form von Atomkernen des Kohlenstoffs und Sauerstoffs. Dieses Heliumbrennen verläuft in den späteren Stadien in Form von einzelnen Explosionen («Flashes»), und der Stern beginnt, immer mehr von seinen äußeren Schichten in den Weltraum abzugeben. Schießlich schrumpft er zu einem Weißen Zwerg zusammen, der eine hohe Temperatur sowohl im Zentrum wie auch an der Oberfläche hat. Sobald seine Oberfläche mehr als 10000°C aufweist, sind die ausgesandten Lichtteilchen so energiereich, daß sie das vorher abgegebene Material zum Leuchten anregen – ganz so, als würde eine Leuchtstoffröhre angeschaltet.

Das fluoreszierende gasförmige Material bildet nun einen sogenannten Planetarischen Nebel. Solche Objekte, die vielfältige Formen und Farben aufweisen, sind also Zeichen der späten Sternentwicklung, die mit Planeten nichts zu tun haben. Der irreführende Begriff ist rein historischer Natur, weil manche dieser Nebelflecken im Teleskop wie die Scheibchen der fernen Planeten Uranus und Neptun aussehen können. Planetarische Nebel sind sozusagen die Grabsteine von Sternen, die ihre Energie nicht mehr aus Kernreaktionen gewinnen können. Wenn dann schließlich der Zentrale Stern, der als Weißer Zwerg eine Temperatur von einigen 100000°C erreichen kann, schließlich wieder auf eine Temperatur von 10000 °C abkühlt, sollte der Planetarische Nebel wieder verlöschen. Aber nach so langer Zeit hat er sich schon längst in den interstellaren Raum verflüchtigt; sein Material mischt sich mit dem interstellaren Gas und findet bei der Entstehung einer neuen Sterngeneration Verwendung.

Der wohl jüngste Planetarische Nebel ist Henize 1357, der sogenannte «Stachelrochen-Nebel». Noch vor 20 Jahren war sein Gas nicht heiß genug, um überhaupt zu leuchten! Doch seit die Temperatur des zentralen Sterns rapide anzusteigen begonnen hat, können die Astronomen sozusagen live mitverfolgen, wie ein Planetarischer Nebel entsteht. Die ganze Übergangsphase dauert vielleicht nur 100 Jahre. Weil Henize 1357 ungewöhnlich klein und mit 18000 Lichtjahren auch weit entfernt ist, konnte erst das Weltraumteleskop Hubble all die verwirrenden Strukturen auflösen, die schon jetzt die Form des Nebels bestimmen. Eine zentrale Erkenntnis gibt es schon: Die zwei großen Gasblasen, ein verbreitetes Phänomen bei Planetarischen Nebeln, kommen dadurch zustande, daß ein dichter Gasring rund um den untergehenden Stern dem abströmenden Gas nur zwei Wege offenläßt. Die Gasströmung wird wie von einer Düse gebündelt. Außerdem entdeckte man, daß in dem Nebel nicht ein einzelner, sondern ein Doppelstern haust. Dieser

Der große Zoo der Planetarischen Nebel zeigt auf den folgenden Seiten die ganze Pracht der Nebelstrukturen, die sterbende Verwandte unserer Sonne im Weltraum hinterlassen und dann zum Leuchten anregen.

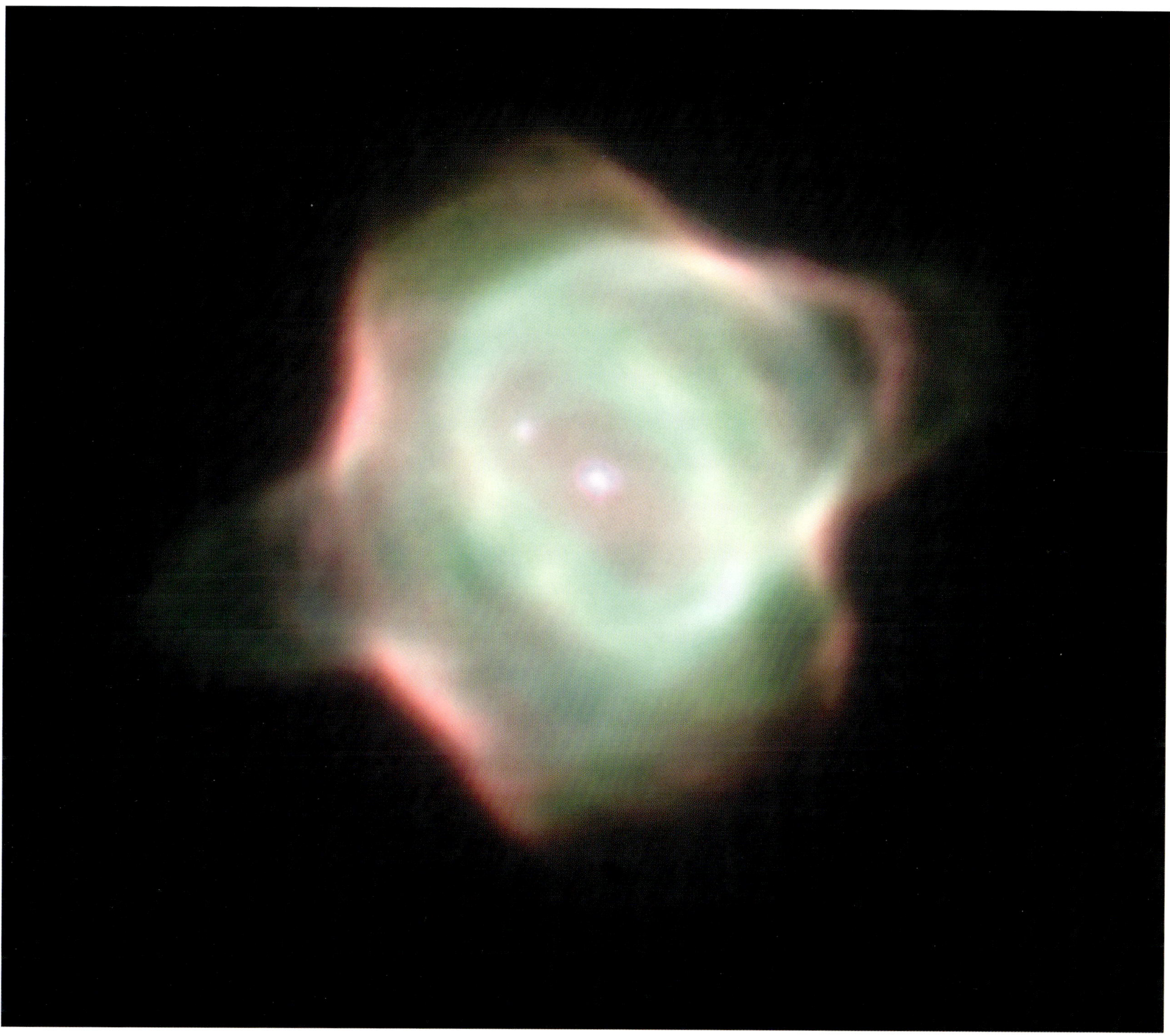

Henize 1357 – der «Stachelrochen-Nebel» (Quelle: M. Bobrowski und NASA).

Der «Eier-Nebel» (Quelle: R. Thompson et al. und NASA).

Linke Seite:
CRL 2688 – der «Eier-Nebel» (Quelle: R. Sahal, J. Trauger und NASA).

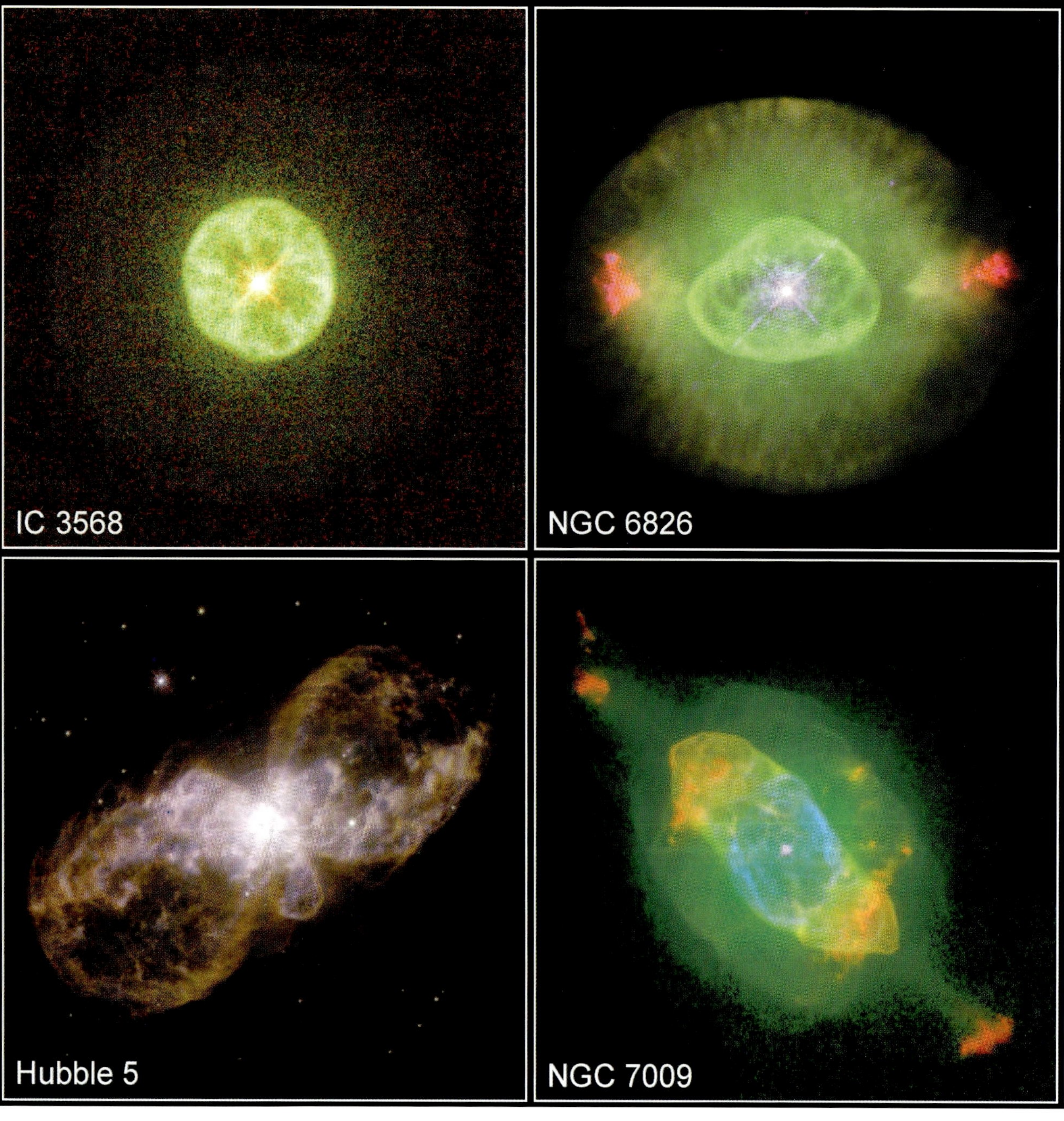

Galerie planetarischer Nebel (Quelle: H. Bond et al. und NASA linke Seite sowie S. Kwok et al. und NASA rechte Seite).

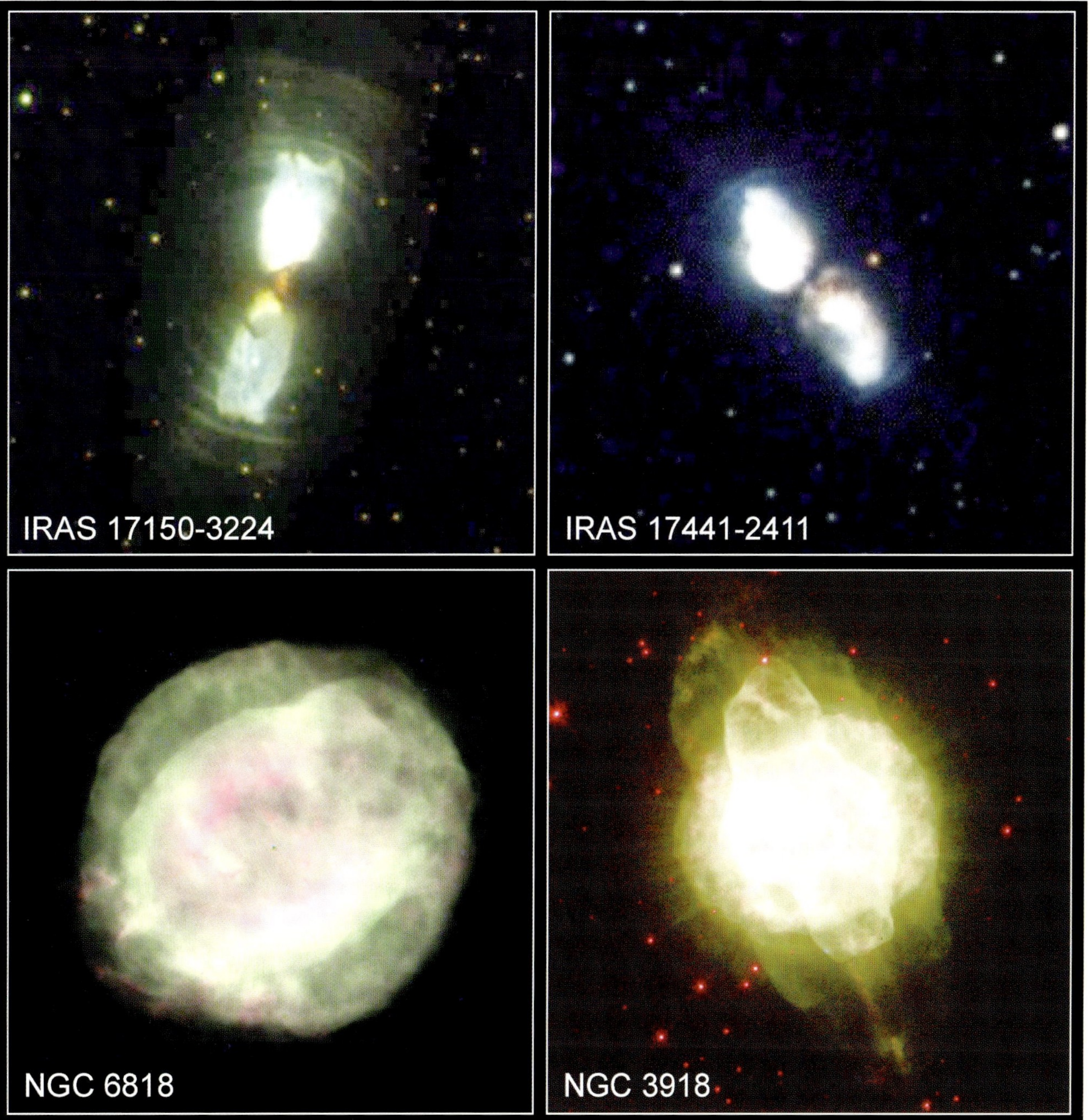
IRAS 17150-3224
IRAS 17441-2411
NGC 6818
NGC 3918

M-9 – Der «Schmetterlings-Nebel» (Quelle: B. Balick und NASA).

Linke Seite:
NGC 5307 (Quelle: H. Bond et al. und NASA).

Linke und rechte Seite: NGC 7027 (Quelle: W. Latter und NASA linke Seite sowie H. Bond und NASA rechte Seite).

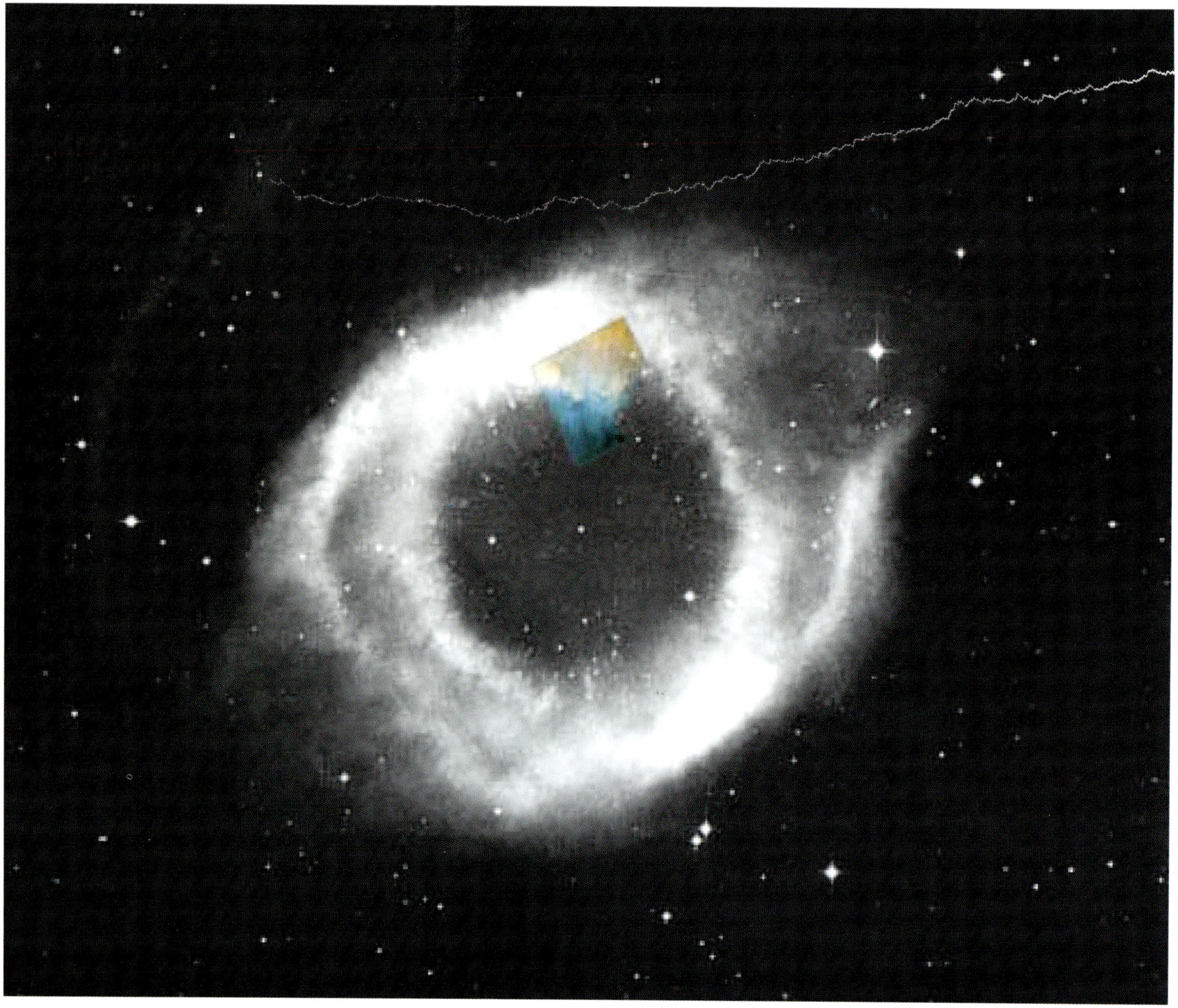

Der «Helix-Nebel» (NGC 7293) (Quelle: C. R. O'Dell und NASA).

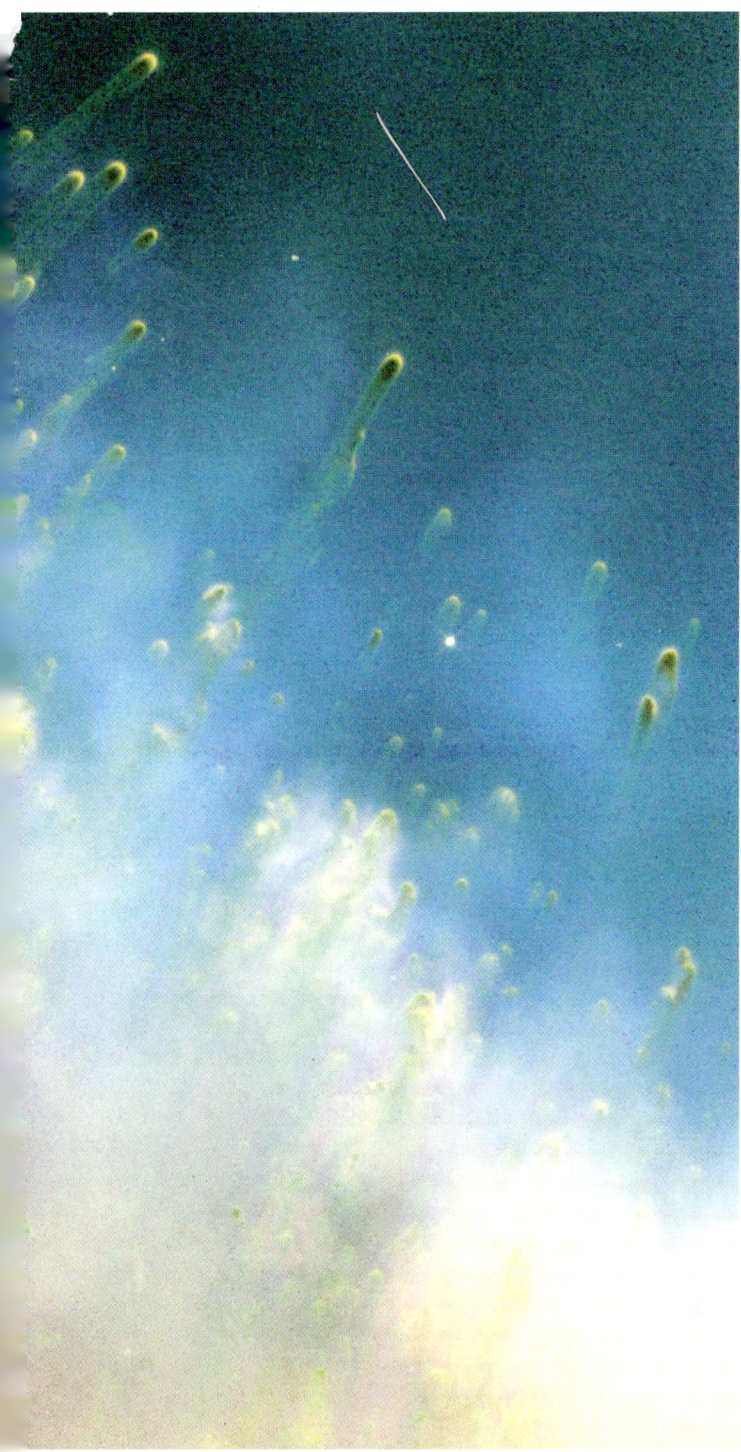

MyCn 18 – der «Sanduhr-Nebel» (Quelle: R. Sahal, J. Trauger und NASA).

zweite Stern dürfte maßgeblichen Einfluß auf die Gestalt des gesamten Nebels haben und könnte zum Beispiel für den Gasring verantwortlich sein. Auch die zwei Symmetrieachsen des Nebels sind wahrscheinlich eine Folge der Doppelnatur des Zentralsterns.

Einen etwas späteren Zeitpunkt in der Entwicklung eines Planetarischen Nebels repräsentiert der «Eier-Nebel» CRL 2688, der eine nur 1000 bis 2000 Jahre dauernde Übergangsphase nach dem Verschwinden des Roten Riesen darstellt – in diesem Fall liegt sie nur ein paar hundert Jahre zurück. Die Bögen in der Nebelstruktur werden als Schalen interpretiert, die der untergehende Stern in Episoden alle 100 bis 500 Jahre abgesondert hat. Zum besseren Verständnis trug aber erst Hubbles neue Kamera NICMOS bei; sie zeigte im nahen Infraroten eine markante Hantel-Struktur, die auf die Wärmestrahlung von heißem molekularem Wasserstoff zurückgeht. Hier kollidiert Materie des sterbenden Sterns im Zentrum des Nebels, die mit rund 100 km/s entlang der Polarachse ausströmt, mit früher ausgestoßenem Gas, das «nur» 20 km/s schnell fließt. Nun erklärt sich auch das seltsame Aussehen des «Eier-Nebels» im sichtbaren Licht: Die Materie in den beiden Strahlen verdunkelt die Zentren der beiden Lichtkegel, die aus dem Inneren des Nebels kommen.

Wie sehen nun ältere Planetarische Nebel aus, und was verraten sie uns über die Endphasen der Sternentwicklung? Das Hubble-Teleskop hat über die Jahre eine wahre Menagerie von Formen und Farben zusammengetragen. Mit ihrer überlegenen Schärfe macht die Hauptkamera Hubbles bekannte Feinstrukturen der Überreste massearmer Sterne mit bisher nie dagewesener Klarheit sichtbar; aber auch neue treten hervor. Die Komplexität der Prozesse am Lebensende eines Sterns wie unserer Sonne – für die teilweise auch unsichtbare Begleiter wie kleine Sterne, Braune Zwerge und große Planeten verantwortlich sein dürften – wird offenkundig. Da gibt es offenbar Tori aus Staub, die Gasabströmungen zu fokussieren scheinen, isolierte Blasen sowie scharfe Strahlen dichteren Gases und manchmal sogar punktsymmetrische Strukturen zu beiden Seiten des Zentralsterns. Zwar hat man seit längerem ein grundlegendes Modell für die Entstehung Planetarischer Nebel: Verschieden schnelle Winde, die der an Brennstoffmangel untergehende Stern in immer rascherer Folge absondert, kollidieren und bilden einen schalenförmigen Nebel; diesen regen schließlich die UV-Photonen des Weißen Zwergs zum Leuchten an, der im Zentrum zurückbleibt. Aber die Vielfalt von Details macht deutlich, daß vieles noch nicht verstanden wird.

Da ist zum Beispiel MyCn18, ein von den beiden amerikanischen Astronominnen Margaret Mayall und Annie Cannon entdeckter Planetarischer Nebel in etwa 8000 Lichtjahren Entfernung. Hubbles Bild zeigt, daß er die Form einer Sanduhr hat, deren Glaswände ein eigentümliches Muster aufweisen. Eine Theorie über die Bildung Planetarischer Nebel besagt, daß eine solche Sanduhrform durch die Expansion eines schnellen, vom Stern ausgehenden Windes in den langsam abströmenden Wind des kühlen Riesen hervorgerufen wird, der am Äquator dichter als an den

Polen ist. Seltsamerweise sitzt der Zentralstern in einer kartoffelförmigen Struktur, deren Symmetrieachse von derjenigen des äußeren Nebels radikal abweicht. Eine solche Asymmetrie ist nur schwer zu verstehen. In der Nähe des Zentrums gibt es zwei kleinere elliptische Ringe, in deren Schnittfläche sich das zentrale Objekt befindet. Die Muster in der äußeren Hülle können durch einzelne Materieauswürfe hervorgerufen oder von einem dichten Materiestrahl geformt worden sein, der mit den «Wänden der Sanduhr» in Wechselwirkung stand. Die gravitative Wechselwirkung eines Begleitsterns kann ebenfalls Ursache von einigen dieser Unregelmäßigkeiten sein.

Auch der Planetarische Nebel NGC 7027, der sich in einer Entfernung von 3000 Lichtjahren im Sternbild Schwan befindet, erscheint als eine ungeheuer komplexe Struktur. In einer Falschfarbendarstellung wirkt er auf den ersten Blick wie ein riesenhaftes Gehirn im Kosmos. Der Zentralstern ist als schwacher Punkt im Zentrum zu erkennen, die helle innere Region wird von einem komplexen Netzwerk roter Staubwolken umgeben. Eine Reihe schwacher konzentrischer blauer Schalen umgibt den Nebel. Auch hier scheint zuerst ein schwacher, episodischer Sternwind die äußeren Schalen erzeugt zu haben. Und dann verlor der Stern alle restlichen Schalen auf einmal, ein katastrophaler Massenverlust, der manchmal «Superwind» genannt wird. Dabei entstand dann die helle, innere Region des Planetarischen Nebels. Die Spätphasen der Masseabgabe waren aber nicht symmetrisch, und es bildeten sich lokale, dichte Staubwolken aus. Auch dieser Nebel wurde mit der NICMOS-Kamera untersucht, die erstmals auch kühles, molekulares Gas rund um das leuchtende heiße enthüllt hat: NGC 7027 entpuppt sich als noch junger Planetarischer Nebel inmitten einer weniger als 1000 Jahre dauernden Entwicklungsphase.

Der «Schmetterlings-Nebel» M2-9 wiederum ist ein typischer bipolarer Planetarischer Nebel, in dessen Zentrum sich ein enger Doppelstern befindet. Der eine Stern hat wahrscheinlich dem anderen Masse entzogen, so daß eine Scheibe vom 10fachen Durchmesser der Pluto-Bahn um die Sonne entstand. Sie zwingt jetzt die mit mehr als 300 km/s von einem der Sterne abströmenden Gase in zwei symmetrische Blasen, ähnlich einem Düsentriebwerk, wobei die zirkumstellare Scheibe hier die Rolle der Düsenwände übernimmt. Wie bereits Beobachtungen mit Teleskopen auf der Erde zeigten, expandiert der 2100 Lichtjahre entfernte Nebel mit der Zeit. Es gibt ihn erst etwa 1200 Jahre. Ein anderer bipolarer Planetarischer Nebel, Hubble 5, ist 2200 Lichtjahre entfernt. NGC 6826 (der «Blinking Planetary») wiederum besitzt klassische Beispiele für FLIERs («Fast, Low Ionization Emission Regions»), zwei Gruppen blutroter Zacken aus Gas, das der sterbende Stern erst vor rund 1000 Jahren ausgestoßen hat. Sie bestehen überwiegend aus Stickstoff.

Interessanterweise ist immer noch nicht klar, ob diese Gasströme von der Polachse oder der Äquatorebene des Zentralsterns (übrigens einer der hellsten eines Planetarischen Nebel überhaupt) ausgehen;

aber die hohe Symmetrie der Struktur überrascht auf jeden Fall. NGC 7009 ist dafür ein anderes Beispiel, das wegen seiner henkelförmigen Gasblasen auch Saturnnebel genannt wird. Hier ist besonders klar zu erkennen, wie diese Gebilde durch sehr scharfe Jets (Materiestrahlen) mit dem Zentralstern verbunden sind. Sehr eindrucksvoll präsentiert sich NGC 5307, wo jede Gasblase auf einer Seite des Zentralsterns ein punktgespiegeltes Gegenstück besitzt. Auch relativ einfach aufgebaute und im wesentlichen kugelförmige Planetarische Nebel wie IC 3568 hat Hubble zum Vergleich abgelichtet, aber selbst dieser hat eine helle innere Schale mit scharfem Rand und eine schwächere, diffuse Hülle. Und NGC 3918 besteht aus einer ungefähr kugelförmigen Hülle, in der aber ein länglicher innerer Ballon sitzt: Hier versucht der schnelle Sternwind mit aller Macht, aus der Hülle auszubrechen.

Darüber hinaus gibt es noch ein wirklich exotisches Phänomen bei den Planetarischen Nebeln: Einer der uns am nächsten gelegenen ist NGC 7293, der «Helix-Nebel» im Sternbild Wassermann (Aquarius) in einer Entfernung von 450 Lichtjahren. Schon auf Fotos, die von der Erde aus gemacht wurden, zeigten sich seltsame «kometenförmige Strukturen», die auf den Hubble-Bildern jedoch in die Tausende gehen – es sind etwa 3500 dieser Objekte sichtbar, aber ihre Gesamtzahl dürfte noch weit darüber liegen. Jeder der «Köpfe» dieser gasförmigen Strukturen hat Dimensionen, die mehr als das Doppelte des Sonnensystems betragen! Jeder Schweif erstreckt sich über das Tausendfache der Entfernung von der Erde zur Sonne. Die Knoten haben photoionisierte Oberflächen, ihre Hüllen leuchten also unter dem Beschuß energiereicher Strahlung. Aber innen bestehen die Knoten aus neutralem Gas und das nicht zu knapp. Der typische Kometare Knoten hat eine Dreißigtausendstel Sonnenmasse, das heißt, alleine die 3500 sichtbaren Objekte haben zusammen etwa ein Zehntel der Masse unserer Sonne – und das ionisierte Gas im Nebel bringt kaum mehr auf die Waage! Die seltsamen Knoten sind also ein wichtiger Bestandteil dieses Planetarischen Nebels und wohl ein generelles Phänomen dieser Sternruinen – aber wo kommen sie her und wo gehen sie hin?

Theoretisch sind solche Strukturen vermutlich so zu erklären, daß ein vom Zentralstern ausgehender Wind aus heißem Gas und von hoher Geschwindigkeit mit dem dichteren, kühleren Material des Planetarischen Nebels in Wechselwirkung tritt, das vor etwa 10 000 Jahren ausgeworfen wurde. Die dadurch verursachten Instabilitäten sollen dann zu der Ausbildung der wundersamen «Kometen» geführt haben. Leider lassen sich diese Vorgänge noch nicht befriedigend im Computer rechnen. Womöglich spielten bei der Entstehung der Knoten auch als Kondensationskeime Objekte eine Rolle, die es schon zu Lebzeiten des Sterns gab. Sind sie bei seiner Bildung zurückgeblieben, oder handelte es sich gar um eine Art Wolke aus gigantischen Kometenkernen? Und was wird in Zukunft aus den Kometaren Knoten? In ihnen steckt so viel neutrales Gas, daß sie den Streß des Planetarischen Nebels überstehen und als kompakte, womöglich sogar feste Körper zurückbleiben dürften. Dies wiederum könnte auch schon manchem anderen alten Planetarischen Nebel widerfahren sein. Das interstellare Medium würde damit aus einer weiteren wichtigen – aber weitgehend unsichtbaren – Komponente bestehen.

Wenn alle sterbenden Sterne solche Objekte bilden würden, dann könnten sie sogar einen nennenswerten Teil der «Dunklen Materie» des Kosmos ausmachen, nach der in der Kosmologie gesucht wird. Planetarische Nebel sind auch in anderer Beziehung nicht nur schön anzuschauen, sie spielen auch – neben Supernova-Überresten – eine wichtige Rolle beim Kreislauf schwerer Elemente in der Galaxis. Je nach ihrer Größe werfen sterbende Sterne Sauerstoff, Eisen, Kohlenstoff usw. in den Raum, ohne die es kein Leben gäbe. Die Formenvielfalt der Planetarischen Nebel spiegelt also in gewisser Weise auch die Vielfalt der Sterne wider, denen wir insgesamt unsere Existenz verdanken. Und sie zeigen uns auch, wie es hier in einigen Jahrmilliarden aussehen wird: Zwar könnte wohl niemand den Untergang unserer Sonne überleben, aber wer zu ihr (oder zu dem, was davon übrig ist) zurückkehrt, wenn sich die Dinge stabilisiert haben, der könnte einen Planetarischen Nebel von innen bewundern – vielleicht so komplex wie auf den Hubble-Bildern. «Der Himmel würde Farben besitzen und Jets, Blasen und Ringe und Lichtknoten», verspricht Howard Bond vom Space Telescope Science Institute, der für viele der Hubble-Aufnahmen verantwortlich war: «Das wird ein spektakulärer Nachthimmel sein!»

Späte Sternentwicklung: alte Paare

Zwergnovae, klassische Novae, rekurrierende Novae, symbiotische Sterne: Allen diesen Objekten ist gemeinsam, daß sie aus einem Sternenpaar bestehen. Beide Sterne umkreisen einander mit Umlaufperioden von Stunden bis zu vielen Jahrzehnten. Der eine dieser Sterne ist – wie schon im vorhergehenden Abschnitt diskutiert – ein Weißer Zwerg, ein Stern, der sich aus einem Roten Riesen entwickelt hat, ein Stern, so groß wie die Erde, so massereich wie die Sonne, ein Stern, der all seinen Wasserstoff verbraucht hat und jetzt als Kugel aus Helium, Kohlenstoff und Sauerstoff langsam abkühlt. Nach Jahrmillionen wird ein solcher Weißer Zwergstern sich in einen Schwarzen Zwerg verwandeln und unseren Blicken für immer entschwinden. Hat ein solcher Stern einen nahen Begleiter, so kann seine gewaltige Schwerkraft aus den äußeren Schichten des Zwergbegleiters wasserstoffreiche Materie aussaugen. Im Fall eines Riesenbegleiters, der gewöhnlich einen starken Sternwind hat, kann der Weiße Zwerg Materie aus dem Wind akkretieren, das heißt wieder einfangen. Sie kann aber nicht einfach auf den anderen Stern stürzen, sein Drehimpuls verhindert dies. Vielmehr wird sich die Materie in einer Scheibe um den zweiten Stern sammeln, von der aus sie dann langsam auf die Oberfläche des Weißen Zwerges herunterregnen kann. So wie ein Wasserozean die Erdoberfläche bedecken kann, so bedeckt der Wasserstoff den Weißen Zwerg. Wasserstoff ist jedoch ein Brennmaterial.

Hat sich eine kritische Menge davon angesammelt und ist die Dichte am «Meeresboden» etwa auf das Zehntausendfache der Dichte von Wasser angestiegen, so zündet sie schlagartig wie eine Wasserstoffbombe und wird mit Geschwindigkeiten von bis zu einigen 1000 km/s in den Raum hinausgeschleudert, wobei sich die Helligkeit kurzfristig um das 1000- bis 100000fache erhöhen kann. Solche Explosionen beobachten die Astronomen und nennen sie eine Nova – eigentlich eine falsche Bezeichnung, denn ein «stella nova» (lateinisch: neuer Stern) ist hier ja nicht entstanden, es sieht nur so aus. Das Hubble-Teleskop hat eine solche klassische Nova beobachtet: Die Nova Cygni 1992 alias V1964 Cygni (das ist der offizielle Name im Veränderlichenkatalog) wurde in den frühen Morgenstunden des 19. Februar 1992 von Peter Collins, einem Amateurastronomen in Boulder (Colorado, USA), entdeckt. Der Ausbruch wurde intensiv mit Teleskopen von der Erde und vom Weltraum aus verfolgt. Die Hubble-Direktaufnahme wurde knapp zwei Jahre nach der Explosion geschossen. Auf ihr konnte man die ausgeschleuderte Hülle deutlich sehen, die eine ringförmige Struktur mit einem Durchmesser von etwa 163 Milliarden Kilometern hat. Während man annimmt, daß sich die Ausbrüche klassischer Novae etwa alle paar Jahrtausende wiederholen, braucht man im Fall rekurrierender Novae nicht so lange zu warten: Zwischen 10 und 100 Jahren beträgt die typische Wiederkehrzeit eines solchen Ausbruchs.

Eine sehr eigentümliche rekurrierende Nova ist T Pyxidis, ein schwacher Stern im südlichen Sternbild «Schiffskompaß», der etwa 6000 Lichtjahre von uns entfernt ist. Seit seiner Entdeckung ist sie fünfmal aufgeleuchtet – 1890, 1902, 1920, 1944, und 1966 (und manche Astronomen warten sehnsüchtig auf den nächsten Ausbruch). Diese häufige Wiederkehr von Ausbrüchen und die Tatsache, daß dabei sehr viel Material abgegeben wird, macht T Pyx zu einem interessanten Testfall. Nacheinander abgeschleuderte Schalen stehen in Wechselwirkung miteinander, und es kommt zu Klumpungen. Mehr als 2000 einzelne Klumpen, jeder etwa von der Größe des Sonnensystems, finden sich in einem Gebiet von rund einem Lichtjahr Durchmesser. Nur noch eine weitere Nova scheint eine so komplexe Hülle zu zeigen: GK Persei, ein «neuer Stern», der im Jahre 1901 aufleuchtete. Diese Nova Persei schleuderte möglicherweise ihre Hülle in das Material des sie umgebenden fossilen Planetarischen Nebels. Dieser Nebel wurde ausgestoßen, als sich aus einem Roten Riesen im Doppelsternsystem von GK Per ein Weißer Zwerg bildete, wie wir ihn jetzt beobachten. Da diese planetarische Hülle – die einige 100 000 Jahre um einen Weißen Zwerg nachzuweisen ist – bei GK Per noch vorhanden ist, haben wir es hier mit einer sehr jungen «Nova» zu tun. Die meisten anderen der bislang bekannten 200 Novae in unserer Milchstraße sind wesentlich älter.

Das Vermächtnis einer Nova: Mit einer Wolke aus 2000 kleinen Gasblasen hat sich die wiederkehrende Nova T Pyxidis umgeben, die bei wiederholten Explosionen Gas in den Raum geblasen hat. Der Zusammenstoß unterschiedlich schneller Gasschalen dürfte zu Instabilitäten und schließlich zur Klumpenbildung geführt haben (Quelle: Shara et al. und NASA).

Häufig findet man in rekurrierenden und symbiotischen Novae die Sternkombination Weißer Zwerg plus Roter Riese. Dieser Rote Riese kann auch in seiner Helligkeit veränderlich sein; man sagt, er ist ein Veränderlicher vom Mira-Typ. Die Veränderlichkeit von Mira (lat. «die Wunderbare») im Sternbild Walfisch, auch als «Omikron Ceti» bezeichnet, wurde am 13. August 1596 von dem friesischen Astronomen David Fabricius entdeckt. Er pulsiert mit einer Periode von 332 Tagen und schleudert durch seinen kräftigen Sternwind große Mengen Gas und feste Teilchen in den Raum. Vor einigen Jahrzehnten wurde nachgewiesen, daß auch Mira einen Weißen Zwerg als Begleiter hat. Dieser umkreist den Riesen in einem Abstand, der etwa das Siebzigfache der Entfernung Erde – Sonne beträgt, ist

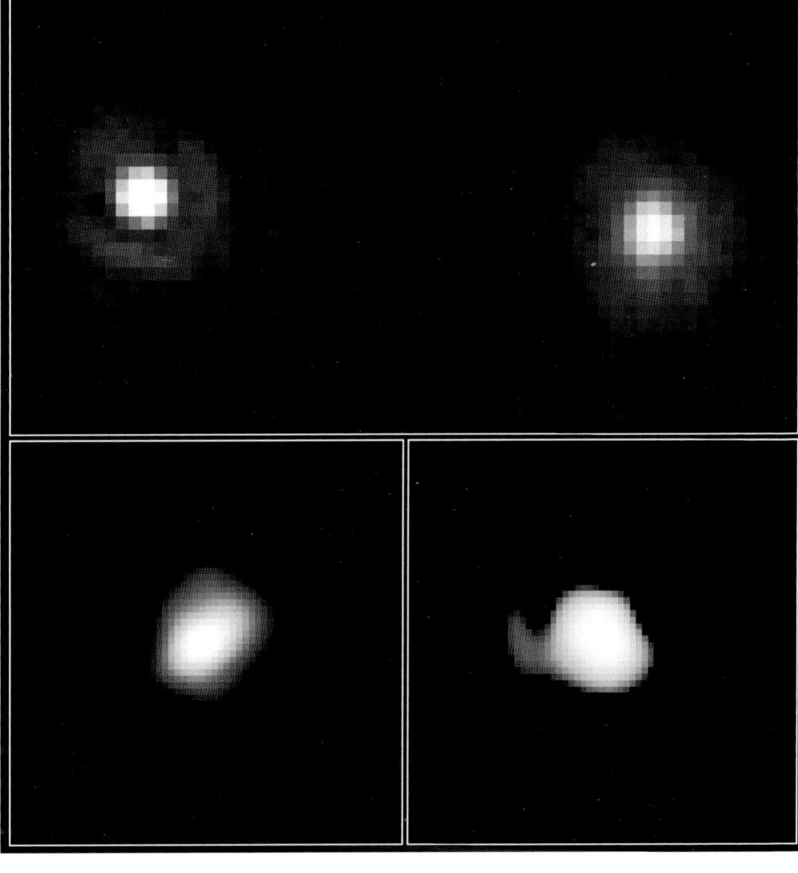

Der kühle Riesenstern Mira (Omikron Ceti) aus der Nähe: Oben erscheint der Stern (rechts) von einem nahen Begleiter (der Abstand beträgt 0,6 Bogensekunden oder 10 Milliarden Kilometer) getrennt, unten wird Mira mit Bildverarbeitungstricks als kleines Scheibchen aufgelöst. Der Stern ist offensichtlich im Sichtbaren (links) keine Kugel, sondern erinnert eher an einen amerikanischen Football – und im Ultravioletten (rechts) ist auch noch ein Gaswölkchen zu erkennen, das in Richtung des Begleitsterns weist (Quelle: Karovska und NASA).

ihm also nahe genug, um etwas von dem «Abfall» des Riesensterns aufsammeln zu können. Seine Entfernung von uns beträgt etwa 400 Lichtjahre. Das Hubble-Teleskop hat Direktaufnahmen im ultravioletten und sichtbaren Licht gemacht, die deutlich die beiden Sterne und eine mögliche Wechselwirkung zeigen. Wenn die Scheibe von Mira selbst durch Bildrekonstruktionsmethoden in höherer Auflösung erscheint, kann man in der Ultraviolettaufnahme eine kleine hakenförmige Struktur in Richtung des Begleiters erkennen: Material von Mira, das durch die Schwerkraft zum Weißen Zwerg gezogen wird? Oder vom Weißen Zwerg aufgeheiztes Material in der Atmosphäre von Mira?

Im sichtbaren Licht hat Mira eine ellipsoidische Form, ist also einem amerikanischen Football ähnlich. Ob dies durch die Pulsation oder die Temperaturverteilung (Sternflecken) verursacht wird, ist nicht klar. Der Durchmesser beträgt etwa 0,06 Bogensekunden, was einem Durchmesser vom 700fachen des Sonnendurchmessers entspricht. Wäre Mira an der Stelle der Sonne, würde er die Bahnen von Merkur, Venus, Erde und Mars einschließen, seine Oberfläche läge bei zwei Dritteln der Jupiterentfernung. Auch mehrere enge Verwandte von Mira hat Hubble auf ihre Form hin untersucht, aber nicht mit einer der Kameras, sondern mit den Fine Guidance Sensoren, die eigentlich der präzisen Ausrichtung des Satelliten dienen. Diese Geräte messen die Positionen von Sternen im Gesichtsfeld mittels interferometrischer Methoden ultragenau und haben eine effektive Winkelauflösung von 1/100 Bogensekunde. Durch ihren geschickten Einsatz gelang es, die Ei-Form von zwei weiteren Mirasternen nachzumessen, die bereits mit erdgebundener Interferometrie entdeckt worden war. Das Scheibchen von R Leonis ist demnach 0,07 x 0,08 Bogensekunden, das von W Hydrae 0,08 x 0,09 Bogensekunden groß. In der Realität entsprechen die Ausmaße beider Sterne rund 1,3 x 1,45 Milliarden Kilometern. Die gemessene Abplattung könnte einerseits echt sein und mit den starken Pulsationen der Mirasterne zusammenhängen – oder sie wird durch gigantische dunkle Sternflecken vorgetäuscht.

Planeten fremder Sterne?

Ein Planet für Beta Pictoris?

Für die Suche nach Planeten fremder Sonnen war das Hubble-Weltraumteleskop nie wirklich ausgerüstet worden, doch ein paar seiner zahlreichen Beobachtungen haben auch zu diesem überaus populären Thema Beiträge geliefert. Die Entdeckung im Orionnebel zum Beispiel (Seite 97), daß jeder zweite junge Stern von einer Scheibe umgeben ist, in der vielleicht einmal Planeten entstehen können, sorgte für großen Optimismus. Aber schon der nächste Schritt ist viel schwieriger. Nur zwei Staubscheiben um ältere Sterne sind bisher entdeckt worden, die im sichtbaren Licht zu erkennen sind. Die Scheibe um den Stern Beta Pictoris ist der bei weitem beeindruckendste Fall. Seit ihrer Entdeckung 1984 ist sie mit einer Vielzahl von Kamerasystemen der großen Teleskope auf der Erde untersucht worden und natürlich auch von Hubble. Die erste Erkenntnis des Weltraumteleskops: Die Scheibe ist noch flacher, als sie nach den Bildern von der Erde aus schien. Das bedeutete, daß die Scheibe – die wir nahezu exakt von der Seite sehen – schon ziemlich alt sein mußte. Der Staub hatte mehr Zeit, sich zu sammeln. Und in einer so dünnen Scheibe ist auch die Wahrscheinlichkeit größer, daß sich bereits aus den Teilchen größere Brocken gebildet haben.

Unser Sonnensystem könnte einmal so ähnlich ausgesehen haben, als die Bildung der Kometen und Planeten gerade erst begann – und es gibt zunehmend Hinweise, daß zumindest die ersten Phasen der Planetenbildung in der Scheibe von Beta Pictoris schon im Gange sind. Die Existenz der Scheibe selbst ist ein Argument, denn eigentlich müßte sie sich durch Kollisionen der Staubteilchen untereinander bereits wieder selbst zerstört haben. Daher liegt die Annahme nahe, daß sich schon die ersten größeren Klumpen gebildet haben, die laufend Staub nachliefern. Oder gibt es bereits ausgewachsene Himmelskörper in Beta Pictoris' 300 Milliarden Kilometer großer Staubscheibe? Einen Hinweis darauf lieferte eine weitere Entdeckung Hubbles: Der Innenbereich der Scheibe ist nämlich verbogen, wie eine WFPC-2-Aufnahme zeigte – und ein Planet mit grob geschätzt einer Jupitermasse könnte genau diesen Effekt bewirken. Indem er auf einer leicht geneigten Ebene inmitten der Scheibe seine Bahn zöge, würde er immer wieder aufs neue ein Wellenmuster anregen.

Allerdings war der Umkehrschluß aus der Scheibenbiegung auf Eigenschaften und Bahn des mutmaßlichen Planeten extrem ungenau. Sein Bahnradius konnte irgendwo zwischen 150 Millionen und 4,5 Milliarden Kilometern liegen und auch seine Masse zwischen 1/20 des Jupiters und 20 Jupitermassen. Es war noch eine alternative Erklärung erlaubt, daß nämlich ein Stern vor kurzem ganz in der Nähe der Scheibe vorbeigeflogen ist und die Verkrümmung – in diesem Fall nur eine zeitweise – zurückließ. Auch als die Scheibe schließlich mit der idealen Kamera untersucht wurde, die Beta Pictoris selbst abdeckte, wurde das Bild nicht klarer. Zwar ließ sich die Verbiegung nun noch näher an den Stern heran verfolgen, aber jetzt waren sogar schon drei Interpretationen möglich. Es

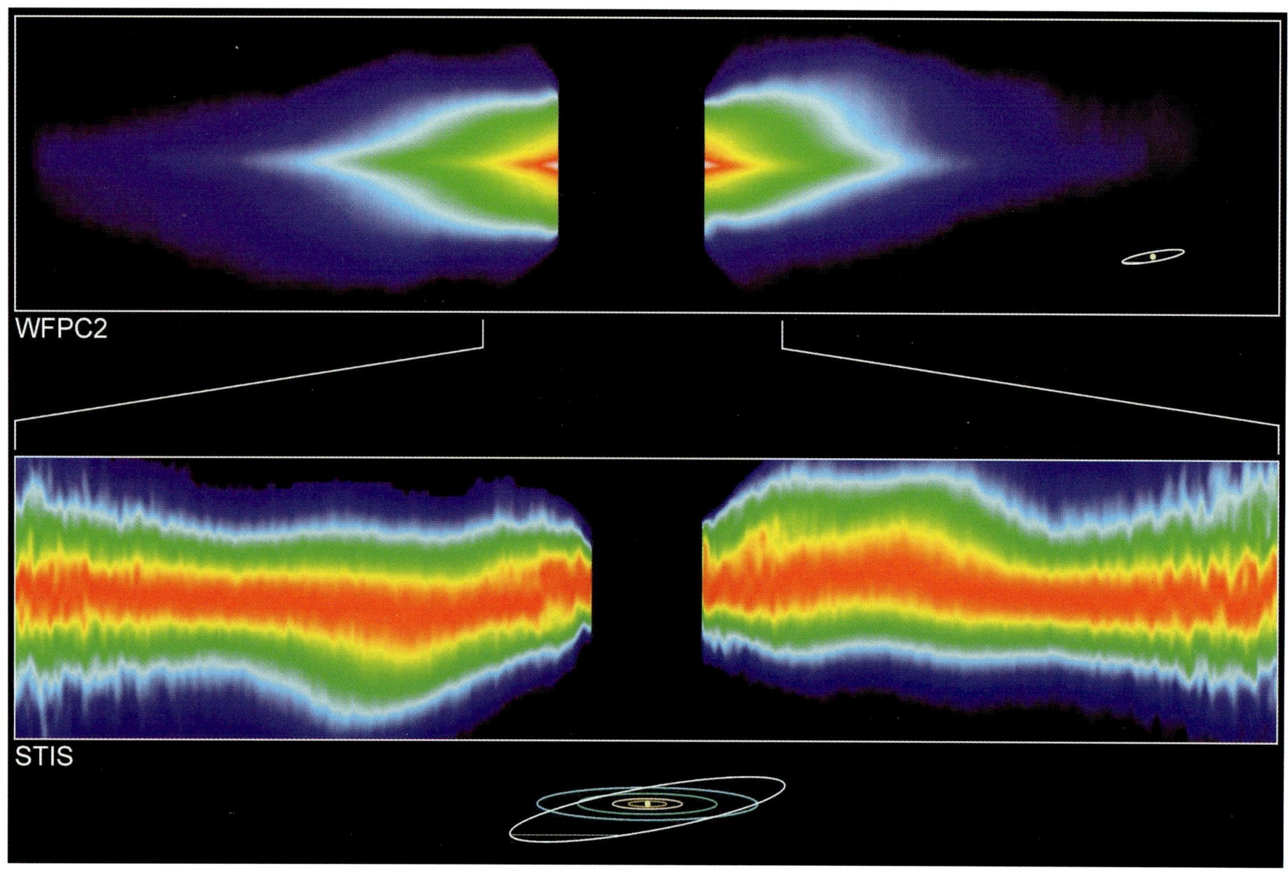

Die verbogene Staubscheibe von Beta Pictoris – haben die WFPC2 und STIS die Wirkungen eines planetaren oder anderweitigen Begleiters aufgespürt? Die Beobachtungen der lichtschwachen Scheibe beiderseits des hellen Sterns waren erschwert. Dennoch konnten sie und ihre – wie man nun sieht – erhebliche Verbiegung näher an den Stern heran verfolgt werden (Quelle: Burrows & Christ/Schultz/Heap und NASA).

könnte der hypothetische Planet sein, der biegt, oder aber ein Brauner Zwerg in einem Orbit um Beta Pictoris mit viel größerem Abstand oder ein einmalig vorbeigezogener Stern. Auszuschließen war wenigstens, daß die Scheibenverbiegung ganz von selbst, also nur durch starke Strahlung des Sterns, aufgetreten ist.

Braune Zwerge und Riesenplaneten

Manchmal gibt es aber auch direkt etwas zu sehen: Bei Drucklegung des Buches war zum Beispiel die Bedeutung von Hubble-Aufnahmen noch noch nicht ganz klar, die einen schwachen Lichtpunkt neben dem unserer Erde nächstgelegenen Stern Alpha Centauri C alias Proxima Centauri zeigen; einen Lichtpunkt, der sich binnen 3 Monaten weiterbewegte. Wenn dies kein bizarres Kamera-Artefakt ist, dann handelt es sich entweder um einen Planeten mit mindestens 10 Jupitermassen oder aber um einen Braunen Zwerg. Mit anderen Methoden wurde bisher kein Begleiter von Proxima Centauri gefunden. Insbesondere zeigt er keine periodische Verschiebung seiner Spektrallinien, die der Schwerkraftzug des Planeten bewirken müßte. Genau dieses rhythmische Vor und Zurück eines Sterns unter dem Einfluß eines großen Planeten ist aber die Methode, mit der alle bisherigen Planeten fremder Sterne aufgespürt wurden. Viel-

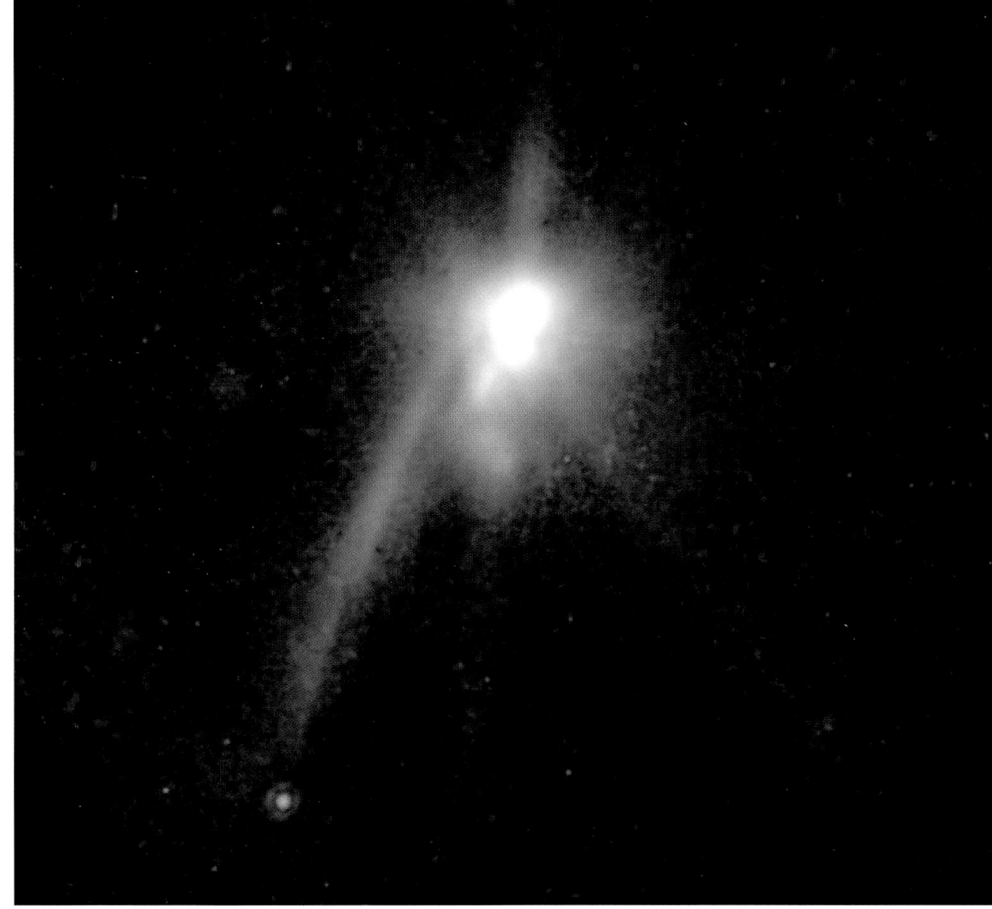

Der Doppelstern TMR-1A/B (oben rechts) und der vermutlich von ihm weglaufende Protoplanet TRM-1C (oben links) - verbunden durch einen 200 Milliarden Kilometer langen Gasschweif (Quelle: S. Treby und NASA).

leicht ist die Bahn des Begleiters stark elliptisch, so daß der Effekt nur für kurze Zeit während seines Orbits auftreten würde, aber das halten Theoretiker für reichlich unwahrscheinlich. Nun, die Untersuchungen des Sterns gingen weiter, aber daß es sich bei dem geheimnisvollen Begleiter Proxima Centauris um einen Planeten handelt, wurde immer mehr in Zweifel gezogen.

Ein extrasolarer Planet – erstmals photographiert?

Vielmehr wurde Ende Mai 1998 der Öffentlichkeit ein anderes Bild eines mutmaßlichen Planeten präsentiert. Entstanden war es bereits Mitte 1997, aber die Brisanz der Entdeckung wurde erst spät entdeckt. Die knapp zehn bisher mit indirekten Methoden nachgewiesenen Planeten ferner Sonnen kreisen alle viel zu nahe um ihr Zentralgestirn, als daß Hubble sie jemals sehen könnte. Aber der neue Kandidat könnte eine Ausnahme machen: Er befindet sich an einem viel besser einsehbaren, wenngleich unerwarteten Ort, mindestens 1400mal so weit entfernt von seinem Muttergestirn wie die Erde von der Sonne. «TMR-1C» erfüllt strenggenommen auch nicht alle Kriterien eines Planeten, denn er umkreist sein mutmaßliches Zentralgestirn nicht mehr, sondern scheint diesem Doppelsternsystem namens TMR-1 A und B entwichen zu sein. Die Sterne befinden sich in einem Sternentstehungsgebiet im Stier (Taurus Molecular Ring), und man schätzt ihr Alter auf nur einige hunderttausend Jahre.

Alle weiteren Schlußfolgerungen sind nur gültig, wenn TMR-1C zur gleichen Zeit wie die beiden Sterne entstanden ist. Der mutmaßliche Planet folgte in diesem Doppelsternsystem offenbar einer so verschlungenen Bahn, daß er schließlich in den interstellaren Raum katapultiert wurde. Falls das Alter des schwachen Objekts ähnlich dem von TMR-1 A und B ist und falls sie wirklich zusammengehören, dann haben wir es mit einem Protoplaneten von nur 2 bis 3 Jupitermassen zu tun: Er strahlt deswegen im eigenen (Infrarot-)Licht, weil er noch kontrahiert und daher ziemlich warm ist. Freilich könnte TMR-1C auch ein älteres Objekt sein und damit weit massereicher und eher ein Brauner Zwerg. Die Wahrscheinlichkeit liegt bei etwa 2%, daß das Objekt gar nicht Teil des Sternentstehungsgebietes ist, sondern nur zufällig an der verdächtigen Position steht – so gesehen, könnte es sogar ein gewöhnlicher ferner Stern sein.

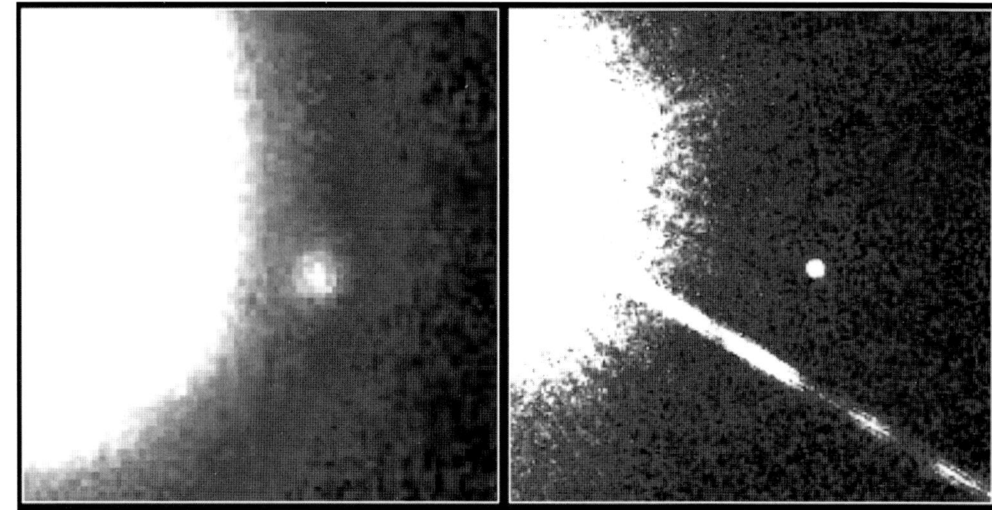

Als nächstes sollten mit den Keck-Teleskopen Spektren der schwachen Quelle aufgenommen werden, um ihre Natur zu klären, auch das leuchtende Filament wird näher untersucht. Und man wird versuchen, die Eigenbewegung des Objekts am Himmel zu messen: Läuft es in der richtigen Richtung vom Doppelstern fort? Wenn sich der Protoplanet als echt erweisen sollte, dann wäre es eine fundamentale Entdeckung - die sogar eine Bedeutung für die Entstehung unseres eigenen Planetensystems hätte. Denn einen jupitergroßen Planeten, der nur ein paar 100 000 Jahre alt ist, sollte es nach dem Standardmodell der Planetenentstehung eigentlich gar nicht geben, denn die Gasriesen benötigen Jahrmillionen zum langsamen Wachsen. Allerdings gibt es schon länger eine alternative Hypothese: Danach können die Gasriesen fast schlagartig aus einer Gasscheibe um einen ganz jungen Stern ausklumpen, binnen nur hundert Jahren nach dem Einsetzen von Instabilität in der Scheibe. Nur ein solcher Mechanismus könnte einen so jungen Planeten wie TMR-1C produziert haben.

Die Grenzen zwischen Riesenplaneten und Braunen Zwergen sowie zwischen diesen «gescheiterten Sternen» und den kleinsten echten Sternen sind nicht immer klar zu erkennen. Mancher schwache Lichtpunkt am Himmel ist schon von einer Kategorie in die benachbarte gewandert. Zuweilen liegt das an neuen Definitionen, die sich in der Astronomie durchsetzen, manchmal aber auch an neuen Beobachtungen bestimmter Eigenschaften der Objekte – und hier kann Hubble häufig wichtige Details liefern. Eine besondere Rolle spielt dabei der Braune Zwerg Gliese 229B, der zwar vom Erdboden aus entdeckt wurde, aber erst von Hubble wirklich als Individuum untersucht werden konnte. Das Objekt, Begleiter eines normalen Sterns, hat nur 1/500 000 bis 1/250 000 der Leuchtkraft unserer Sonne: Ein so schwächlicher Lichtpunkt wurde noch in einer Umlaufbahn um einen anderen Stern aufgespürt! Daß es sich um einen Braunen Zwerg handelt, verrät sein Spektrum, das dem des Planeten Jupiter ähnelt. Denn es gibt hier eine Menge Methan, was wiederum beweist, daß die Oberflächentemperatur von GL 229B bei 600 bis 700°C liegt. Außerdem enthält die Atmosphäre des Objekts so viel Wasser, wie es noch bei keinem noch so kühlen echten Stern gesehen wurde. Die Masse von Gliese 229B liegt bei 4 bis 6 Prozent einer Sonnenmasse.

Eindeutig ein Zwergstern ist dagegen Gliese 106C, der mit einem viel helleren Stern ein Paar bildet. Hubble konnte den Schwächling sicher neben dem grellen Hauptstern abbilden und den Doppelstern genauer vermessen, als es vorher möglich war: Die Masse von GL 105C liegt zwischen 8 und 9 Prozent der Masse unserer Sonne. Das liegt nur noch knapp oberhalb des unbedingt erforderlichen Minimums für eigene Energieerzeugung durch Kernfusion, und die Leuchtkraft des Sternchens ist entsprechend gering. Würde man ihn an den Platz der Sonne stellen, dann wäre er nur noch viermal so hell wie der Vollmond. Und seine Oberflächentemperatur beträgt gerade einmal 2300°C.

Der Braune Zwerg Gliese 229B – zwar nicht von Hubble entdeckt (das gelang bereits mit einem 1,5-Meter-Teleskop auf der Erde; links), aber besonders scharf abgebildet (rechts). Der kleine Begleiter von Gliese 229 hat nur die 20- bis 50fache Masse des Planeten Jupiter. Ein Bild, ähnlich diesem, aber mit einem *echten* Planeten, vielleicht sogar erdähnlich, möchte die NASA im kommenden Jahrhundert präsentieren können, und die Teleskope, die es liefern könnten, werden bereits geplant (Quelle: Nakajima et al. und NASA).

Am Rande des Sonnensystems

Die ersten ausgiebig analysierten Bilder, die etwas auf der Oberfläche des fernen Planeten Pluto zeigen: Die Originalaufnahmen Hubbles (kleine Bilder oben) sind nur wenige Bildpunkte groß. Erst wenn viele gemeinsam in den Computer gesteckt werden, kommen aussagekräftige Bilder wie die beiden großen heraus (Quelle: Stern & Buie und NASA).

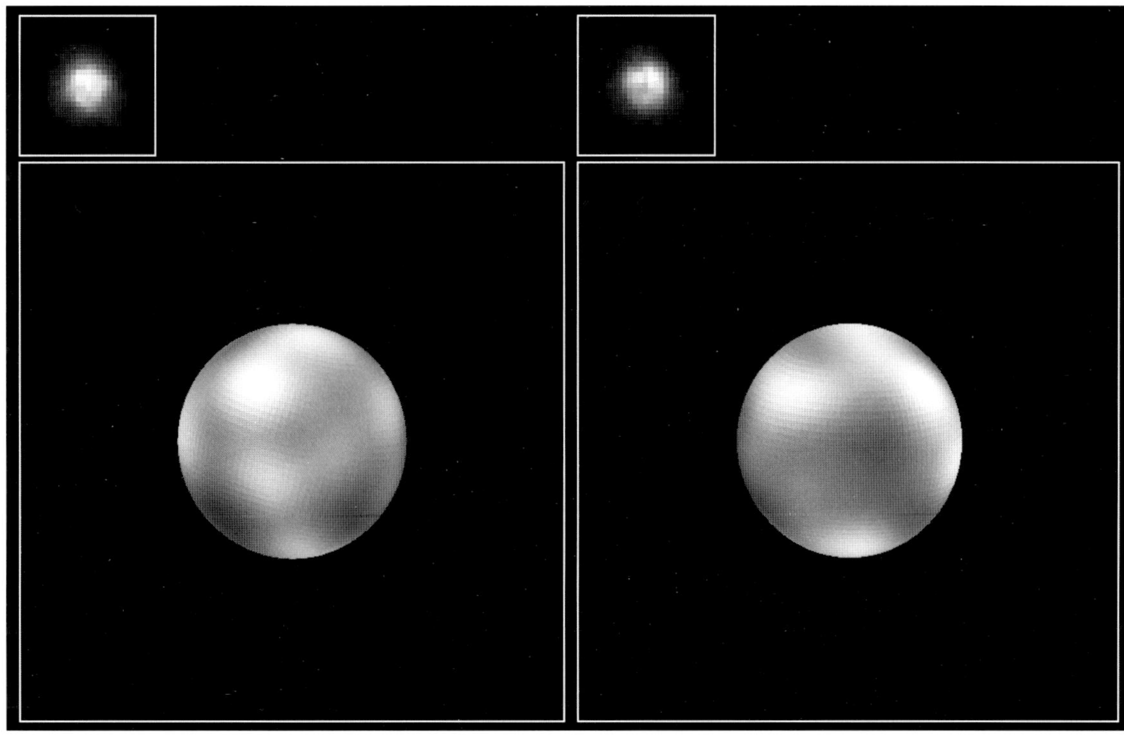

Pluto

Der fernste «richtige» Planet unseres Sonnensystems, der erst 1930 entdeckte Pluto, erwies sich für Hubble von Anfang an als eine harte Nuß. Mit einem Winkeldurchmesser von nur 1/10 Bogensekunde ist er kaum größer als die einzelnen Bildelemente von Hubbles Kameras, und vor der Optikreparatur war der Planet lediglich ein Lichtfleck ohne jedes Detail. Doch bald nachdem Hubble seine Brille bekommen hatte, hatten Wissenschaftler der ESA Aufnahmen des Pluto geschossen, die erstmals helle und dunkle Regionen erkennen ließen. Das Ergebnis wurde auch veröffentlicht, allerdings in einer Fachzeitschrift für Astrophysik und in erster Linie als Leistungsbeweis der Kamera mit der neuen Vorsatzoptik. Zu einer weitergehenden Auswertung der Bilder für die Pluto-Forschung kam es vorerst nicht. Die besorgte zwei Jahre später ein amerikanischer Planetenforscher, der ebenfalls 1994 eine ganze Serie von Plutobildern aufgenommen hatte. Nun lag eine wesentlich aufwendigere Analyse der wenigen hellen und dunklen Bildpunkte vor. Aus der ganzen Serie war ein Modell-Pluto berechnet, eine Karte erstellt und das Ganze anschließend auf eine Kugel zurückprojiziert worden.

Als die amerikanischen Bilder Anfang 1996 plötzlich als die ersten Aufnahmen Plutos präsentiert wurden, die jemals «signifikante Details» gezeigt hätten, führte das bei der ESA zu einiger Verwunderung. Die *Rohbilder* des Amerikaners waren nämlich nicht besser als die europäischen, nur die Analyse erwies sich als ausgereifter. Später sollte die NASA argumentieren, erst nach dieser Spezialauswertung seien die schemenhaften Hell- und Dunkelgebiete wirklich glaubwürdig. Aber die europäische Veröffentlichung konsequent zu verschweigen, war ein arger Lapsus gewesen. Wie auch immer: Was man auf den Pluto-Bildern sah, war zum einen, daß der Planet eine helle Polkappe im Norden besitzt. Er ist ferner von einem

Netzwerk heller und dunkler Gebiete überzogen, wie sie in dieser Ausprägung bei keiner anderen Eiswelt des Sonnensystems zu finden sind. Was physisch dahintersteckt, läßt sich aus den Bildern allein nicht schließen: Es könnten lavagefüllte Bassins und frische Einschlagskrater sein (wie auf dem Mond der Erde), oder es handelt sich überwiegend um eine unregelmäßige Frostschicht, die aus Plutos Atmosphäre ausgefroren ist. Die hellsten Gebiete haben immerhin ein Rückstrahlvermögen wie frischer Schnee, die dunkelsten scheinen erheblich verunreinigt zu sein.

Zweifel an den Transneptunen

Von einer aufsehenerregenden Hubble-Entdeckung am Rande des Sonnensystems galt es hingegen wieder, Abschied zu nehmen, denn sehr wahrscheinlich ist es doch nicht geglückt, große Mengen Kometenkerne im Kuiper-Gürtel abzubilden. Dies wäre äußerst nützlich gewesen, um eine Lücke zu schließen. Dort, jenseits vom Neptun, gibt es den großen, einsamen Pluto (2300 km Durchmesser), Zehntausende Transneptune mit Durchmessern von einigen 100 km (von ihnen sind allerdings erst gut 60 lokalisiert), und in derselben Zone des Sonnensystems sollten auch Millionen Kometenkerne geparkt sein. Zumindestens diejenigen Exemplare von den Ausmaßen des Halleyschen Kometen (10 Kilometer und mehr) müßten im Prinzip mit Hubble nachzuweisen sein. Und tatsächlich schien dies 1995 geglückt. Individuelle Kometenkerne waren zwar nicht lokalisiert worden, aber eine Art statistischer Nachweis wurde präsentiert. Auf den Aufnahmen schien es deutlich mehr Lichtflecken knapp über dem Rauschen zu geben, die sich in der «richtigen» Richtung um die Sonne bewegten, als andersherum.

Diese Analyse war immer angezweifelt worden, denn die Zahl der «Halleys» auf Bahnen hinter Neptun, die man aus den vermeintlichen Treffern hochrechnen konnte, war viel größer als die tatsächlich zu erwartende Zahl. Und als sich andere Bildauswerter mit den Hubble-Daten beschäftigten, kamen sie zu dem Schluß, daß von einem Nachweis keine Rede sein konnte. Denn die Fehlerrechnung der alten Arbeit erschien ihnen um etliche (!) Größenordnungen zu optimistisch. «Die Unsicherheit in der Zahl der falschen Objekte übertrifft um zwei Größenordnungen die behauptete Zahl nachgewiesener Objekte», lautet die bedauerliche Schlußfolgerung. Und: «Der Nachweis solch einer Population Halley-großer Kuipergürtel-Objekte mit diesen Daten ist daher unmöglich.» Ob er mit größerem Aufwand an Belichtungszeit mit der Hubble-Kamera WFPC2 gelingen kann oder vielleicht mit ihrem Nachfolger, der Advanced Camera, die im Jahr 1999 oder 2000 installiert werden soll, bleibt abzuwarten.

Neptun und Uranus

Neptun

Seit 1994 beginnt sich in den zunächst verwirrenden Hubble-Beobachtungen des Neptun doch ein gewisses Muster abzuzeichnen: Alle paar Jahre baut der ferne Gasplanet offenbar die Strömungen in seiner Atmosphäre erheblich um, dann nehmen sie einen neuen stabilen Zustand an. Stabil bleibt dabei nur das kontrastarme Muster von Neptuns Bändern, während die großen atmosphärischen Wirbel kommen und gehen. 1989, beim Besuch der Raumsonde Voyager 2, war das markanteste Gebilde der Große Dunkle Fleck (er heißt inzwischen GDS-89) mit einem hellen, hoch in der Atmosphäre gelegenen «Begleiter» gewesen; letzterer war auch mit Teleskopen von der Erde aus schemenhaft auszumachen. In den Jahren 1990–1992 waren die klaren Anzeichen des GDS bereits wieder verschwunden. Im Jahre 1993 entstand dann in der Nordhemisphäre eine Fülle neuer weißer Wolken, die noch da waren, als das Hubble-Teleskop 1994 die ersten Bilder mit seiner korrigierten Optik aufnehmen konnte. Nun erstreckten sich Wolken vom Pol bis zum

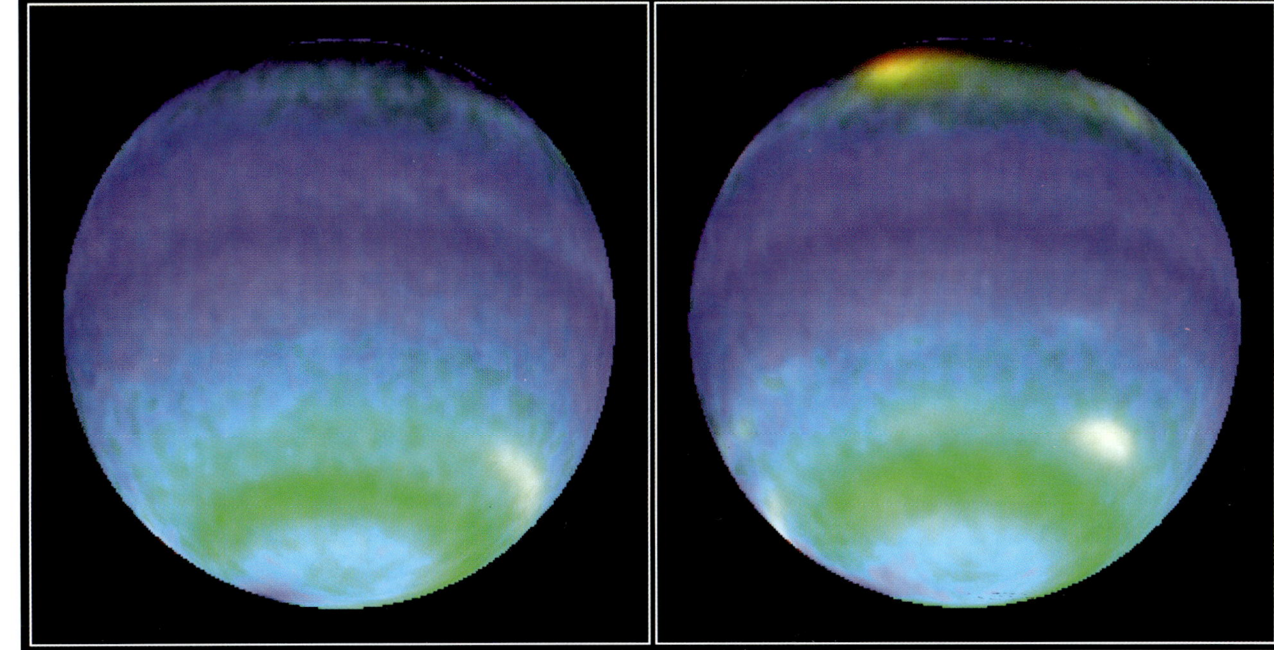

Das Wetter auf dem Neptun, durch geschickte Wahl von Farbfiltern herausgearbeitet: Diese zwei Aufnahmen vom 13. August 1996 zeigen eine halbe Rotation des fernen Gasplaneten. Die blaue Grundfarbe des Planeten entspricht ungefähr der Wirklichkeit, die Farbe der Wolken allerdings codiert deren ungefähre Höhe: je rötlicher, desto höher (Quelle: Sromovsky und NASA)

Äquator, und in der Nähe des (leider von der Erde wegzeigenden) Nordpols war ein neuer Dunkler Fleck entstanden (GDS-94).

Wie der alte, besaß auch der neue Dunkle Fleck jene weißen Begleitwolken hoch in der Atmosphäre über ihm: Die großen Wirbel scheinen die Atmosphäre in einem großen Höhenbereich zu beeinflussen und dort – ganz wie es Berge auf der Erde oder auf dem Mars tun – die Bildung von Wolken auszulösen. Im nachhinein wird so die «Funktionsweise» Neptuns in den vergangenen Jahrzehnten klar, waren doch helle Flecken bereits seit 1948 hin und wieder auf dem winzigen Planetenscheibchen gesichtet worden. Da beide Großen Dunklen Flecken von hellen, hohen Wolken begleitet werden, die wieder verschwinden, wenn sich der Wirbel auflöst, darf man daraus wohl schließen, daß auch die Weißen Flecken der vergangenen Jahrzehnte die sichtbaren Spuren großer dunkler Wirbel waren. Die Wirbel selbst sind stets zu kontrastarm, um sie mit Teleskopen von der Erde aus direkt beobachten zu können. Hubble dagegen sieht so scharf, daß auch entscheidende Details der Neptun-Meteorologie ab 1994 deutlich werden. So stellte sich zum Beispiel heraus, daß die weißen Wolken in allen Breitenlagen mit derselben Geschwindigkeit um Neptun rotierten und sich der unterschiedlich schnellen Rotation der Atmosphäre darunter (die Voyager gemessen hatte) verweigerten: Sie waren so schnell wie die Polregion.

Das bedeutet vermutlich, daß sie von einer Art Wellenphänomen getragen wurden, das der GDS-94 auslöste. Dafür spricht auch die Existenz der absonderlichen *schrägen* weißen Wolke, die plötzlich auftauchte und sich über 20 Breitengrade erstreckte. Keine bekannte Luftströmung hätte sie produzieren können. 1995 und 1996 sah Neptun dann abermals anders aus: Die großen weißen Nordwolken waren verschwunden, der Dunkle Nord-Fleck aber geblieben, doch nun schon ohne seine hellen Begleiter. 1996 verschwand er dann auch selbst, aber die zwei Wolkenbänder im Süden waren noch da. Und ein detaillierter Vergleich mit den Voyager-Bildern zeigt, daß es diese beiden Bänder 1989 noch nicht gegeben hat. Wieder neue Hubble-Bilder Neptuns stammen vom 13. August 1996: Jetzt ist im hohen Norden erneut eine helle Wolke aufgetaucht, die abermals mit einem Dunklen Fleck zusammenhängt – aber der ist vermutlich nicht derselbe wie 1994. Die Beobachtung wird fortgesetzt: Durchschnittlich 9 Orbits des Hubble Space Telescope werden dafür jedes Jahr an zwei konkurrierende Gruppen von Neptunforschern vergeben.

Uranus

Die Atmosphäre des Planeten Uranus mag auf den ersten Blick nicht so aufregend sein wie die des Neptun. Das hängt vermutlich damit zusammen, daß Neptun eine starke innere Wärmequelle besitzt, Uranus aber nicht. Gleichwohl konnte Hubble bereits mit seiner Kamera WFPC2 und geschickter Wahl von Farbfiltern Einblicke in die Schichtung der Atmosphäre nehmen,

Wolken, Ringe und Monde des Uranus in infraroten Falschfarben: Drei Farbauszüge bei 1,1 bis 1,9 µm Wellenlänge wurden hier kombiniert, um u.a. sechs Wolken herauszuarbeiten – solch ein Kontrast ist auf diesem Planeten eine Seltenheit. Jede einzelne Wolke ist fast so groß wie der Kontinent Europa. Auch die Ringe treten im nahen Infraroten kräftiger hervor als im sichtbaren Licht; die Monde wurden allerdings künstlich aufgehellt (Quelle: Karkoschka und NASA).

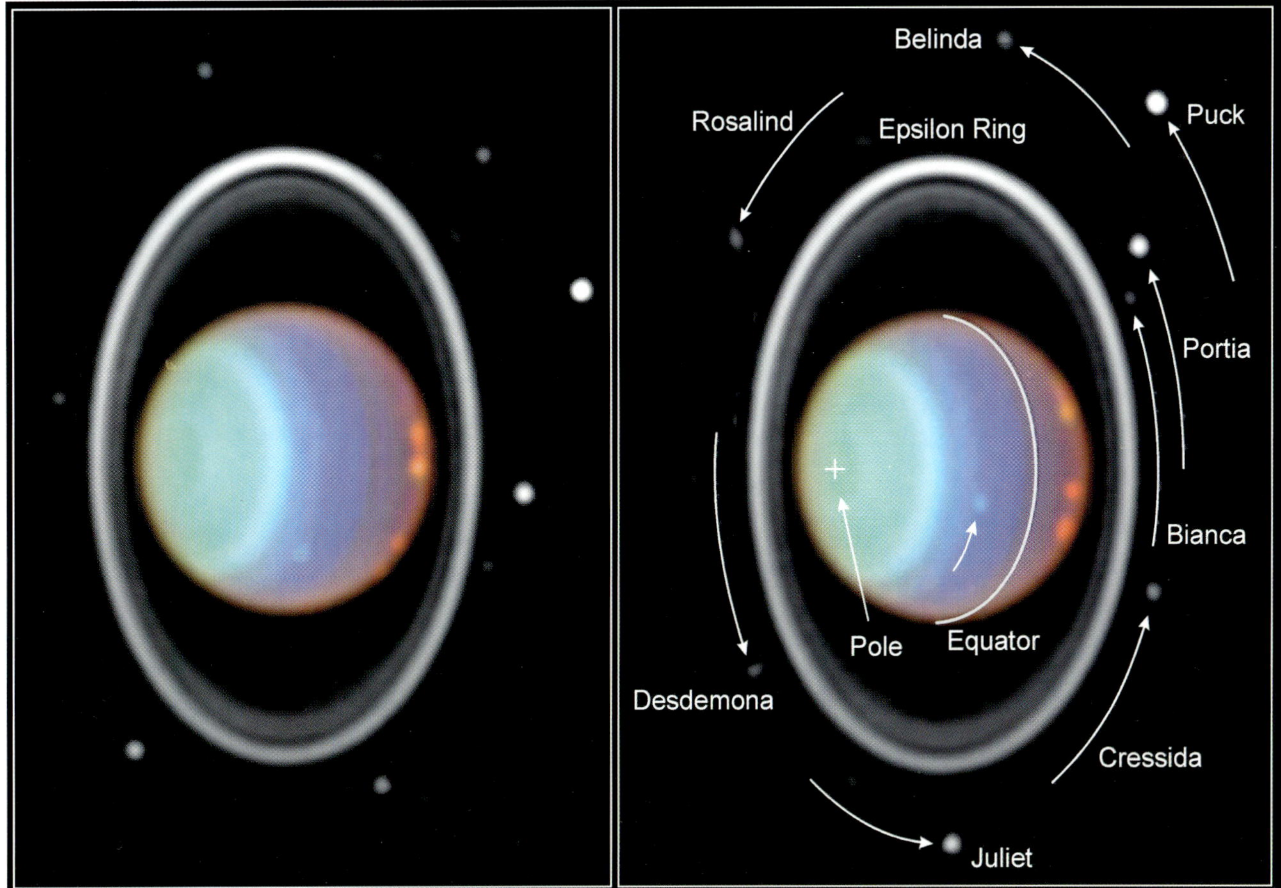

Die Wolken des Uranus – auch ein Motiv für Hubble. Links wurde der ungefähre Eindruck für das menschliche Auge simuliert. Ein Bild bei 547 nm Wellenlänge wurde entsprechend eingefärbt. Das rechte Bild dagegen entstand bei 619 nm, wo das Gas Methan in der Planetenatmosphäre das Sonnenlicht absorbiert: Die Wolkenstrukturen treten klarer hervor (Quelle: Hammel und NASA).

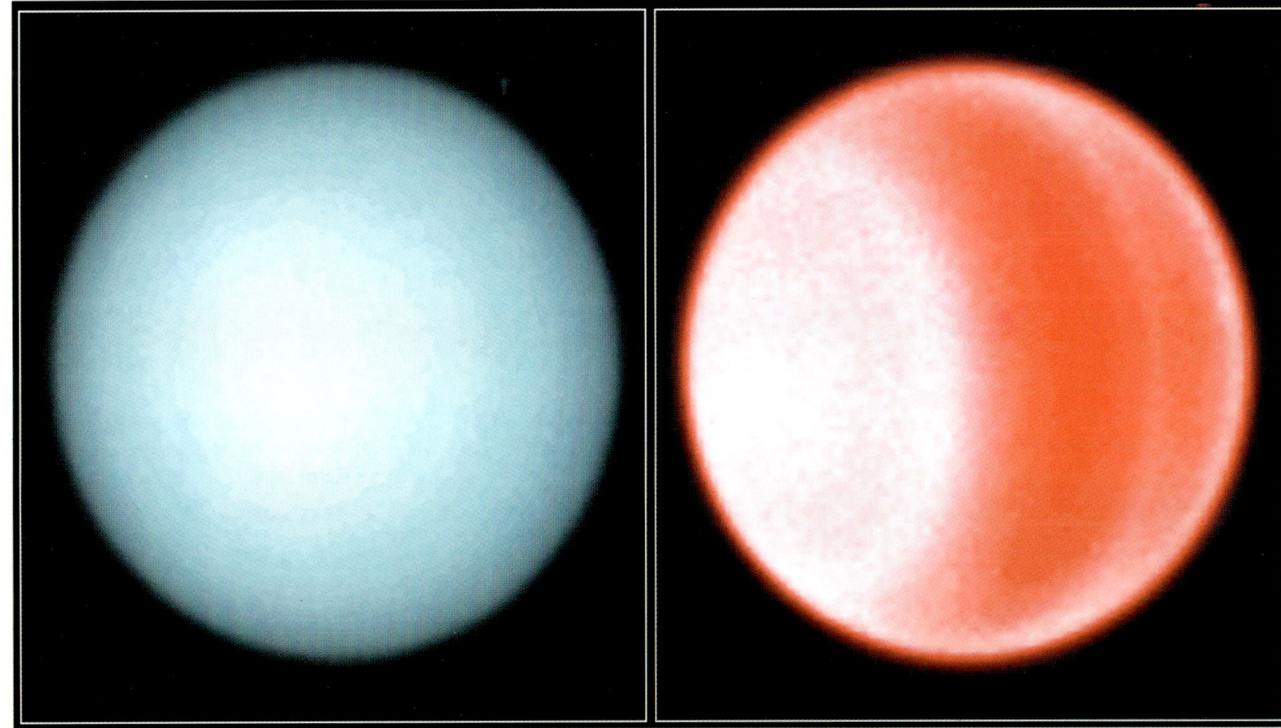

wobei vor allem die nah-infraroten Filter hilfreich waren. Auch die NICMOS-Kamera wurde prompt auf den Planeten gerichtet: Die Aufnahmen im nahen Infrarot bei 1,1 bis 1,9 µm unterschieden sich erst auf den zweiten Blick von Hubbles früheren Uranus-Aufnahmen im sichtbaren Licht. Auch hier wird das Sonnenlicht von der Atmosphäre des fernen Gasplaneten reflektiert, allerdings in unterschiedlichen Höhen. Die Wolken, die am rechten Rand – kontrastreicher als im Visuellen – erkennbar sind, wären auf der Erde so groß wie Kontinente, und die Uranusringe sowie 8 seiner 10 kleinen Monde, die Voyager 2 entdeckt hat, treten ebenfalls klar hervor. Die variable Dicke des hellsten Rings (Epsilon) wird besonders deutlich. Die kleinsten der Monde waren seit 1986 nicht mehr gesehen worden; ihre Durchmesser reichen von 40 km (Bianca) bis 150 km (Puck). Gegenüber den Ringen wurden sie künstlich aufgehellt. Alle diese (inneren) Monde des Uranus benötigen weniger als einen Tag für einen Umlauf um den Planeten.

Saturn

Der Riesenplanet Saturn selbst steht meist im Schatten seines spektakulären Ringsystems, und das gilt auch für Hubbles Forschungen. Besonders intensiv beobachtet wurde im Jahre 1995, als der Planet der Erde unter besonders günstigen Bedingungen die Kante seines Ringsystems zeigte, was sehr selten vorkommt. Wenn sich so der helle, aber auch sehr dünne Ring den Blicken entzieht, dann sind eine Menge Phänomene sichtbar, die sonst völlig überstrahlt werden, schwache Fortsetzungen des Ringsystems nach außen hin ebenso wie kleine Monde. Von denen gingen Hubble (und auch großen Teleskopen auf der Erde) tatsächlich eine ganze Reihe «ins Netz» – aber irgend etwas stimmte mit ihnen nicht, und die meisten Funde sollten sich schließlich als nur vorübergehende Verdichtungen in bestimmten Ringen erweisen. Manche der «Monde» sahen bei genauerer Betrachtung allzu länglich aus oder schwankten verdächtig in ihrer Helligkeit. Und überdies hätten eigentlich die Voyagersonden bereits alle Monde der entsprechenden Größe entdeckt haben müssen, als sie 1980 und 1981 durch das Saturnsystem flogen. Nur eine einzige Entdekkung erwies sich schließlich tatsächlich als bis dahin übersehener Mond.

Alle anderen Phänomene aber, auf die Hubble gestoßen war, scheinen eher kleine Trümmerwolken zu sein. Vorher schon um den Saturn laufende Minimonde – zu klein, als daß die Voyagers sie hätten entdekken können – sind in den 14 Jahren seit deren Besuchen durch Kollisionen mit anderen Himmelskörpern zertrümmert worden. Dadurch vergrößerte sich die Oberfläche, die Sonnenlicht reflektieren kann, gewaltig, und die Objekte wurden sichtbar. Eigentlich war das gar keine Überraschung, denn schon seit längerem sieht man die Saturnringe als ein sehr dynamisches Phänomen. Sie werden permanent neu gebildet, aus unzähligen Fragmenten pulverisierter Monde. Zu diesem Szenario paßte, daß die meisten der 1995 entdeckten «Monde» in der Nähe des seltsamen F-Rings von Saturn gesichtet wurden. Er bildet den äußeren Abschluß von Saturns Hauptringen und gewissermaßen den Übergang zwischen den Ringen und den größeren Monden des Saturn. Seinem Innenleben wurde noch lange nach Ende der Kantenstellungen nachgegangen, und aus Aufnahmen verschiedener Teleskope schloß man schließlich auf rund 30 «Monde» von mindestens 20 km Durchmesser innerhalb des Rings – alles jedoch vergängliche Verdichtungen.

Eine zweite Überraschung während der Ringkantenstellungen waren mysteriöse Bahnabweichungen mehrerer Saturnmonde gewesen, die nicht da standen, wo sie nach den eigentlich guten Voraussagen aufgrund der Voyager-Bilder von 1981 stehen sollten. Der Mond Atlas zum Beispiel wurde nur mit großer Mühe auf Hubble-Bildern vom November 1995 eindeutig identifiziert, 27° entlang der Bahn vor Atlas' eigentlich erwartetem Ort. Der dramatischste Fall aber war Prometheus, der um 19° in seiner Bahn «zurücklag». Dafür war womöglich ein Zusammenstoß mit dem F-Ring verantwortlich, in den er alle 19 Jahre einmal hineinfliegt. Spätere Analysen seiner Bahn machten dieses Szenario wieder un-

Ein farbenprächtiges Infrarotbild des Planeten Saturn. Aufnahmen bei 1,0, 1,8 und 2,1 µm Wellenlänge wurden die Farben Blau, Grün und Rot zugeordnet, wodurch die Wolkenstrukturen deutlicher hervortreten: Auf Farbbildern im sichtbaren Licht erscheint Saturn ziemlich eintönig gelbbraun. Chemische und/oder physikalische Unterschiede zwischen den Wolkenteilchen in verschiedenen Regionen der Saturnatmosphäre machen sich dagegen bei längeren Wellenlängen kräftig bemerkbar. Auch die Ringe aus Eisteilchen verschiedener Größe erscheinen nun «bunter» (Quelle: Karkoschka und NASA).

wahrscheinlich und sprachen eher für eine enge Begegnung mit einem anderen Mond als Ursache der Störung. Der «Täter» allerdings konnte nie ermittelt werden. Und wieder eine andere Hubble-Entdeckung während der Kantenstellung der Ringe war eine unerwartete Krümmung des ganzen Ringsystems. Der Durchgang von Erde (und Weltraumteleskop) durch die Ringebene im August 1995 fand nämlich auf beiden Seiten des Planeten zu verschiedenen Zeitpunkten statt.

Eine Verbiegung des gesamten Ringsystems durch die Schwerkraft der Saturnmonde konnte das nicht erklären, solch ein Effekt wäre viel zu schwach gewesen. Vielmehr scheint der extrem irregulär geformte F-Ring Saturns dahinterzustecken. Auf Hubble-Bildern vom November 1995, als die Sonne genau von der Seite auf die Ringe schien, fällt dieser seltsame Ring besonders auf: Er windet sich dramatisch in drei Dimensionen um den Rand der Hauptringe herum. Durch seine ungewöhnliche Form hat der F-Ring übrigens alle Versuche vereitelt, die Dicke der Hauptringe Saturns während der Kantenstellungen direkt zu messen. Ein weiterer Hubble-Erfolg war schließlich auch die Aufnahme des unauffälligen E-Rings: Im August 1995 war klar, daß er in der Nähe des Saturnmonds Enceladus am hellsten ist; der Mond ist als Quelle der Teilchen überführt, die den Ring produzieren. Nach außen hin wird dieser E-Ring immer dicker, er ist blau und besteht aus Teilchen von etwa 1 Mikrometer Größe. Alle diese Einsichten waren nur dank der besonders günstigen geometrischen Bedingungen während der Ringkantenstellung 1995 möglich. Aber auch ohne diesen Effekt konnte Hubble etwas Neues über dynamische Vorgänge im Saturnsystem erkunden: Aus den Ringen regnet Wasser auf den Planeten!

Mit einem seiner Spektrographen gelang es Hubble, eindeutige ultraviolette Absorptionsfeatures von Wasser in der Saturnstratosphäre nachzuweisen; es gibt einen klaren Zusammenhang mit den Ringen, den das Magnetfeld des Saturn herstellt. Wassermoleküle, die aus den Eisteilchen der Ringe freigeschlagen werden, erhalten nämlich eine negative Ladung und sausen entlang der magnetischen Feldlinien geradewegs in die Atmosphäre. Nur wo eine Linie zu einem gefüllten Ring führt (und nicht etwa in eine materiearme Zone zwischen zwei Ringen), findet man in der Atmosphäre die Wasserspuren: doppelt soviel an den anderen Stellen. Daraus allerdings die genaue Erosionsrate der Ringe zu berechnen, erfordert noch einige Modellarbeit. Im Zusammenhang mit den «regnenden» Ringen ist auch eine weitere Hubble-Entdeckung interessant: eine dünne *Atmosphäre der Ringe* aus Hydroxyl (OH). Die Ringe produzieren – aus ihrem Wassereis – immerhin zwischen 10^{25} und 10^{29} OH-Moleküle pro Sekunde, die dann eine Wolke um das Ringsystem bilden. Wenn die Cassini-Sonde 2004 bei Saturn eintrifft, wird sie noch komplexere Vorgänge rund um die prächtigen Saturnringe vorfinden, als man sich bei ihrem Bau hatte träumen lassen.

Rückschau auf die große Kantenstellung der Saturnringe, die 1995 intensiv beobachtet wurde. Oben ein Blick auf die unbeleuchtete Seite der Ringe im November 1995 (die Sonne stand südlich, die Erde nördlich der Ringebene): Bei dieser sehr seltenen Konstellation erscheinen Strukturen hell, die sonst dunkel sind, und umgekehrt. Im August 1995 sahen wir die Ringe dagegen fast genau von der Seite – und links des Planeten auch seinen ausnehmend großen Mond Titan, dessen Schatten gleichzeitig auf Saturn fällt. Auch zahlreiche weitere Saturnmonde sind zu sehen (Quelle: Nicholson/Karkoschka und NASA).

Rechte Seite:
Die Polarlichter des Saturn: So gut waren sie noch nie zu sehen. Die Emission, angeregt durch geladene Teilchen in Saturns Magnetfeld, reicht an die 2000 km hoch über die Wolken (Quelle: Trauger und NASA).

Jupiters Aurorae

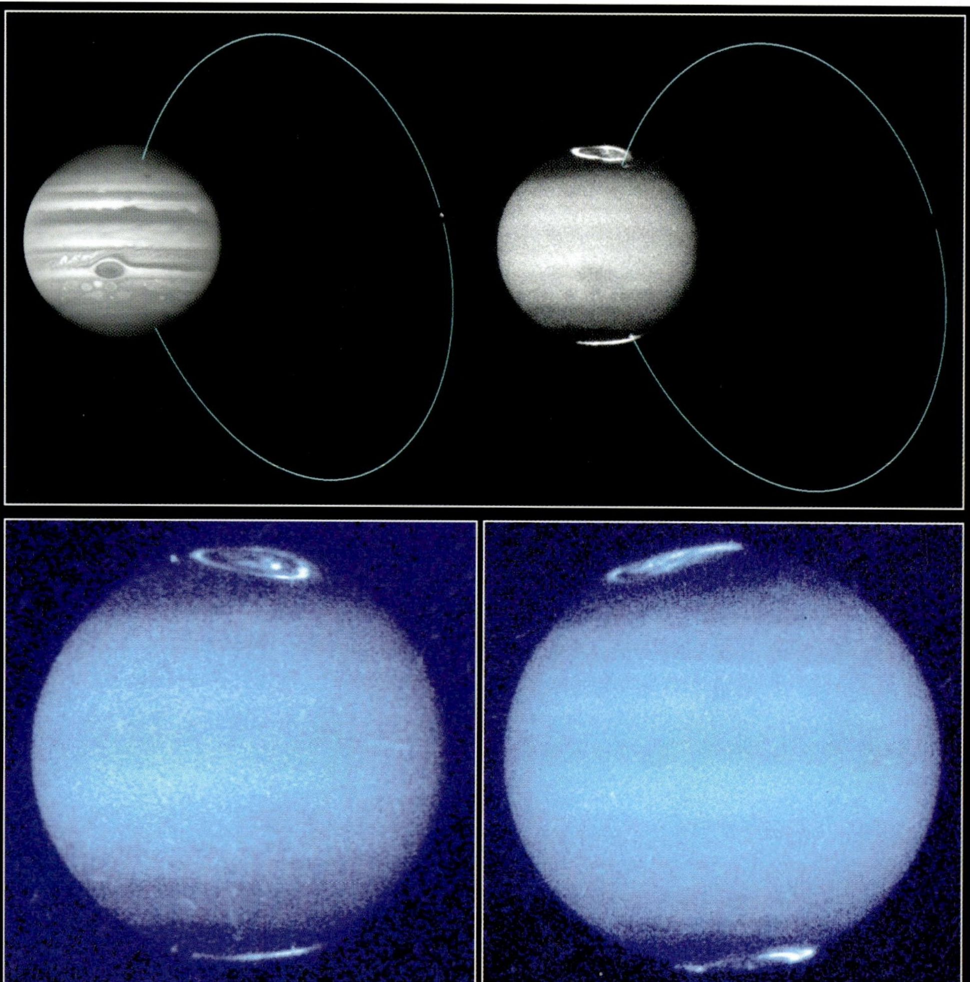

So wie die Erde Polarlichter kennt, findet man diese leuchtenden Vorhänge auch bei anderen Planeten mit Magnetfeldern. An deren Feldlinien entlang sausen geladene Teilchen auf die Planeten zu und lösen in deren Atmosphären diese Leuchterscheinungen aus. Die Polarlichter oder Aurorae der Riesenplaneten strahlen dabei das meiste Licht im ultravioletten Spektralbereich aus, und jede neue Generation von Hubble-Instrumenten hat sie schärfer abbilden können. Die besten Ergebnisse stammen vom Space Telescope Imaging Spectrograph (STIS): Obwohl eigentlich ein Spektrograph, ist das neue Gerät auch als Hubbles beste Ultraviolett-Kamera zu gebrauchen und ideal geeignet, die Polarlichter der Riesenplaneten über deren Tagseite abzubilden. STIS ist 10mal empfindlicher als die anderen Hubble-Kameras, was viel kürzere Belichtungszeiten erlaubte und eine 2- bis 5mal größere Schärfe als Bilder mit der Hubble-Kamera WFPC2 oder der Faint Object Camera (FOC) lieferte. Die «Vorhänge» der Polarlichter mehrere hundert Kilometer über den Wolken Jupiters werden nun klar sichtbar. Die Aurorae der Erde sehen ganz ähnlich aus, wenn man sie aus einem Space Shuttle betrachtet.

Aber es gibt auf Jupiter noch eine weitere Spezialität: die «Fußabdrücke» der Io-Flußröhre, die regelrechte Spuren hinter sich herziehen. Zwischen Jupiter und seinem wunderlichen Mond Io, dessen Vulkane fortwährend Material in den Raum schleudern, besteht über Jupiters starkes Magnetfeld eine intime Verbindung, und es fließt ein Strom von Millionen Ampère. Dort, wo der Strom auf die Jupiteratmosphäre trifft, kommt es zu einer ganzen Reihe von leuchtenden Erscheinungen in verschiedenen Spektralbereichen. Speziell die ultravioletten Leuchtprozesse, die die Teilchen der Flußröhre in der hohen Jupiteratmosphäre auslösen, halten mehrere Stunden lang an, wie das STIS-Bild zum ersten Mal gezeigt hat. Erst die Ultraviolett-Technik der 90er Jahre machte dieses Detail sichtbar, das nicht einmal Galileo erkennen konnte, weil dem Jupiter-Orbiter eine Ultraviolett-Kamera fehlt! Auch auf Saturn wurden im Oktober 1997 mit STIS Polarlichter aufgenommen, wiederum kamen bisher unbekannte Details zutage.

So hängen die Polarlichter Jupiters mit dem Mond Io zusammen: Ein sogenannter Flußschlauch verbindet den vulkanisch aktiven Trabanten mit den Wolken des Planeten. Wenn Teilchen entlang dieser Röhre auf die Wolken prallen, kommt es zu ultravioletten Leuchterscheinungen. Weiter zu den Polen hin bilden sich Polarlichtovale aus: Hier schlagen Teilchen ein, die in Jupiters Magnetosphäre gefangen waren (oben rechts; im sichtbaren Licht links sind die Polarlichter zu schwach, um sich gegen das Sonnenlicht durchzusetzen). Unten: der Anblick der Polarlichter verändert sich mit der Rotation des Planeten (Quelle: Clarke et al. und NASA).

Die schärfsten Bilder der Jupiter-Polarlichter zeigen eine Fülle von Details, wie sie überhaupt noch kein Instrument gesichtet hat. Besonders auffällig wiederum, südlich des nördlichen und nördlich des südlichen Polarlichtovals: die sogenannten Fußabdrücke Ios, wo die Flußröhre vom Mond den Planeten trifft. Weil er den Planeten langsamer umkreist als dieser rotiert, wandern die Fußabdrücke, hinterlassen dabei aber eine Leuchtspur, die nur langsam verblaßt (Quelle: Clarke und NASA).

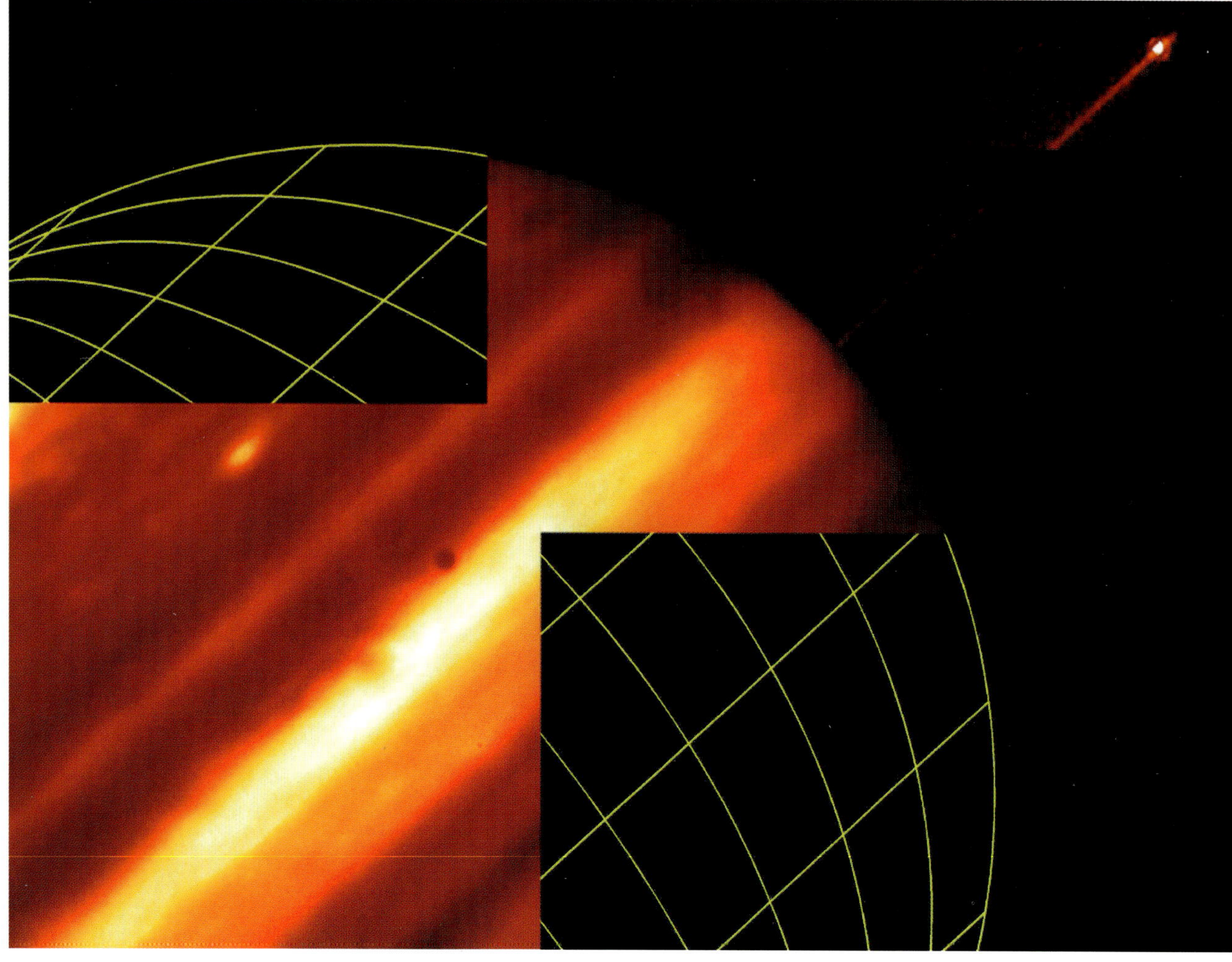

Jupiter im Infraroten sieht wieder ganz anders aus als im sichtbaren oder ultravioletten Licht: Drei NICMOS-Aufnahmen decken hier einen Teil des Planeten ab. Gut zu sehen: der dünne Ring des Planeten von der Seite und nahe dessen Rand der Mond Metis (Quelle: Beebe und NASA).

Der Planet Jupiter selbst mit seinen Wolkenstreifen und -wirbeln war und ist für Hubble vor allem dann ein Motiv, wenn es um die detaillierte Planung einer ganz anderen Raumfahrtmission ging und geht: Galileo. Wegen eines Defekts der Hauptantenne kann der Satellit lange nicht so umfangreiche Bilderserien aus dem Jupitersystem schicken, wie dies einmal geplant war. Zwar gelang es durch die geschickte Auswahl der Motive, eine überaus ertragreiche Mission zu realisieren. Aber es war unmöglich geworden, die Jupiteratmosphäre permanent mit der Kamera zu überwachen. Hier konnte Hubble ansetzen. Mit Aufnahmen der Jupiterwolken unterstützte das Weltraumteleskop immer wieder die Planer, die ganz bestimmte Wirbel mit der Galileo-Kamera erfassen wollten und wissen mußten, wo sie die turbulente Jupiteratmosphäre gerade hingetragen hatte. Auch die Stelle, wo im Dezember 1995 die Atmosphärenkapsel Galileos eintauchen sollte, wurde mit Hubble überwacht. Die Aufnahmen halfen bei der Deutung von überraschenden Messungen der Kapsel, die just in eine besonders trockene Region (einen «Hotspot») gestürzt war.

Jupiters Monde

Io

Der Riesenplanet Jupiter wartet außer mit leuchtenden Aurorae im Ultravioletten und komplizierten Wolkengebilden auch mit einem außergewöhnlichen System von Monden auf, von denen die 4 «galileischen» besonders groß und reich an Details sind. Welche dieser Welten die «interessanteste» ist, darüber streiten sich – im Scherz – die Bildauswerter Galileos gern. Aber für die Beobachter aus der Ferne ist die Antwort klar: Io. Kein anderer Mond erlebt so rasche und so dramatische Veränderungen, daß sie selbst aus großer Distanz verfolgt werden können. In Infrarotteleskopen wird Io zuweilen wesentlich heller, um dann wieder zu verblassen; dann wieder ist ein Vulkan ausgebrochen. Und daß dies Folgen haben kann, sah Hubble im Juli 1995: Plötzlich war mitten auf dem winzigen Mondscheibchen ein heller gelber Fleck (rund 300 km groß) entstanden, wo noch 1994 überhaupt nichts zu sehen war. In den 15 Jahren davor war so etwas nie geschehen, aber der «Täter» war bekannt: Die Position des neuen Flecks fiel genau mit dem noch von Bildern der Voyager-Sonden her bekannten Ort des Vulkans Ra Patera zusammen.

Und bald sollte Hubble noch einen anderen Aspekt von Io «zu Gesicht» bekommen. Die großen Fontänen, die bei Ios Vulkanausbrüchen entstehen, waren bis dahin immer nur von Raumsonden in der Nähe des Mondes gesichtet worden, erst den Voyagers, dann Galileo. Das aber sollte sich ändern, nachdem Hubble am 24. Juli 1996 Io und seinen Schatten vor der Planetenscheibe abgelichtet hatte. Eigentlich war das ja nur eine Aufnahme zur Unterstützung der Galileo-Planungen gewesen, mit einer Auflösung von immerhin rund 150 km: Galileo kann zwar – gelegentlich – viel schärfere Bilder machen, aber Hubble hat den Vorteil immer gleicher Beobachtungsbedingungen. Außerdem besitzt das Weltraumteleskop Ultraviolettfilter, die Galileo fehlen. Erst ein Jahr später wurde auf diesem Bild zufällig etwas entdeckt: Tatsächlich ist darauf eine Vulkanfontäne vor Jupiter zu sehen, eine Eruption von Pele, die immerhin eine Höhe von 400 km erreichte. Die künftige Überwachung der Vulkanaktivität aus großer Entfernung hatte damit eine Dimension hinzugewonnen.

Einen gänzlich anderen Anblick bietet Io im ultravioletten Licht, wie eine ziemlich ungewöhnliche Aufnahme mit STIS zeigt. Das neue Hubble-Instrument machte zum ersten Mal glühendes Wasserstoffgas über den Polen des Jupitermondes sichtbar! Woher der Wasserstoff kommt und warum er leuchtet, ist noch nicht geklärt; aber als wahrscheinlichste Quelle gelten wasserstoffhaltige Frostschichten an den Polen von Io, insbesondere Wasserstoffsulfid. Den Wasserstoff könnte Io aber auch aus der großen elektrischen Flußröhre erhalten haben, die ihn mit Jupiter verbindet. Die Atome könnten aus dessen Atmosphäre zu Io transportiert worden sein. Kein Zusammenhang besteht jedenfalls mit leuchtenden Gürteln aus Sauerstoff über der Äquatorregion des Jupitermondes, der durch diese Entdeckung abermals komplizierter geworden ist.

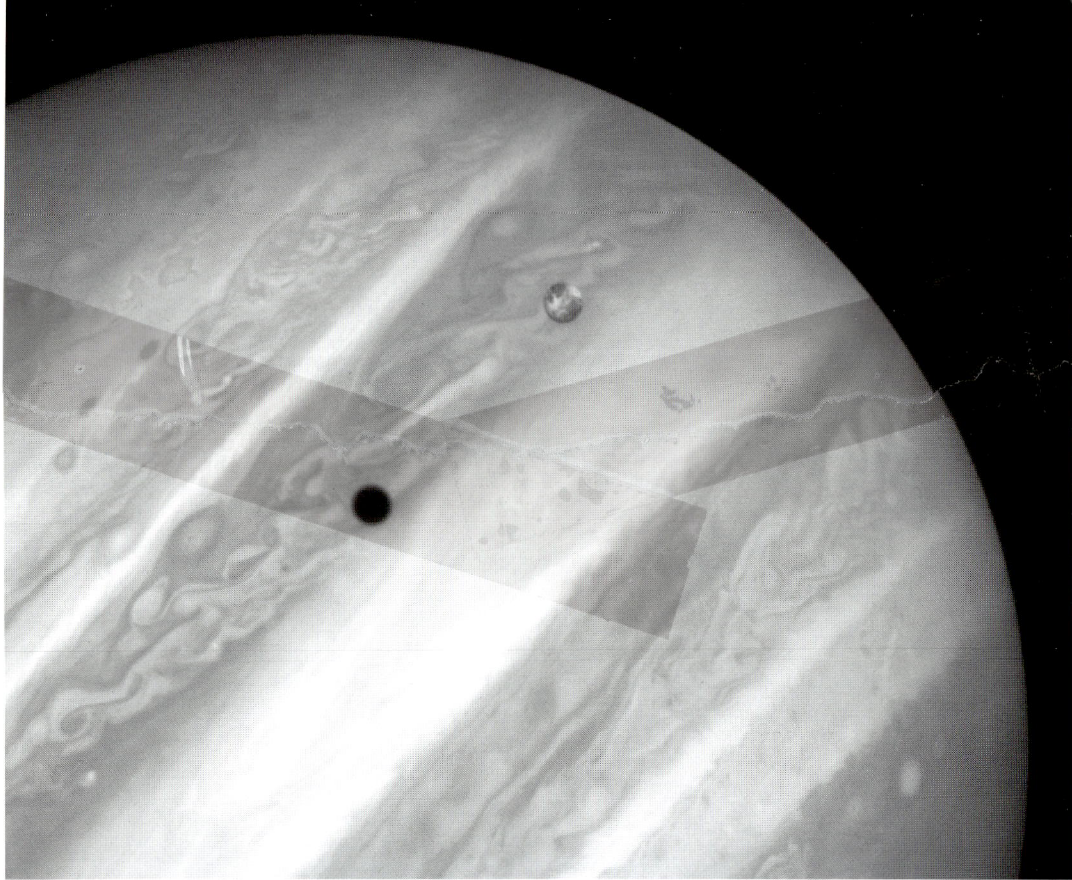

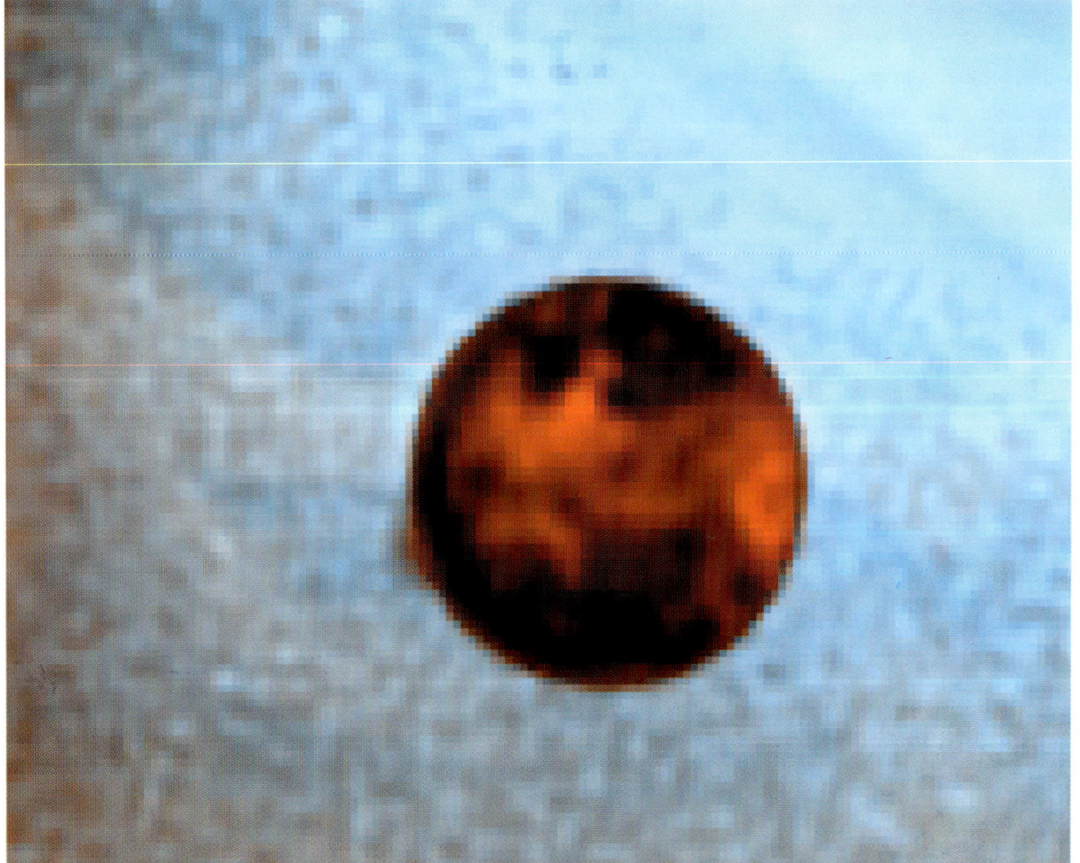

Ein Vulkanausbruch auf Io – vor der Scheibe des Jupiter: eine Aufnahme in violettem Licht am 24. Juli 1996, entstanden zur Unterstützung der Raumsonde Galileo, die seit Ende 1995 um den Jupiter kreist. Erst Monate später fiel aber bei der genaueren Auswertung dieser und einer zur gleichen Zeit entstandenen ultravioletten Hubble-Aufnahme auf, daß das Weltraumteleskop zufällig eine Vulkanfontäne auf Io erwischt hatte (unteres Bild, zusammengesetzt aus beiden Farben). Solche Perspektiven hatten bisher nur Raumsonden in der Nähe Ios geliefert – und eine so große Fontäne, die 400 km Höhe erreichte, war überhaupt noch nie beobachtet worden. Der verursachende Vulkan Pele ist allerdings schon länger bekannt (Quelle: Spencer und NASA).

Ganymed

Auf allen 4 galileischen Monden kann Hubble Details auf den Oberflächen auflösen, aber oft ist es interessanter, Spektren aufzunehmen. So wurde entdeckt, daß Ganymed eine schwache Aurora besitzt. Sie strahlt nicht intensiv genug, als daß Galileo sie bei seinen schnellen Vorbeiflügen nachweisen könnte. Aber Hubble nahm sich mit seinem UV-Spektrographen fünf volle Orbits lang Zeit und konnte tatsächlich ein schwaches Leuchten über beiden Polen des Jupitermondes feststellen. Die UV-Strahlung von Sauerstoffmolekülen ist viel schwächer als bei Jupiter selbst oder auch bei der Erde, die Physik dürfte aber dieselbe sein: Die Magnetfeldlinien der Himmelskörper lenken Elektronen und andere geladene Partikel hoher Energie auf ihre Pole, wo sie mit Gasmolekülen der Atmosphäre zusammenstoßen und sie anregen. Nachdem Galileo wiederholt auf ein Magnetfeld Ganymeds und Anzeichen einer dünnen Atmosphäre gestoßen war, konnte die schwache Aurora eigentlich keine Überraschung mehr sein.

Der Sauerstoff der Ganymed-Atmosphäre, die nur so dicht ist wie die irdische in mehreren hundert Kilometern Höhe, stammt aus dem Eis der Mondoberfläche. Dort wird es von geladenen Teilchen aus der Jupitermagnetosphäre, Photonen der Sonne oder auch Mikrometeoriten herausgeschlagen. Auch Ozon besitzt dieser Mond, wie Hubbles anderer Spektrograph der ersten Generation, der Faint Object Spectrograph (FOS), schon 1995 entdeckt hatte. Es entsteht durch die geladenen Teilchen, die in Jupiters starkem Magnetfeld gefangen sind und von der schnellen Rotation des Planeten mitgerissen werden. Da Ganymed mit geringerer Geschwindigkeit um den Planeten läuft, treffen ihn die Teilchen «von hinten» und dringen in seine Eisoberfläche ein. Dort zerstören sie Wassermoleküle und produzieren dabei das Ozon – ein Prozeß, der auch in Laborsimulationen funktioniert.

Asteroiden

Vesta

Auch die zahlreichen kleinen Planeten zwischen Jupiter- und Marsbahn nimmt Hubble gelegentlich aufs Korn. Die detailliertesten Beobachtungen gelangen beim Asteroiden Vesta, dem wir schon in den ersten Jahren der Hubble-Mission beim Rotieren zuschauen konnten. Aber das war noch lange nicht alles: Hubble bildete den 530 km langen kartoffelförmigen Himmelskörper systematisch in mehreren Farben ab. Die schließlich hergestellten Gesamtkarten zeigen klar, daß Vesta im Gegensatz zu den meisten anderen Asteroiden eine sehr variable Oberfläche hat. Die unterschiedlichen Areale könnten alte Lavafelder sein oder auch Bereiche, wo Einschläge die Lava wieder entfernt und den Mantel freigelegt haben. Die gesamte Oberfläche ist, wie die Farben verraten, Eruptivgestein. Entweder war Vesta einmal ganz aufgeschmolzen, oder Lava aus seinem Inneren hat die Oberfläche vollständig bedeckt. Noch bessere Hubble-Aufnahmen von 1996 brachten eine weitere erstaunliche Entdeckung: einen 460 km großen Einschlagskrater, kaum kleiner als der Asteroid selbst und nahe seinem Südpol. Die kosmische Kollision, die ihn einst schuf, muß rund 1 Prozent des Asteroidenkörpers in den Weltraum geschleudert haben. Und einige dieser Splitter halten wir tatsächlich in Händen: Etwa 6 Prozent aller Meteoriten, die auf die Erde fallen, sind Stükke von Vesta.

Die Zufallsfunde

Mit seinem extrem begrenzten Gesichtsfeld ist das Weltraumteleskop Hubble denkbar ungeeignet für Forschungsprogramme, bei denen systematisch große Teile des Himmels abgesucht werden müssen. Dafür sind Teleskope mit großem Feld auf der Erde viel besser geeignet. Aber allein das, was Hubble bei seinem Tagesgeschäft durch Zufall vor den Spiegel bekommt, hat mitunter den Charakter einer regelrechten Himmelsdurchmusterung. Und so konnte sich Hubble jüngst auch als Asteroidenzähler bewähren. Eigentlich ging es nur um einen ausgiebigen Qualitätscheck von Hubbles wichtigster Kamera, der WFPC2; dabei waren zwei Astronomen immer wieder gekrümmte helle Striche aufgefallen: Asteroiden, die sich während der Belichtung fortbewegt hatten, während Hubble gleichzeitig um die Erde raste. Diese Kombination von Bewegungen erlaubte umgekehrt eine Auswertung, wie sie bei Teleskopen auf der Erde nicht möglich ist. Die Entfernung der Asteroiden ließ sich direkt berechnen. Bei der Durchsicht von über 28000 WFPC-2-Aufnahmen waren schließlich rund 100 Asteroiden «ins Netz» gegangen, allesamt im Hauptgürtel. Und daraus läßt sich hochrechnen, daß es zwischen Mars und Jupiter rund 300 000 Körper mit einem Durchmesser von 1 bis 3 km gibt.

Interessant war aber auch, was es auf den Aufnahmen *nicht* zu sehen gab: keinen einzigen der postulierten «Minikometen» nämlich, obwohl die WFPC-2-Aufnahmen eigentlich Tausende dieser Schneebälle in der

Zwei Karten des Asteroiden Vesta, zusammengestellt aus einer umfangreichen Beobachtungsreihe Hubbles von 1995. Oben ist zu sehen, daß der Kleinplanet überraschenderweise über eine dunkle und eine helle Hemisphäre verfügt. Unten ist die chemische Zusammensetzung der Oberfläche kartiert: Abermals machen sich zwei unterschiedliche Hemisphären bemerkbar (Quelle: Zellner und NASA).

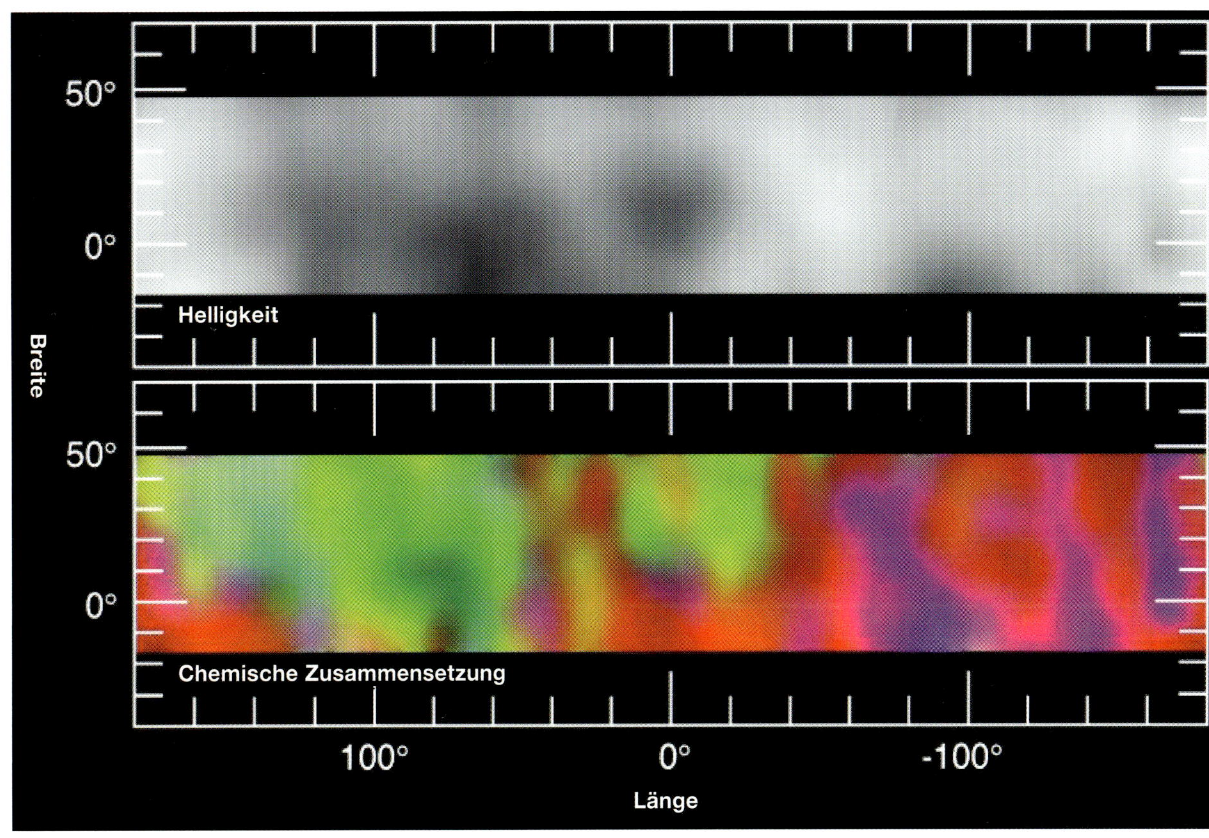

Im Jahre 1996 konnte Hubble seine Beobachtungen des Asteroiden Vesta fortsetzen: Oben links ein typisches Einzelbild, mit etwa 10 Kilometern Auflösung. Unten eine farbcodierte Höhenkarte, berechnet aus 78 solcher Einzelbilder: Eine 460 km große Senke wird erkennbar. Oben rechts erkennt man ein dreidimensionales Computermodell Vestas, das aus den Hubble-Daten erstellt wurde: Jetzt sieht man auch, daß der Riesenkrater einen Zentralberg hat, ungefähr dort, wo auch der Rotationspol ist (Quelle: Zellner & Thomas und NASA).

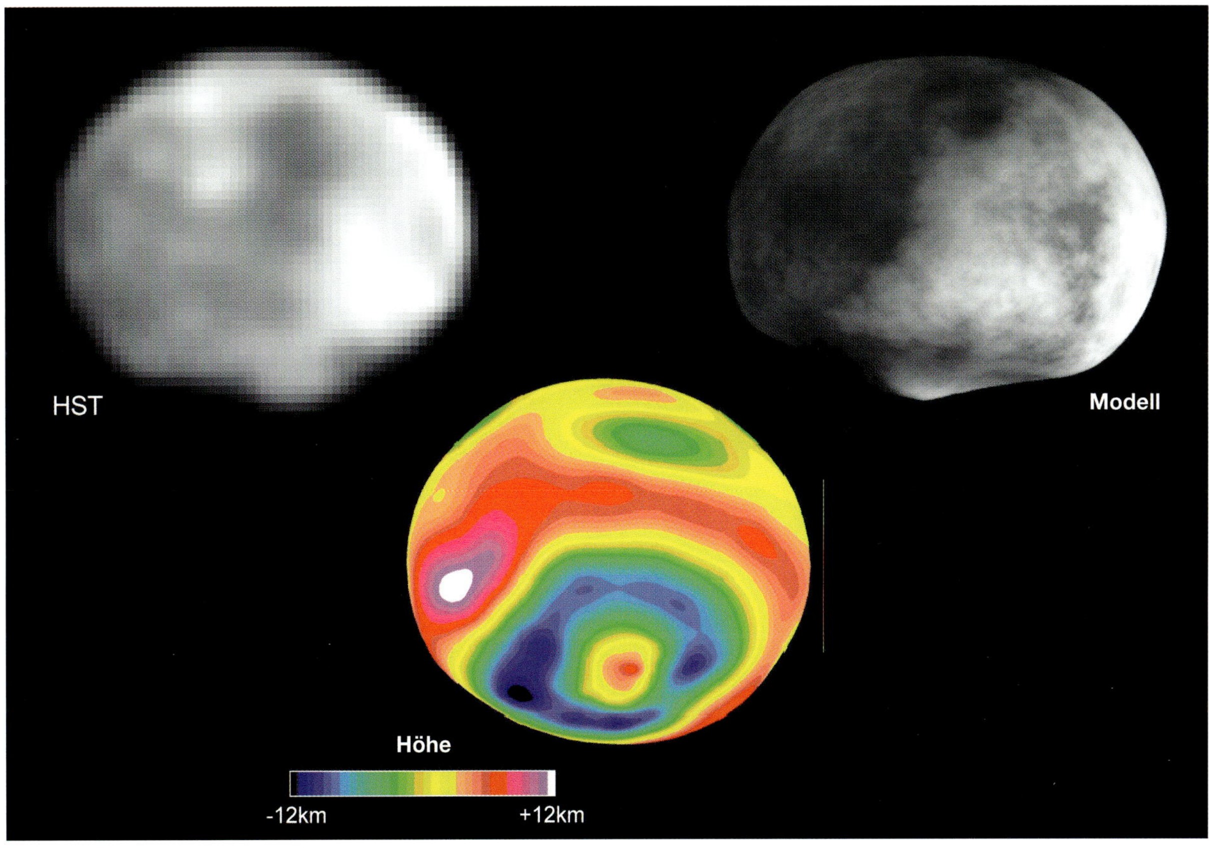

Zufallsentdeckungen von Asteroiden im riesigen Archiv alter Hubble-Beobachtungen: Die geschwungenen Linien sind jeweils die Lichtspuren von Kleinplaneten, die sich während astronomischer Belichtungen zufällig durch das Bildfeld der Kamera bewegten. Unterbrechungen in der Asteroidenspur unten rechts kommen durch die Unterbrechung der Belichtung zustande, die sich ergibt, wenn sich die Erde zwischen Hubble und sein Ziel schiebt (Quelle: Evans & Stapelfeldt und NASA).

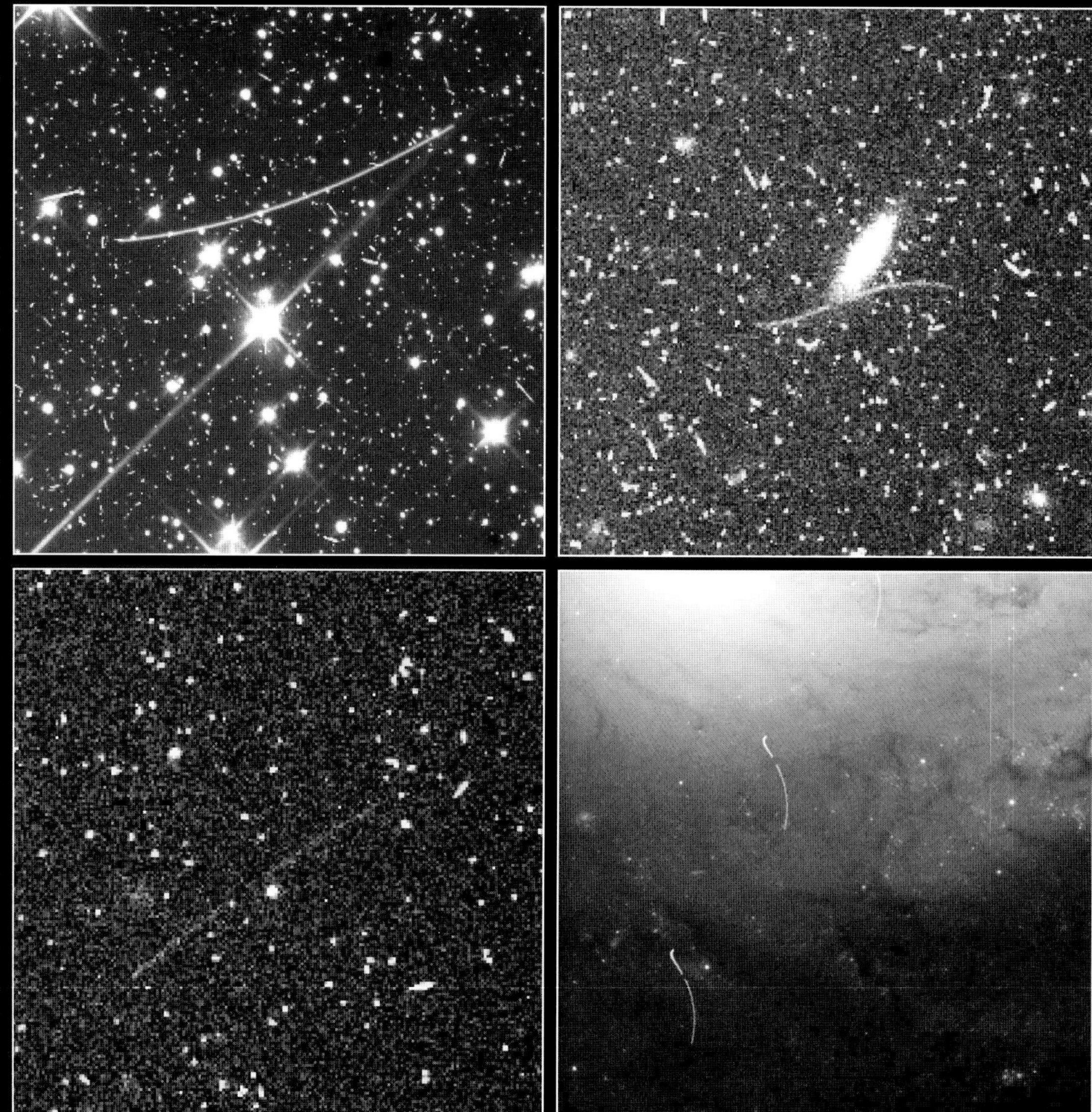

Nähe der Erde zeigen müßten. Ganz ungeplant kam auf diese Weise ein weiterer, wirklich vernichtender Test der aberwitzigen Hypothese zustande, nach der die Erde unter dem permanenten Beschuß von metergroßen Schneebällen aus dem Kosmos stehe. Von den Astronomen hatte diese Vorstellung ohnehin stets nur krasse Ablehnung erfahren, denn für einen solchen Kometenregen gab es weder einen Bedarf, um irgendeine rätselhafte Beobachtung aufzuklären, noch einen naheliegenden Ursprung. Anders war das bei den Geophysikern gewesen, denn deren Satellitenaufnahmen der Erde im ultravioletten Licht zeigten regelmäßig eine große Zahl kurzlebiger dunkler Flecken vor dem hellen Leuchten der Atmosphäre. Für fast alle Bildauswerter stellten sie Rauschen in den Bilddetektoren dar, nur eine Minderheit nahm das vermeintliche Phänomen ernst und suchte nach einer Erklärung dafür.

Der große Kometenhagel war die einzige Hypothese, die schließlich übrigblieb und zweimal, 1986 und 1997, große Aufregung in der Gemeinde der Geophysiker auslöste – um beide Male rasch mit zahlreichen Argumenten widerlegt zu werden. Das vermutlich endgültige Aus brachte aber erst die konkrete Suche nach diesen angeblichen Minikometen. Fast gleichzeitig meldeten im Frühjahr 1998 Hubbles Zufallsprogramm und auch Astronomen auf der Erde, die systematisch gesucht hatten, daß kein einziger dieser Kleinplaneten gefunden werden konnte. Denn auch das Spacewatch-Teleskop auf dem Kitt Peak in Arizona hätte bei seiner 7jährigen Suchtätigkeit auf rund 2000 der Objekte stoßen müssen – doch es fand kein einziges (dafür aber Tausende normaler Asteroiden). Und da sich bereits die Untersuchungen über die Erdkameras und darüber, wie sie die dunklen Flecken durch instrumentelle Effekte selbst produzieren, häufen, dürfte es um die seltsame Hypothese vom großen Kometenregen endgültig geschehen sein. Daß Hubble daran beteiligt sein würde, hatte allerdings niemand erwartet.

Kometen

Auch die anderen Kleinkörper des Sonnensystems, die Kometen, werden gelegentlich zu Motiven für das Hubble-Teleskop, vor allem, wenn es sich um ungewöhnliche Schweifsterne handelt. Mit seinem winzigen Bildfeld kann Hubble natürlich nur die unmittelbare Umgebung der Kometenkerne, die zentralen Bereiche des Kometenkopfes (der Koma) also, unter die Lupe nehmen. So geschah es bei Hale-Bopp, der im Frühjahr 1997 hell am Himmel stand. Schon Hubbles erstes Bild vom 26. September 1995, auf dem der Komet noch weit von der Sonne entfernt war, hatte Erstaunen hervorgerufen. Es zeigte in großer Klarheit eine spiralförmige Staubstruktur, die kurz zuvor aus dem Kernbereich herausgewachsen war. Schon einmal hatte der erst zwei Monate vorher entdeckte Komet eine solche Staubspirale produziert, die rasch wieder zerfallen war. Und nun fiel Hubbles bereits Wochen im voraus gebuchte Aufnahme genau auf den zweiten Ausbruch. Zunächst konnte nur spekuliert werden, was dieser ungewöhnliche Anblick bedeutete: Der Kometenkern schien wie ein Rasensprenger zu rotieren und dabei seinen Staub im Raum zu verstreuen.

Als Hubble dann am 23. Oktober das nächste Mal hinschaute, war die Koma Hale-Bopps völlig ereignislos, von einer Staubfontäne keine Spur – und das war auch gut so. Denn nun ließ sich die Lichtverteilung im Kometenkopf viel besser mathematisch analysieren, und es gelang, den Lichtanteil, der allein vom festen Kometenkern stammte, zu isolieren. Das Ergebnis war beachtlich: Der Durchmesser lag bei etwa 40 km, was für Kometen ein sehr hoher Wert ist. Bald mußte Hubble pausieren, denn Hale-Bopp stand gerade dann, als er am hellsten war, der Sonne zu nahe. Erst im Sommer 1997 waren wieder Beobachtungen möglich. Zum einen entstanden Bilder, in denen die immer noch vorhandene Jet-Aktivität deutlich wurde, aber auch Spektren aufgenommen werden konnten. Jede Menge Emission von Hydroxyl (OH), dem Abbauprodukt von Wasser, war bei 309 Nanometern zu erkennen. Daraus ließ sich abschätzen, daß der Kometenkern auch im August 1997 noch grob 3×10^{29} Wassermoleküle pro Sekunde freisetzte, ungefähr so viel wie in derselben Sonnendistanz auf dem Weg hinein ins innere Sonnensystem.

Hale-Bopps große Staubspirale vom 26. September 1995: Durch Zufall stand eine Hubble-Aufnahme des damals noch weit von der Sonne entfernten Planeten kurz nach einem starken Ausbruch auf der Oberfläche des Kometenkerns auf dem Programm. Für die rechte Version des Bildes wurden der Klarheit halber alle Spuren von Sternen im Hintergrund entfernt (Quelle: Weaver & Feldman und NASA).

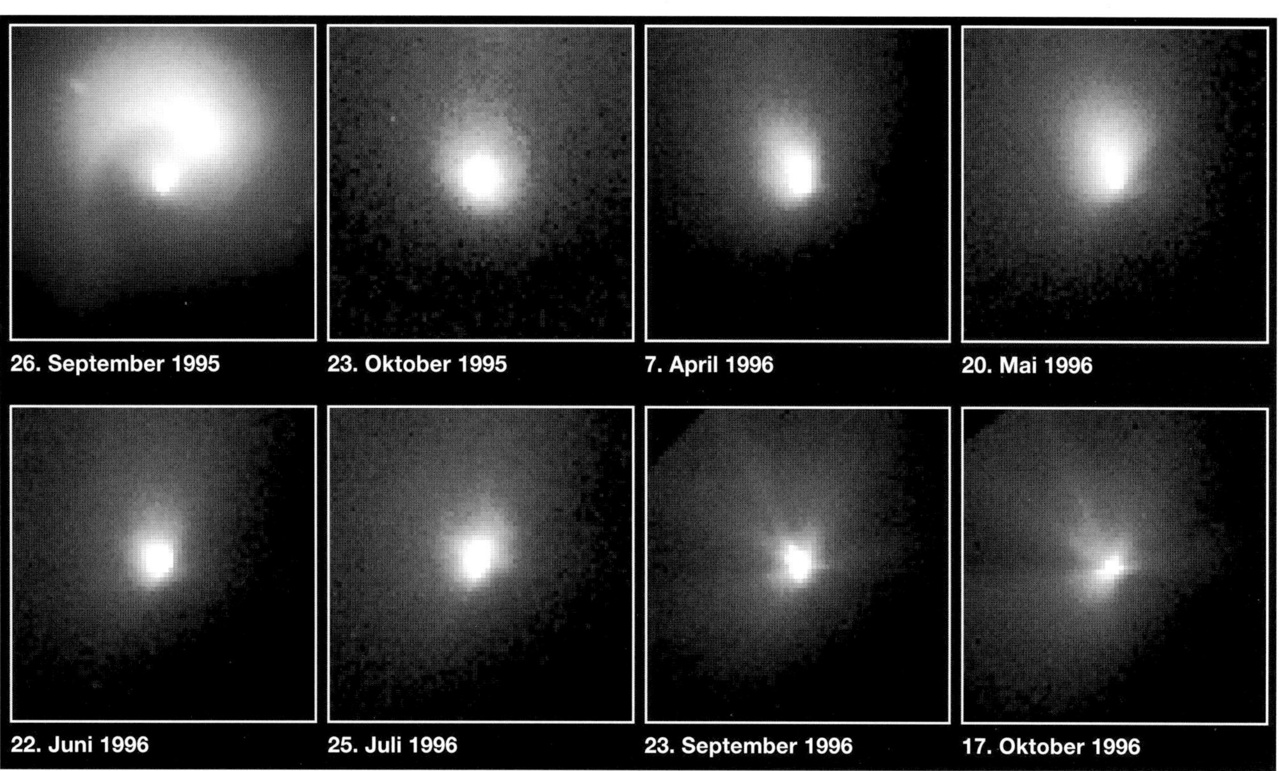

Ein Jahr Hale-Bopp-Beobachtungen mit Hubble, von September 1995 bis Oktober 1996, dokumentiert die Veränderungen in der inneren Gas- und vor allem in der Staubhülle des Kometen. Dominierten anfangs die gelegentlichen Staubausbrüche, zeigte sich im Herbst 1996 ein stabiles Muster aus mehreren Staubstrahlen (Quelle: Weaver und NASA).

Das Innenleben eines Kometenkopfes: Hubble-Aufnahmen von Hyakutake am 25. März 1996, als er nur 15 Millionen Kilometer von der Erde entfernt war. Das Bildfeld links ist in der Realität nur 3340 km groß: Man sieht, daß der meiste Staub auf der sonnenzugewandten Seite des Kometenkerns freigesetzt wird. Und es ist zu erkennen, daß sich mehrere Fragmente des Kerns abgespalten haben, die von der Sonne fortwandern (nach oben links). Oben rechts sind sie vergrößert zu sehen (Quelle: Weaver und NASA).

Mars

Der Planet Mars ist für Hubble vor allem dann ein Beobachtungsmotiv, wenn es um die Unterstützung von Raumsonden geht, die dorthin unterwegs sind. In den Monaten, bevor der Mars Pathfinder sein Ziel erreichte, bemühten sich die Marsforscher emsig, mit Hubble eine Wettervoraussage zu treffen. Sie hatten sich, wie schon im ersten Band geschildert, bereits 1995 von einer erheblichen Klimaänderung in den vergangenen zwei Jahrzehnten überzeugt und erwarteten nun, daß der Pathfinder einen ganz anderen Himmel als die Viking-Lander des Jahres 1976 vorfinden würde. Weiße Wolken auf dunkelblauem Marshimmel könne der Mars Pathfinder erwarten, wenn er am 4. Juli auf dem Roten Planeten gelandet sei und seine Kamera nach oben richte: So lautete die Wettervorhersage aufgrund der neuesten Hubble-Bilder, die die NASA noch am

Der Mars am 10. März 1997, kurz bevor er der Erde am nächsten kam. Die Distanz betrug dann zwar immer noch 100 Millionen Kilometer, aber Hubbles Aufnahmen zeigten gleichwohl eine Fülle von Einzelheiten. Die drei Aufnahmen zeigen praktisch den gesamten Planeten (Quelle: Crisp und WFPC-2-Team).

20. Mai 1997 vorstellte – ganz anders also als der gelbe Himmel, der sich über den Vikings gewölbt hatte. Auch Beobachtungen vom März 1997 hätten es wieder bestätigt: Der Mars habe zwei völlig verschiedene Klima-Zustände, einen warmen mit staubgefüllter Atmosphäre und einen kalten mit klarer Luft, in der sich aber Wolken aus Wasserdampf bilden.

Drei Faktoren schienen den Wechsel zwischen den Klimazuständen zu beinflussen: Die geringe Dichte der Marsatmosphäre, die stark variierende Sonneneinstrahlung und die starke Wechselwirkung zwischen dem Staub und den Wassereiswolken in der Atmosphäre. Weil die Marsatmosphäre nur hauchdünn ist und es auch keine Ozeane als Wärmespeicher gibt, reagiert die Planetentemperatur schneller und stärker auf Veränderungen der Oberfläche und die Aufheizung der Atmosphäre durch die Sonne. Steht der Mars nun nahe dem sonnennächsten Punkt seiner elliptischen Bahn, so steigt seine Temperatur im Südsommer um 20°C. Das kann globale Staubstürme auslösen, die die Atmosphärentemperatur um weitere 15 bis 30°C nach oben treiben. So war es während der Mariner-9- und Viking-Besuche. Das typische Klima in Sonnenferne sieht jedoch anders aus: Es herrscht eine viel kühlere, klarere Atmosphäre mit planetenweiten Gürteln aus Wassereiswolken in 3-10 km Höhe. «Ein sehr, sehr dunkler und vielleicht etwas bläulicher Himmel mit brillanten weißen Wolken» wurde daher für den 4. Juli vorausgesagt – doch die Realität sah völlig anders aus.

Das Marsklima, das der Pathfinder vorfand, unterschied sich nur in Nuancen von den Erfahrungen der Vikings: Der Himmel war so gelb wie eh und je, der Staubanteil vergleichbar hoch. Was war schiefgelaufen? Eine einfache Erklärung ließ sich nicht finden für die deutlichen Unterschiede in der Beurteilung des Atmosphärenzustands des Mars durch Hubble aus der Ferne und den Pathfinder vor Ort. Sie blieben auch nach der Landung bestehen. Es scheint also, daß es doch schwieriger ist, als es anfangs schien, bei der Auswertung noch so guter Hubble-Bilder Phänomene der Atmosphäre des Planeten klar vom Marsboden zu unterscheiden. Dessenungeachtet blieb Hubble aber ein wertvoller «Wettersatellit», wenn es um die Warnung vor Staubstürmen ging. Ein kleiner Staubsturm auf dem Mars war zum Beispiel Ende 1996 verfolgt worden: Zuerst erschien ein kleines, hellbraunes Wölkchen, das am 18. 9. halb über die Nordpolkappe ragte und sich dann bis zum 15.10. in einen Wirbel verwandelt hatte, der nun ganz über der Polkappe lag. Eine solche Entwicklung war noch nie beobachtet worden. Dieses ungewöhnliche Stürmchen war wohl durch die großen Temperaturunterschiede zwischen dem Polareis und den dunklen Regionen im Süden entstanden, die die Frühlingssonne erwärmte.

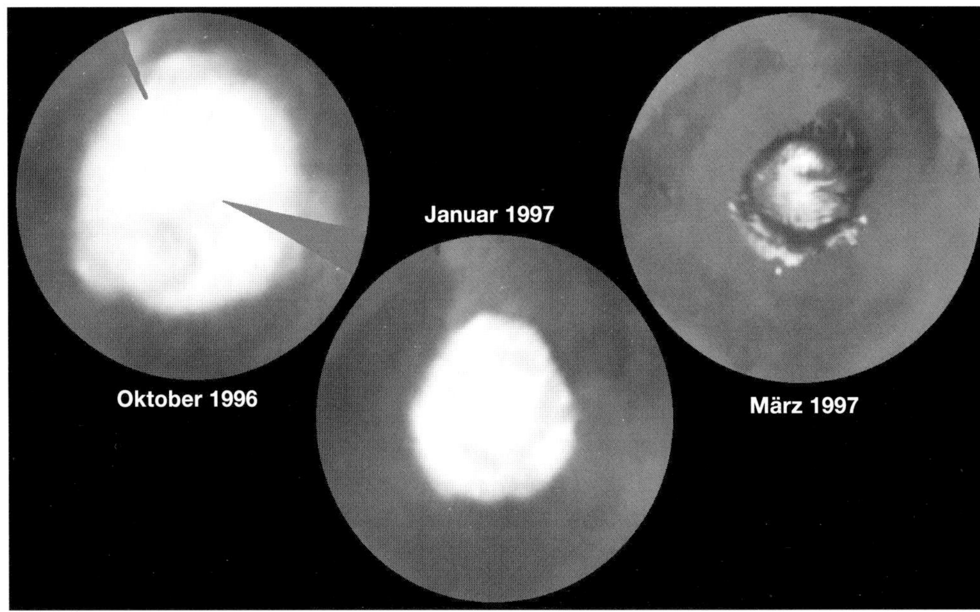

Die Nordpolkappe des Mars verschwindet: Hubble schaute zu, wie sich die Eiskappe des Planeten aus Kohlendioxid bei steigendem Sonnenstand von Oktober 1996 bis März 1997 drastisch verkleinerte. Reichte die Polkappe zunächst noch bis 60° nördlicher Breite, nahm sie später eine sechseckige Gestalt an, um schließlich im Sommer bis auf einen Rest aus Wassereis zu verschwinden (Quelle: James et al. und NASA).

Die verschiedenen Gesichter des Mars: Auf den Filter kommt es an! Das Farbbild links wurde aus Aufnahmen im Roten, Grünen und Blauen zusammengesetzt und gibt in etwa den korrekten Eindruck wieder. Rechts wird dagegen nur der blaue Farbauszug gezeigt. Er hebt die Wolken des Mars hervor. Dabei entsteht ein Eindruck wie bei den Bildern irdischer Wettersatelliten: Ein ausgedehntes Frontensystem ist zu erkennen, und globale Wettereffekte werden sichtbar gemacht (Quelle: James et al. und NASA).

Dieser Sturm war zu klein, um ihn vom Erdboden aus klar verfolgen zu können. Hubble ist das einzige Instrument, daß solche lokalen Stürme beobachten kann. Derartige «Wetterberichte» waren für den Mars Global Surveyor und den Mars Pathfinder gleichermaßen wichtig, hing beider Schicksal doch von einer genauen Kenntnis des Zustands der Atmosphäre ab, die sie zu ihrer Abbremsung benötigen. Obwohl für die Marsüberwachung nur 3 bis 5 Hubble-Orbits Beobachtungszeit pro Monat gewährt werden, hat sie sich bewährt. So sorgten Hubble-Aufnahmen noch am 27. Juni 1997, eine Woche vor der Pathfinder-Landung, für ein wenig Aufregung, weil tatsächlich ein neuer kleiner Staubsturm entstanden war – allerdings 1000 km südlich der Landestelle. Weitere Aufnahmen zeigten dann, daß der Sturm nicht näher gekommen war. Nun, da der Mars Global Surveyor im Orbit ist und ab März 1999 seine eigenen täglichen Wetterkarten liefern kann, wird die Bedeutung Hubbles für die Marsforschung allerdings abnehmen. Doch das ist freilich einer der ganz wenigen Bereiche der Weltraumforschung, in dem das Weltraumteleskop keine bedeutenden Beiträge mehr leisten kann.

1. Mai 1997

27. Juni 1997

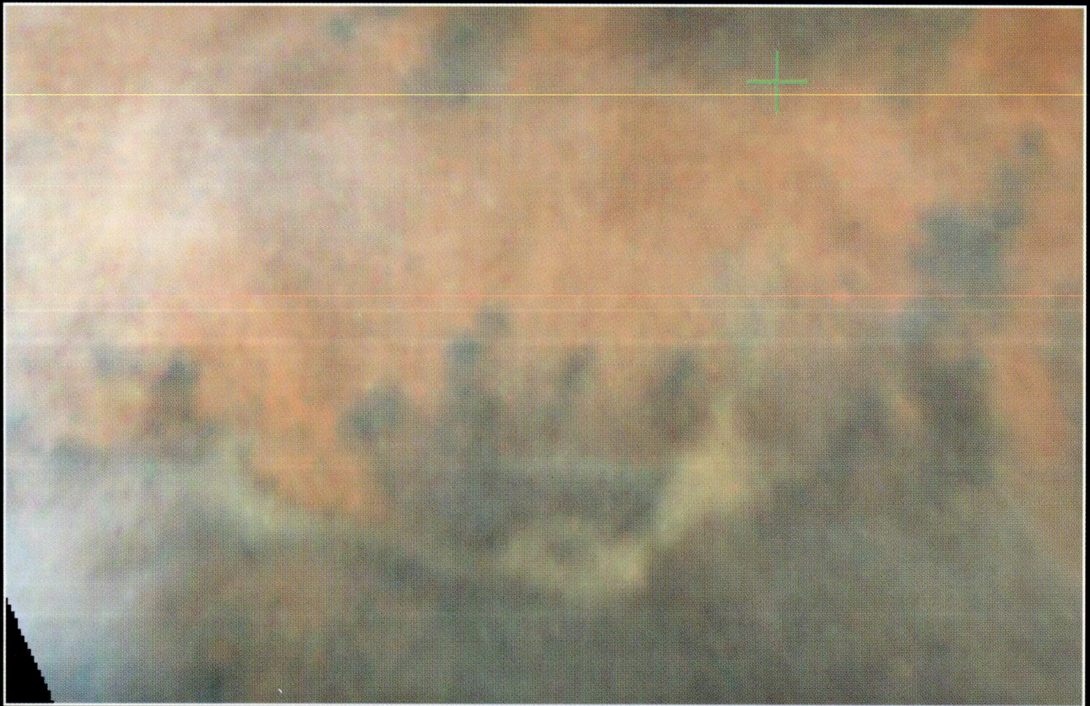

Valles Marineris

27. Juni 1997

Wetterbericht für die Landung des Mars Pathfinder: In den Wochen vor der ersten Marslandung nach 21 Jahren war Hubble recht häufig auf den Mars ausgerichtet – und prompt erschien Ende Juni 1997 eine Staubwolke 1000 km südlich der Landestelle. Als der Pathfinder am 4. Juli ankam, hatte sich der kleine Staubsturm aber schon wieder weitgehend gelegt, dafür war weiter nördlich neue Staubaktivität entstanden. Oben sieht man jeweils globale Hubble-Ansichten des Mars, darunter Ausschnitte, in denen das grüne Kreuz den Landeort des Pathfinder markiert (Quelle: Lee et al. und NASA).

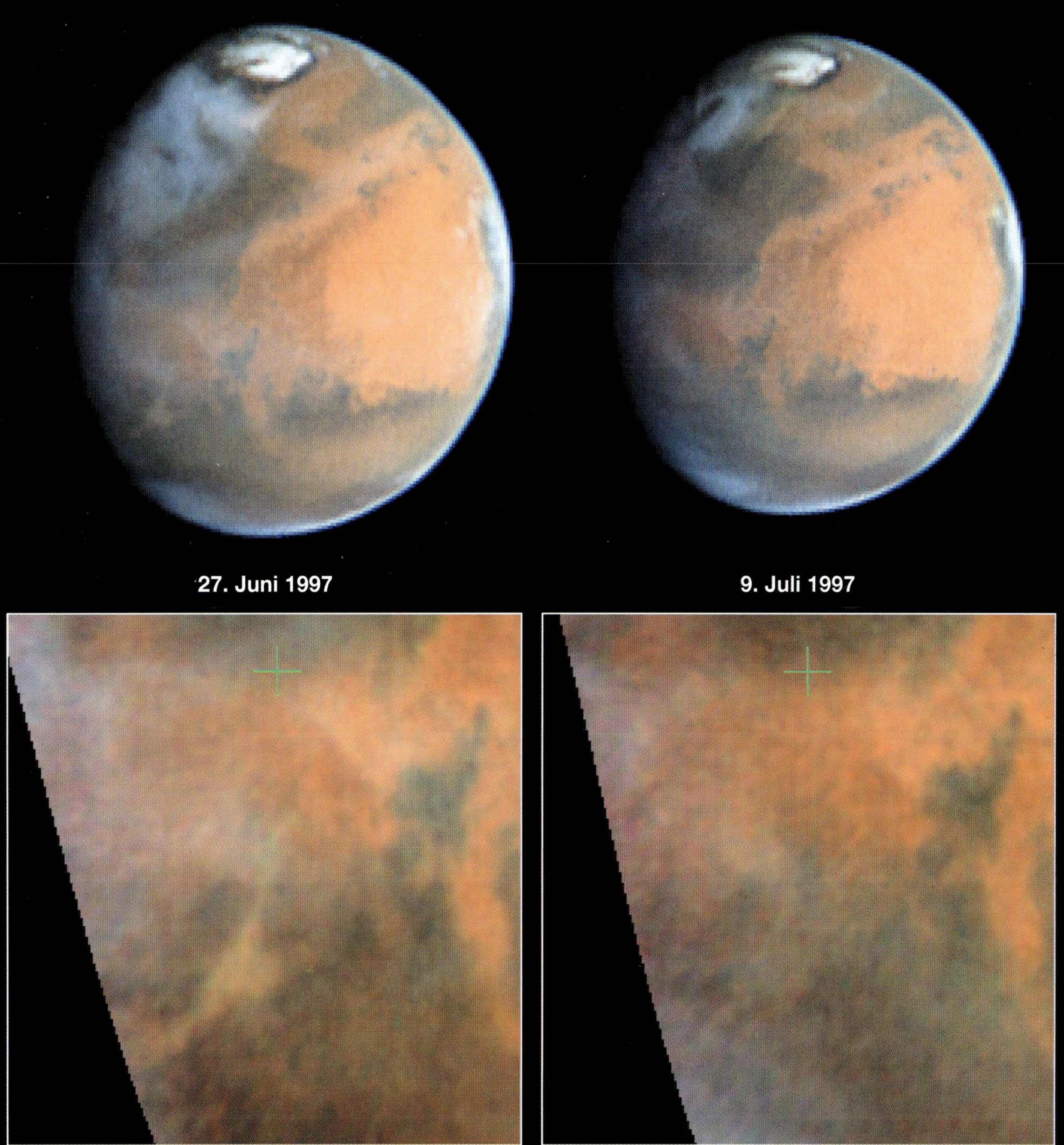

Hubbles zweite Lebenshälfte und die Zukunft

Zwischenbilanz

Das Weltraumteleskop Hubble arbeitet meist im Verborgenen. Wenn es nicht gerade von Space Shuttles besucht wird, was nur alle drei Jahre geschieht, macht es meist nur durch seine spektakulären Bilder und Ergebnisse von sich reden. Wenn sich wieder einmal der Tag des Starts jährt, regt dies allerdings zu Zwischenbilanzen an – am 24. April 1998 war es wieder soweit. In seinen ersten acht Jahren hat Hubble auf seiner niedrigen Erdumlaufbahn rund 1,9 Milliarden Kilometer zurückgelegt, das ist mehr als die Strecke zum Saturn. 4,44 Billionen Bytes Daten, die im zentralen Datenarchiv 710 große Optical Disks mit je 6,7 GB Kapazität füllen, wurden in diesen acht Jahren zur Erde gefunkt. Zwar besteht nur ein Teil dieser Datenmenge aus tatsächlich wissenschaftlichen Beobachtungen, doch rund 120000 Belichtungen von etwa 10000 verschiedenen Objekten hat Hubble absolviert. Diese verhalfen seinen Nutzern zu immerhin 1700 wissenschaftlichen Veröffentlichungen. Wer hätte nach der großen Krise kurz nach dem Start gedacht, daß Hubble einmal so produktiv sein würde? Mit der 100000sten Messung hatten selbst Optimisten erst im zehnten Jahr gerechnet – aber es war bereits im Juni 1996 soweit gewesen.

Ein Grund für die gesteigerte Ausbeute: Hubble muß weniger pausieren, als die Planer angenommen hatten. Sie waren davon ausgegangen, daß der Satellit nur 35 Prozent seiner Zeit für die Astronomie eingesetzt werden könnte: Schließlich fiel ja allein die Hälfte fast jeder Erdumkreisung aus, weil die meisten Beobachtungsobjekte dann hinter der Erde verschwanden. Weitere Verluste bescherten die Strahlungsgürtel der Erde, besonders die zahlreichen Teilcheneinschläge in der South Atlantic Anomaly, die zum Unterbrechen der Arbeit zwingen. Aber eine immer cleverere Zeitplanung hatte es geschafft, die Beobachtungseffizienz bereits 1992 auf 38 Prozent zu steigern, 1995 wurden 47 Prozent erreicht, im ersten Quartal 1996 waren es 52 und Mitte 1996 gar 55 Prozent. Der wissenschaftliche Output ist mithin um die Hälfte größer als ursprünglich veranschlagt. Den Effizienzrekord hält natürlich der Dezember 1995 mit sagenhaften 74 Prozent, als Hubble zehn Tage lang fast ununterbrochen dasselbe Himmelsfeld – das berühmte Hubble Deep Field – anschaute. Weil es hoch im Norden liegt, wird es von der Erde nicht bedeckt: Das war auch ein wesentliches Kriterium bei der Festlegung der Position gewesen.

Wie wir in den vorangegangenen Kapiteln gesehen haben, hat Hubble praktisch alle Bereiche der Astronomie befruchtet, und sein Einsatz zur Beantwortung zentraler Fragen ist zur Selbstverständlichkeit geworden. Das geht längst so weit, daß die Verwendung des Teleskops bei einer Forschungsarbeit nur noch selten im Titel erwähnt wird: Auch wenn es Möglichkeiten bietet wie kein anderes Instrument, so wird das Weltraumteleskop heute als eine Sternwarte wie andere auch betrachtet. Observatorien auf der Erde haben eine im Prinzip unbegrenzte Lebensspanne: Manche gibt es schon über 100 Jahre, und selbst der berühmte 5-Meter-Spiegel des Palomar Observatory wurde 1998 ein halbes Jahrhundert alt. Bei Satelliten im Erdorbit ist das freilich anders – die Halbzeitmarke der ursprünglich veranschlagten 15 Jahre Lebensdauer Hubbles ist Ende 1997 passiert worden. Die Fragen nach der Zukunft der optischen Astronomie im Weltraum werden drängender, aber auch die Antworten sind klarer geworden. Bei Orbitalobservatorien für den Ultraviolett- bis nahen Infrarotbereich besitzt die NASA auf absehbare Zeit ein Monopol. Es zeichnet sich ab, daß sie davon in besonders kreativer Weise Gebrauch machen wird – für einen Bruchteil der Kosten, die das Hubble-Programm erforderte und erfordert. Erfreulicherweise wird aber auch Europa weiter eine Rolle als Juniorpartner spielen können.

Den zunächst einmal wichtigsten Beschluß faßte die NASA 1997: Statt das Weltraumteleskop im Jahre 2005 einzumotten, wird Hubble bis mindestens zum Jahr 2010 im Einsatz bleiben dürfen, sofern seine technischen Systeme durchhalten und der wissenschaftliche Ausstoß hoch genug bleibt. Die entscheidende Voraussetzung für die Missionsverlängerung: Hubble wird nach den letzten zwei Service-Missionen (voraussichtlich Anfang 2000 und 2003) ganz sich selbst überlassen. Da dann keine weiteren Shuttlebesuche mehr vorbereitet und neue Instrumente oder Ersatzteile entwikkelt werden müssen, sinken ab 2003 die jährlichen Kosten des Programms auf höchstens ein Fünftel. Und das wiederum eröffnet die Möglichkeit, mit dem Bau von Hubbles Wunschnachfolger zu beginnen, dem «Next Generation Space Telescope» (NGST) für den nahen Infrarotbereich, das noch eingehender vorgestellt werden wird. Es könnte vielleicht schon im Jahre 2007 gestartet werden und dann noch mehrere Jahre parallel mit Hubble arbeiten. Dieser neue Hubble wird freilich ein ganz anderer sein als der, der 1990 gestartet wurde: Kein einziges der ursprünglichen wissenschaftlichen Instrumente wird mehr an Bord sein, wesentliche Elektronikkomponenten und auch die Solarzellen sind ersetzt.

Ein neuer Direktor für das STScI

Der zweite Wechsel an der Spitze des Hubble-Instituts: Steven V. W. Beckwith, früher an der Cornell University tätig, aber seit 1991 Direktor am Max-Planck-Institut für Astronomie in Heidelberg, wurde am 1. September 1998 Nachfolger von Bob Williams und damit der dritte Direktor des Space Telescope Science Institute in Baltimore, Maryland. Williams hatte schon länger seinen Abschied angekündigt, nicht etwa, weil er Hubbles überdrüssig geworden wäre – just in seine Amtszeit ab 1993 fielen die beiden Servicing Missions und die größten Triumphe –, aber es zog den Astrophysiker, der vorher Direktor des Cerro Tololo Interamerican Observatory gewesen war, in die aktive Forschung zurück. Das STScI sei «eines der aufregendsten neuen Institute in

Steven Beckwith, der neue Direktor des Space Telescope Science Institute (Quelle: MPIA).

der Astronomie», freut sich Beckwith über seine Berufung: «Das HST ist, hoffe ich, das erste von vielen wichtigen Weltraumprojekten für das STScI. Ich bin besonders daran interessiert, das STScI aktiv am NASA-Origins-Programm teilnehmen zu lassen.» So wird das Institut eine wichtige Rolle schon bei der Entwicklung des Next Generation Space Telescope spielen und zum wissenschaftlichen Hauptquartier zunächst dieser Origins-Missionen werden.

Eine wichtige Rolle wurde und wird im STScI der Information der Öffentlichkeit über die Ergebnisse der Forschung zuteil: Um seine «Outreach»-Abteilung wird es auf der ganzen Welt beneidet. Die beiden wichtigsten Zielgruppen waren stets die (Massen-)Medien der ganzen Welt und die Schulen der USA. Aber eine Zeitlang gab es noch einen dritten Weg, auf dem das STScI Hubble «unters Volk» brachte: Amateurastromen konnten sich – im wissenschaftlichen Wettstreit, ganz wie bei den Profis – einen kleinen Teil der Beobachtungszeit mit dem Teleskop sichern. Die Einladung hatte der erste STScI-Direktor Riccardo Giacconi schon 1986 ausgesprochen und dafür einen Teil seiner «Direktoren-Zeit» bereitgestellt, die ihm für spezielle Projekte zusteht. Dreizehn Forschungsprogramme aus allen Gebieten der Astronomie konnten schließlich realisiert werden, und 1998 wurden die Ergebnisse des letzten veröffentlicht. Beobachtet worden war die Galaxie NGC 1808. Es ging um das Innenleben der Balkenspirale, die einen Starburst erlebt.

Das Amateurprogramm war zu diesem Zeitpunkt freilich schon jahrelang eingestellt: Es stand in Baltimore nicht genug Manpower zur Verfügung, um die Sternfreunde in allen Phasen der Beobachtungen, von der Planung bis zur Datenauswertung auf Institutscomputern, angemessen zu unterstützen. Ob das Programm wiederkehren wird oder etwas Vergleichbares, das kann Steven Beckwith noch nicht sagen: Die NASA weiß, daß Öffentlichkeitsarbeit auf allen Ebenen wichtig ist, aber die begrenzten Mittel müssen in die produktivsten Kanäle gelenkt werden. Wie die Einbindung echter Hubble-Messungen in den Schulunterricht aussehen kann, davon konnten sich immerhin Anfang 1996 auch ein paar ausgewählte bayerische Schüler ein Bild machen: Sie waren über Bildtelefon der amerikanischen Aktion «Live from the Hubble Space Telescope» zugeschaltet. Amerikanische Schüler hatten zusammen mit Planetenforschern ein moderates Beobachtungsprogramm entworfen und sich schließlich für die Planeten Neptun und Pluto entschieden – dann konnten sie beim Einlaufen der Bilder live dabeisein. Die tatsächliche Auswertung besorgten dann allerdings wieder die Profis: Nach neuen Wegen, die Spannung des Hubble-Forschens in breitere Kreise zu tragen, darf also weiter gesucht werden!

Die letzten beiden Shuttle-Besuche

Die dritte Service-Mission, deren Termin auf Mai 2000 festgelegt wurde, wird mit sechs Astronautenausstiegen à 6 Stunden wieder mindestens so kompliziert wie die ersten beiden 1993 und 1997. Nicht weniger als zehn verschiedene technische Anlagen oder Bauteile sollen montiert, die lädierte Isolierung des Satelliten muß repariert und seine Umlaufbahn muß kräftig angehoben werden. Bei den wissenschaftlichen Instrumenten ist diesmal nur ein Wechsel vorgesehen: Die europäische Faint Object Camera (FOC) muß der **Advanced Camera for Surveys** (ACS) weichen, die dann zur wichtigsten Hubble-Kamera überhaupt wird. Ihr entscheidender Fortschritt gegenüber der Wide Field Planetary Camera ist ihr größeres Bildfeld von über drei Bogenminuten; trotzdem wird sie genauso scharf abbilden. Weiter wurde auf möglichst geringen Lichtverlust und Freiheit von Streulicht Wert gelegt. Eigentlich besteht die ACS aus drei einzelnen Kameras, der Wide Field Camera mit 16 Millionen Bildpunkten à 1/20 Bogensekunde, einer Kamera für doppelte Schärfe mit 1 Million Bildpunkten und einem Spezialkanal für ultraviolettes Licht.

Während die bisherigen Instrumente Hubbles für gezielte Beobachtungen ausgewählter Himmelsobjekte ausgelegt waren, sind drei Viertel der anfänglichen Meßzeit der ACS schon reserviert. Wie ihr Name verrät, wird sie für Himmelsdurchmusterungen eingesetzt werden, bei denen bestimmte Himmelsareale systematisch abgesucht werden. Zuerst werden 0,7 Quadratgrad in zwei Farben mit der WFC aufgenommen. Etwa 20 große Galaxienhaufen sollten dabei erfaßt werden. Bei einer zweiten Durchmusterung wird versucht, die Entfernungen zu Galaxien unabhängig von ihren Rotverschiebungen zu ermitteln und Rückschlüsse auf Strömungsbewegungen auf großer Skala zu ziehen. Neben diesen und anderen kosmologischen Projekten soll ein weiterer Schwerpunkt bei der Untersuchung von aktiven Galaxienkernen und Quasaren mit hoher Winkelauflösung liegen. Ein drittes großes Forschungsfeld werden die Polarlichter der Riesenplaneten unseres Sonnensystems sowie protoplanetare Scheiben anderer Sterne sein.

Der zweite große Austausch während der dritten Service-Mission betrifft die Solarsegel: Die europäischen Modelle werden durch weniger empfindliche Neuentwicklungen ersetzt. Völlig neu sind sie allerdings nicht. Die diesmal starren Solarzellenträger basieren auf den Iridium-Telefonsatelliten. Darüber hinaus sollen auch eine ganze Reihe von internen Komponenten Hubbles ersetzt werden, einer der Feinnachführsensoren, eine Lageregelungseinheit, ein wichtiger Computer und der zweite Datenrekorder. Bei Drucklegung dieses Buches war noch nicht entschieden, ob das beschädigte NICMOS-Instrument tatsächlich mit einem völlig neuen, aktiven Kühlsystem (NCS) ausgestattet werden soll: Die Anlage muß vor der Installation bei einem Shuttle-Flug im Oktober 1998 unter den Bedingungen der Schwerelosigkeit erprobt werden. Sie könnte NICMOS, dessen eigenes Kühlmittel schon Ende 1998 aufgebraucht sein dürfte, erneut gut fünf Jahre Betrieb ermöglichen!

Die vierte und letzte Service-Mission, deren Start für April 2003 geplant ist, wird ganz im Zeichen der folgenden sieben oder mehr Jahre stehen, in denen

Hubble dann wie jeder andere Forschungssatellit auch ganz auf sich allein gestellt sein wird. Die wesentlichen Verschleißteile werden noch einmal erneuert und die letzten beiden neuen wissenschaftlichen Instrumente eingebaut. Die Hoffnungen europäischer Ingenieure, mit einer eigenen bahnbrechenden Entwicklung dabeizusein, ließen sich zwar nicht realisieren, aber die NASA hat Wege gefunden, Hubble auch allein eine optimale Ausstattung für seinen «Lebensabend» zu verschaffen. Zum einen wird die überflüssig gewordene Korrekturoptik COSTAR durch den **Cosmic Origins Spectrograph** (COS) ersetzt, einen preiswerten Spektrographen, der das Instrument STIS in entscheidenden Punkten ergänzen kann. Und die Wide Field Planetary Camera 2 wird von der Wide Field Camera 3 (WFC-3) abgelöst. Erstmals tritt jetzt auch ein Wunsch nach Sicherheit in den Vordergrund: Fielen STIS oder die ACS plötzlich aus, dann soll Hubble nicht mit einem Mal ohne Spektrograph oder ohne moderne Kamera auskommen müssen.

Um dies sicherzustellen, wurden zum einen die Fähigkeiten des Spektographen ergänzt und sein Spektralbereich vergrößert, so daß er STIS im Notfall besser ersetzen könnte. Das war nur möglich, weil die ursprüngliche Konzeption von COS ausgesprochen preiswert geraten war. Eigentlich sollte sich der Spektrograph ganz auf Spezialanwendungen im Fernen Ultraviolettbereich (115 bis 178 Nanometer) beschränken, aber nun waren noch genügend Mittel vorhanden, um einen zweiten Kanal für den Nah-UV-Bereich (175 bis 320 Nanometer) einzurichten! Das Instrument ist nur für Punktquellen zuständig, freilich für die schwächsten und fernsten, wie sein Name verrät. Bei seinen Forschungsprogrammen geht es in erster Linie um Gas im Raum zwischen den Galaxien und Sternen sowie generell um die physikalischen Eigenschaften von Planeten, Sternen und Galaxien: Emissions- und Absorptionslinien im Ultravioletten liefern oft die entscheidenden Erkenntnisse. Nur ein kleiner Teil der Meßzeit ist dabei für die Konstrukteure von COS reserviert: Den Großteil der Forschungen werden Gastbeobachter bestreiten.

Den Generationswechsel unter Hubbles Instrumenten wird der Austausch der WFPC2 durch die **WFC-3** komplettieren. Äußerlich sieht das neue Instrument, das seitlich in den Satelliten geschoben wird, zwar genauso aus: kein Wunder, denn es wird das Gehäuse der alten Kamera benutzt, die die Astronauten 1993 zurückbrachten. Aber das Innenleben markiert einen großen Fortschritt: An die Stelle der bisher benutzten kleinen CCD-Chips tritt ein Duplikat des viel größeren Bilddetektors des Weitwinkelkanals der ACS mit 4096 x 4096 Bildpunkten. Er verschafft der neuen Kamera ein Bildfeld von 160 x 160 Bogensekunden mit 0,04 Bogensekunden pro Pixel: Sie kann also so scharf sehen wie die bisher installierte Kamera, aber mit viel größerem Gesichtsfeld. Auch sonst wird, wo immer möglich, auf Entwicklungen aus früheren Hubble-Instrumenten oder sogar auf Ersatzteile zurückgegriffen: Die Kosten werden so stark reduziert. Für ein Gerät, das keine eigentliche wissenschaftliche Aufgabe hat, sondern in erster Linie eine Versicherung gegen das Versagen der Hauptkamera ACS bilden soll, eine ideale Lösung.

Hubbles Erbe: die Datenarchive

Wenn die letzte Service-Mission beendet ist und die neuen Instrumente arbeiten, wird das Hubble-Programm ein neues Gesicht bekommen: Die jährlichen Kosten von derzeit noch über 200 Millionen Dollar fallen drastisch – auf vielleicht nur noch ein Fünftel, doch weniger Arbeit wird es nicht geben. Die Astronomen, die Hubble nutzen wollen, müssen weiter unterstützt werden – und die weiter anschwellende Datenflut muß permanent gespeichert und der astronomischen Welt auf bequeme Weise zugänglich gemacht werden. Denn auch wenn derjenige Astronom, für den eine Beobachtung durchgeführt wurde, seine Daten zunächst für sich alleine hat, so gehen sie doch – meist nach einem Jahr – in den Besitz der Allgemeinheit über. Die Gemeinschaft der Astronomen der Welt hat den Wert dieser Fundgrube längst erkannt: Von den Daten im Archiv wird mit ständig steigendem Enthusiasmus Gebrauch gemacht. Im Jahre 1997 wurden im Hauptarchiv in Baltimore jeden Tag im Durchschnitt 10 Gigabyte abgefragt, im Februar 1998 sogar 25 Gigabyte täglich. Längst gehen mehrmals so viele Daten aus dem Archiv heraus, als neue hereinkommen. Die Suche nach bestimmten Datensätzen oder Material zu bestimmten Themen ist dabei immer einfacher geworden, und das Wachstum des Internet sowie die Erfindung der beschreibbaren CD-ROM haben die Verteilung der Daten erheblich vereinfacht. Doch schon jetzt wird der Übergang zum nächsten Speichermedium vorbereitet, denn leider veraltet in diesem Bereich jedes System in typischerweise nur drei Jahren.

Und dieser nächste Schritt sind DVD-ROMs: Diese Digital Versatile Disks, die aussehen wie CD-ROMs, aber mehrere Gigabyte statt 650 Megabyte fassen, wurden eigentlich für die Unterhaltungsindustrie eingeführt, sind aber auch als wissenschaftlicher Datenspeicher mit hoher Dichte geeignet.

Auch auf der Software-Seite hat es wesentliche Entwicklungen gegeben: Sie hängen damit zusammen, daß Hubble-Daten in ihrer rohen Form direkt nicht wissenschaftlich verwertbar sind. Jede Messung muß durch einen mathematischen Prozeß, der Kalibration genannt wird, von den Effekten befreit werden, die das Meßinstrument selbst verursacht hat – und die Datenmenge schwillt dadurch erheblich an. Außerdem wird die Kalibration mit der Zeit immer besser: Es erweist sich als sinnvoller, die Rohdaten und die Kalibrationsinformation getrennt zu speichern und die Auswertung erst in dem Augenblick des Abrufs durchzuführen. Dieses Verfahren wird «On-the-fly calibration» genannt. Doch es gibt noch weiterreichende Ideen: Wäre es nicht günstiger, die Daten nebst der Kalibrationssoftware an den Benutzer zu schicken, anstatt damit die eigenen Rechner zu belasten? Schon wird an einem experimentellen System gearbeitet, die gesamte Datenaufbereitung in der Programmiersprache Java zu implementieren: Sie könnte dann, unabhängig vom Betriebssystem, auf praktisch jedem Computer der Welt laufen, der nur über einen gewöhnlichen WWW-Browser verfügt! Zum ersten Mal stände das Hubble-Datenarchiv dann auch auf einfache Weise amateurastronomischen Nutzern offen.

Allein die Betreuung der Datensammlung wird also den Fortbestand der Hubble-Institutionen in Amerika und wohl auch Europa sichern – doch mit dem Satelliten selbst wird es irgendwann vorbei sein, 2010 oder noch später. Wenn zu viele Systeme ausgefallen sind oder, was eher unwahrscheinlich ist, kein Bedarf mehr für das Hubble Space Telescope besteht, wird es abgeschaltet werden müssen. Doch damit ist es nicht getan: Der Luftwiderstand durch die Restatmosphäre würde Hubbles Bahn erst langsam, dann immer schneller absinken lassen, bis der Satellit in die Atmosphäre eintreten und verglühen würde. Und dabei ist das Risiko zu hoch, daß größere Teile die Oberfläche erreichen würden. Der Grund für dieses fatale Ende: ein eigenes Triebwerk, um gegen den Absturz anzukämpfen, besitzt Hubble nicht. Damit gibt es eigentlich nur zwei Varianten für den letzten Akt, die beide bereits bei der NASA diskutiert werden. Entweder es wird ein – um 2010 vielleicht verfügbarer – Robotsatellit zu Hubble geschickt, der das Teleskop auf eine höhere und sichere «Friedhofsbahn» bugsiert. Oder der Robotor – oder auch ein Space Shuttle – bringt Hubble sanft zur Erde zurück. Für die Ingenieure, die den Satelliten 30 Jahre früher gebaut haben (oder ihre Nachfolger), wäre es von hohem Nutzen, den Zustand der Systeme nach 20 Jahren im All zu untersuchen. Am Ende aber würde Hubble seine letzte Ruhestätte in einem Museum finden.

Die Entdeckungsreise geht weiter: Nachfolger für Hubble

Eine Welt ohne ein großes optisches Teleskop in der Erdumlaufbahn können sich die Astronomen schon heute kaum mehr vorstellen – und das müssen sie wohl auch nicht. Seit 1995 zeichnet sich ein immer klareres Bild der Zukunft ab, und sie hat auch einen Namen: Origins. Unter diesem Leitmotiv bereitet die NASA eine ganze Serie von Sternwarten im Weltraum vor, die auf die Suche nach den ersten Galaxien gehen, die ersten erdähnlichen Planeten fremder Sterne entdecken und diese immer detaillierter untersuchen sollen. Der Hintergedanke ist klar: Woher kommen *wir,* und gibt es mehr von uns? Auch wenn die Anfänge des Origins-Programms mehr politische als wissenschaftliche Überlegungen waren (das NASA-Management fragte sich: Welche kosmischen Fragen interessieren die *Bevölkerung* am brennendsten?), so findet es doch auch in Fachkreisen breite Unterstützung. Denn um seine großen Fragen zu beantworten, kommen Teleskope auf die politische Tagesordnung, von denen viele Astronomen vorher kaum zu träumen wagten. Es sind freilich keine Multi-Milliarden-Dollar-Projekte mehr wie die «Großen Observatorien» Hubble und Co., sondern spezialisiertere Unternehmen, die aber insgesamt mehr Leistung für viel weniger Geld bringen sollen.

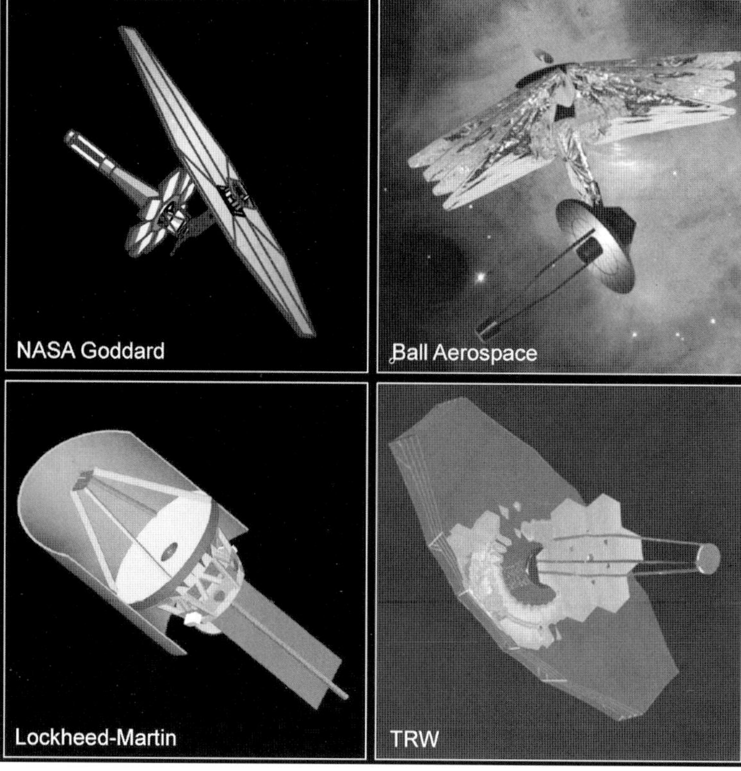

So könnte das Next Generation Space Telescope aussehen: eine NASA-interne Vorstudie und drei unabhängige Industrie-Studien. Dominantes Merkmal ist ein riesiges Sonnensegel. Die Optik ist unten links zu sehen: ein entfalteter 8-Meter-Spiegel frei im Weltraum, auf einem Turm der Sekundärspiegel (Quelle: NASA).

Die Origins-Missionen lassen sich in drei Generationen einteilen, die jeweils größere Sprünge in der Technologie erfordern. Hubble, drei weitere Satellitenobservatorien (WIRE, FUSE und SIRTF) und die in einem Flugzeug eingebaute Sternwarte SOFIA werden dabei als Vorläufer verstanden. Die erste Generation, mit Starts zwischen 2001 und 2007, besteht aus drei Missionen, von denen die **Next Generation Space Telescope** (NGST) die bedeutendste sein dürfte. Aus einer ganzen Reihe von Studien, bei der NASA selbst ebenso wie in der Raumfahrtindustrie, sind mehrere recht unterschiedliche Konzepte hervorgegangen,

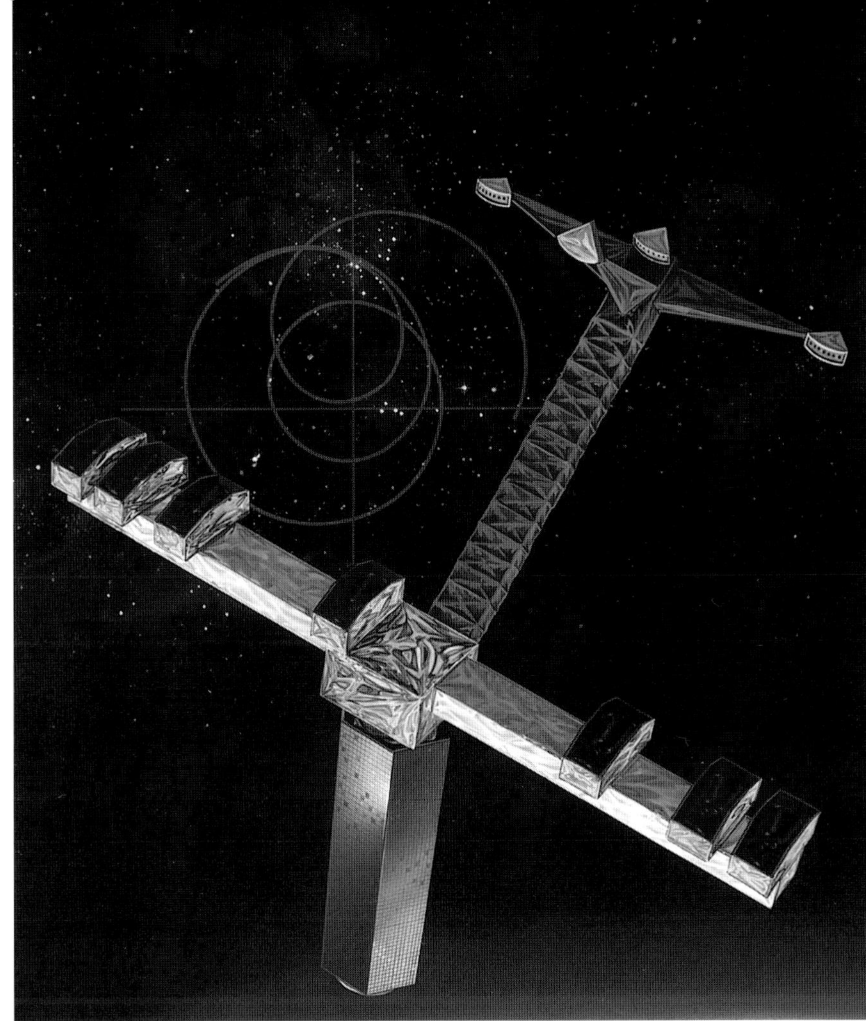

Ungefähr so soll der Satellit für die Space Interferometry Mission der NASA aussehen: Mehrere Teleskope sitzen auf einer Stange und ihr Licht wird kohärent vereinigt. Die SIM soll der erste Einsatz optischer Interferometrie im Weltraum werden, bei dem echte astronomische Messungen produziert werden.

aber allen gemeinsam sind diese Forderungen: Das NGST soll einen Hauptspiegel von deutlich mehr als 4 (und am liebsten 8) Metern Durchmesser besitzen, der sich erst im Orbit entfaltet, und es soll in einem Wellenlängenbereich von 600 Nanometer bis 20 Mikrometer arbeiten (optimiert für 1–5 Mikrometer) und eine Bildschärfe wie Hubble liefern. Dabei soll das NGST noch Objekte sehen können, die 400mal schwächer als alles sind, was die modernen Großteleskope vom Boden aus erkennen können! Mit dem Bau des Satelliten möchte die NASA gerne 2002 oder 2003 beginnen – genau dann, wenn die jährlichen Kosten für Hubble drastisch gesunken sind. Das Space Telescope Science Institute in Baltimore, wo dann Kapazitäten frei werden, wird hierbei eine wichtige Rolle spielen. Ein Start im Jahre 2007 wäre möglich – und die ganze Mission soll nur etwa 500 Millionen Dollar kosten.

Mit seiner Fähigkeit, junge Galaxien aufzuspüren und tief in den Rotverschiebungsbereich jenseits von 5 vorzudringen, über den wir trotz einzelner Funde noch fast nichts wissen, wird das NGST für mindestens 5 Jahre zum Paradepferd des NASA-Origins-Programms. Dessen zweites Standbein soll die **Space Interferometry Mission** (SIM) werden, die nach einem Start schon 2004 oder 2005 das erste astronomische optische Interferometer im All werden soll. Sieben kleine Teleskope werden auf einer rund 10 Meter langen Stangenkonstruktion montiert, so daß sie das Licht von Sternen in einem Punkt wellengenau zusammenführen können. Aus der Überlagerung der Lichtwellen läßt sich räumliche Information mit extremer Genauigkeit gewinnen. Auf der Erde sind entsprechende Interferometer schon im Einsatz, diese Mission aber wird zum ersten Mal derartige Forschungen in den Weltraum ausdehnen. Primär geht es um Astrometrie mit Mikrobogensekunden-Präzision, also die genaue Vermessung von relativen Sternpositionen, aber das Instrument wird auch in der Lage sein, echte Bilder zu liefern. Das Interferometer kann zudem durch destruktive Wellenüberlagerung Sterne zum Verschwinden bringen, um in ihrer unmittelbaren Nähe nach Planeten zu suchen. Auch der SIM-Satellit muß in «zusammengefaltetem» Zustand gestartet werden – und seine Kosten liegen vielleicht nur bei 300 Millionen Dollar.

Das allererste Interferometer im Weltraum wird dieses Instrument aber vermutlich nicht sein, denn ein verwandtes Experiment ist auch im Rahmen eines

So wird das Next Generation Space Telescope das Universum sehen: ein simuliertes «Deep Field», analog zum Hubble Deep Field. Zu sehen ist hier nur 1/64 des geplanten 4x4-Bogenminuten-Bildfelds des NGST. Hochrechnungen zufolge müßte das NGST bei 10 Stunden Belichtungszeit pro Farbe rund 10 000 Galaxien mit Rotverschiebungen größer als 5 sichten. Für die Simulation wurden Bilder echter Galaxien verwendet, per Computer in einen realistischen Kosmos verteilt (Hubble-Konstante 75 km/s/Mpc, Materiedichte 35% der kritischen) und dann von einem imaginären NGST mit 7,2 Metern Spiegeldurchmesser abgelichtet. Rechts sind einige typische Rotverschiebungen markiert (Quelle: Myungshin & Stockman).

9.966
7.382
1.0938
0.2388
2.3370
2.0239
0.6298
5.162
8.866
1.7060
2.8750
4.9710
2.9025
13.158
6.155
0.7832
1.3741
11.886
0.6899
11.655
9.258
2.0610

technikorientierten Programms der NASA vorgesehen. New Millennium heißt diese Serie relativ preiswerter Missionen, bei denen neue Technologien unter Weltraumbedingungen getestet werden – die Wissenschaft spielt nur eine untergeordnete Rolle. Andere New-Millennium-Flüge gehen zu Asteroiden, Kometen und zum Mars, aber das Unternehmen «Deep Space 3» wird in der Nähe der Erde bleiben. Schon Ende 2001 soll dieses auch **New Millennium Interferometer** (NMI) genannte Experiment mit drei unabhängigen Satelliten starten, von denen zwei das Sternenlicht sammeln und zum dritten schicken, wo es dann zusammengeführt wird. Ist es überhaupt möglich, Satelliten völlig frei durch den Weltraum treiben zu lassen und ihre relativen Positionen auf ein paar Nanometer (Millionstel Millimeter!) genau zu kontrollieren – über Distanzen von bis zu beinahe einem Kilometer hinweg? Die Herausforderung ist noch größer als bei der SIM-Mission, wo alle optischen Elemente wenigstens auf einer gemeinsamen Struktur sitzen – aber das Experiment ist mit Blick auf die Zukunft unverzichtbar. Ob es freilich nennenswerte wissenschaftliche Ergebnisse liefern kann, läßt sich kaum voraussagen.

Vieles von dem, was bei den drei Unternehmen der ersten Origins-Generation gelernt wird, soll bei der zweiten und dritten zur Anwendung gelangen. Jede dieser Phasen wird nur durch eine Mission repräsentiert: Der nächste große Schritt wird der **Terrestrial Planet Finder** (TPF) sein, dessen Start um das Jahr 2010 möglich sein könnte. Er soll sich die hellsten 1000 Sterne innerhalb von 40 Lichtjahren vornehmen, ihre erdähnlichen Planeten finden (deren Existenz die NASA als gegeben voraussetzt) und Bilder von ihnen sowie Spektren ihrer Atmosphären aufnehmen. All dies ist natürlich nur mit optischer Interferometrie möglich, um überhaupt die nötige Winkelauflösung zu erzielen. Wie der «Planetensucher» aussehen wird, ist noch nicht annähernd festgelegt – erst nach dem Experiment mit dem New Millenium Interferometer wird sich zum Beispiel erweisen, ob man die einzelnen Teleskope frei im Raum fliegen lassen kann oder besser auf eine gemeinsame Struktur setzt. Ein eher konservatives Design geht von 4 bis 6 Teleskopen à 1,5 Meter Durchmesser auf einer 70 bis 75 Meter langen Stange aus, wobei die relative Lage der Teleskope durch Laserinterferometrie auf Bruchteile einer Lichtwellenlänge genau kontrolliert wird. Arbeiten soll der «Planetensucher» bei Wellenlängen von 7 bis 17 Mikrometer, wo Planeten verglichen mit ihren Sternen besonders hell sind.

Und dann, irgendwann «jenseits des gegenwärtigen Horizonts», wie sich die NASA ausdrückt, kommt mit der dritten Origins-Generation die Krönung: der **Planet Imager** (PI), der die ersten aufgelösten Bilder der Oberflächen von Planeten fremder Sterne liefern soll. Der «Planetensucher» wird nur in der Lage sein, sie als schwache Lichtpunkte neben ihren Sonnen zu zeigen – der Sprung zu Bildern, die auch die Planeten als Scheibchen darstellen, auf denen Details auszumachen sind, ist gewaltig. Gleichwohl gibt es schon Überlegungen, wie der «Planeten-Fotograf» aussehen könnte: Benötigt werden etwa fünf freifliegende Inter-

Eine Vision: Solch eine Konstellation aus optischen Rieseninterferometern – die jeweils wieder fünf 8-Meter-Teleskope tragen – könnte in der Lage sein, Oberflächendetails von erdähnlichen Planeten fremder Sonnen abzubilden. Irgendwann in der ersten Hälfte des nächsten Jahrhunderts könnte solch ein «Planet Imager» Realität werden. Und der nächste Schritt wäre dann die Reise zu einer besonders vielversprechenden fremden Erde: Auch darüber denken kleine Arbeitsgruppen der NASA bereits nach... (Quelle: JPL).

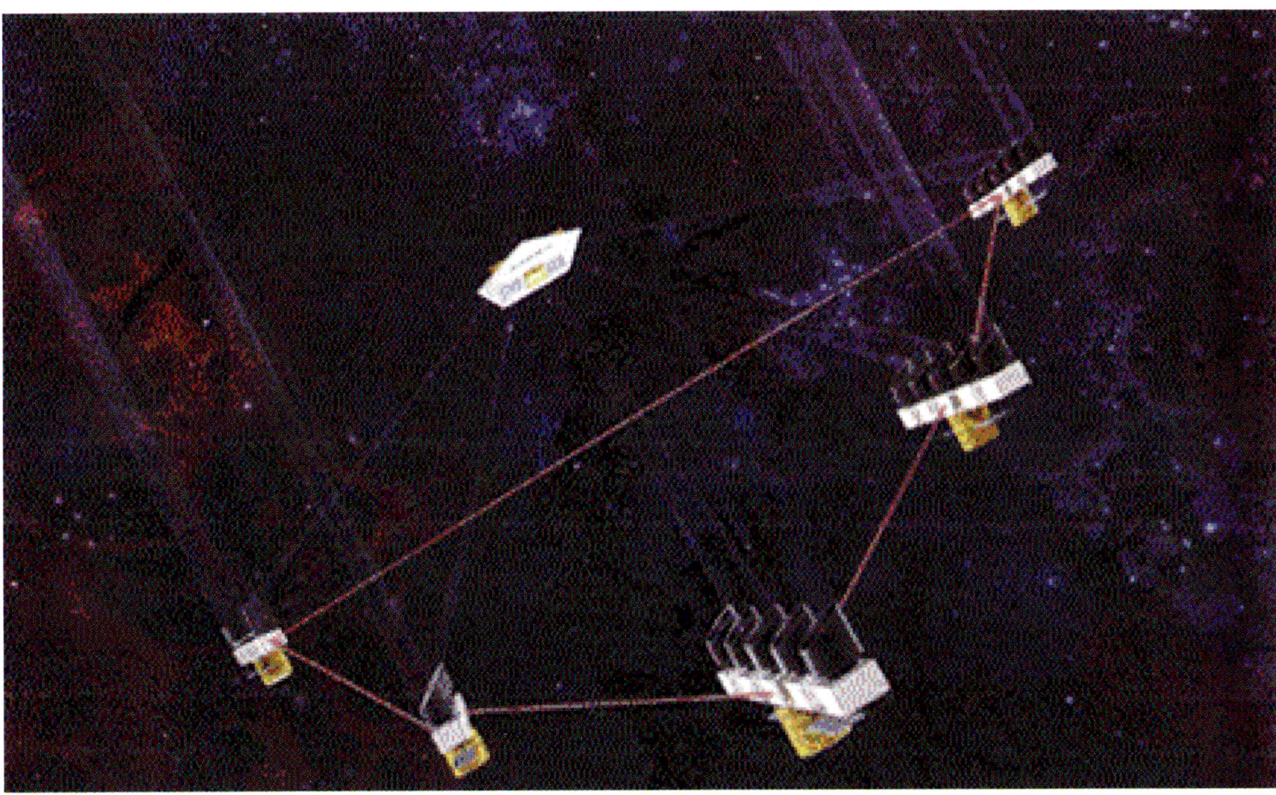

ferometer mit Abständen von 5000 Kilometern voneinander, von denen jedes einzelne wiederum mit mehreren 8-Meter-Teleskopen bestückt ist. Jeder einzelne dieser Satelliten «entfernt» bereits die grelle Sonne des fernen Planetensystems, das untersucht werden soll. Und erst dann wird das restliche Licht weiter zum zentralen Satelliten geschickt, wo es wellenlängengenau zusammentrifft und die Daten gewonnen werden, aus denen schließlich die superscharfen Bilder produziert werden können. Heute ist dies noch Science fiction –- aber wenn die ersten Schritte wie skizziert gelingen, dann sollte auch der letzte möglich sein.

Weiter dabei: Europa als Partner

Mehrere Jahre schien es, als würde diese schöne neue Welt der Astronomie im Weltraum allein von den USA betreten werden: Die europäische Weltraumbehörde ESA hatte nach dem teuren Beitritt zur bemannten Internationalen Raumstation ISS den Etat für Weltraumforschung ab 1995 mehrere Jahre in Folge effektiv schrumpfen lassen. Die Hoffnungen der Astronomen Europas auf ein neues eigenes Instrument für Hubble, über das sich die NASA sehr gefreut hätte, zerstoben, und es drohte gar der komplette Rauswurf aus dem Hubble-Programm im Jahre 2001. Dann nämlich läuft das «Memorandum of Understanding» zwischen NASA und ESA aus, das Europa während der ersten 11 Jahre nach Hubbles Start mindestens 15 Prozent der Beobachtungszeit zugesteht – als Gegenleistung für umfangreiche Sach- und Dienstleistungen für das Hubble-Programm. Ohne ein neues Instrument sah es einige Zeit düster aus, doch das Problem scheint sich Anfang 1998 auf erfreuliche Weise gelöst zu haben: Hubble und das Next Generation Space Telescope können vermutlich als Paket behandelt werden, und die ESA kann ihren weiteren Zugang auch zu Hubble sichern, indem sie Hardware für seinen Nachfolger liefert.

Einen substantiellen Beitrag zum Hubble-Nachfolger würde die ESA im Rahmen ihres 1997 reformierten Langzeitplans finanzieren können: als sogenannte «Flexi-Mission» im Wert von etwa 175 Millionen ECU. Früher sah das Langzeitprogramm der ESA-Forschung («Horizon 2000») nur riesige «Cornerstone»-Missionen und immer noch sehr teure Mittelklasse- oder M-Missionen vor, aber das hat sich angesichts des instabilen Etats als zu unflexibel erwiesen. Die Cornerstones sollen nun zwar bleiben, aber statt jeder M-Mission soll es künftig zwei F-Missionen mit jeweils halbem Etat geben. Die erste Mission nach diesem Konzept, das frühestens 1998 abgesegnet wird, wäre eine Reise zum Mars im Jahre 2003, und die zweite würde mit dem Zieldatum 2007 genau zum amerikanischen Zeitplan für den Hubble-Nachfolger passen! Der ESA-Beitrag würde nicht unbedingt aus isolierten Komponenten des Satelliten bestehen wie bei Hubble: Weil das ganze neue Teleskop gewissermaßen ein Satellit sein soll, der um die Nutzlast herumgebaut ist, würde Europa durchaus eine zentralere Rolle spielen können. Die rund 175 Millionen ECU, die eine Flexi-Mission kosten darf, beliefen sich darüber hinaus auf bereits rund ein Drittel der Gesamtkosten des Next Generation Space Telescope.

Es ist jetzt an Europas Astronomen, mit einer Stimme den Einstieg in das Nachfolgeprojekt zu Hubble zu fordern. Und auch bei der SIM-Mission und dem geplanten Planetensucher gibt es Überschneidungen zwischen ESA- und NASA-Plänen. Als sich die europäischen Weltraumforscher nämlich 1994, als die Kassen noch voller waren, über die Fortschreibung des ESA-Langzeitprogramms verständigten, setzten auch sie auf große optische Interferometer im Weltraum. Um das Jahr 2014 sollte nach dem damaligen «Horizon 2000 Plus»-Plan entweder ein NASA-Interferometer (namens GAIA) Astrometrie mit extremer Winkelauflösung betreiben oder ein europäischer «Planetensucher» (mit Namen Darwin) mit fünf 1-Meter-Teleskopen und bis zu 50 Metern Basislinie Infrarotbilder mit großer Schärfe schießen. Was läge näher, als die amerikanischen und europäischen Planungen auch in diesem Bereich zu bündeln und gemeinsam die nächsten Fenster ins Universum aufzustoßen?

Anhang

Glossar

Andromedagalaxie oder Andromedanebel: die nächstgelegene, der Milchstraße an Größe vergleichbare Galaxie, auch als Messier 31 (M31) bekannt. Ihre Entfernung beträgt 2,3 Millionen Lichtjahre. Die beiden Galaxien M31 und Milchstraße sind die massereichsten Mitglieder der lokalen Gruppe.

Antiteilchen: ein Elementarteilchen, aus dem sich die Antimaterie zusammensetzt, und das beinahe die gleichen Eigenschaften aufweist wie normale Materie. Der entscheidende Unterschied ist die elektrische Ladung, die bei Antiteilchen das umgekehrte Vorzeichen hat.

Asteroid = Planetoid = Kleiner Planet: ein unregelmäßig geformter, steinförmiger Himmelskörper, dessen Durchmesser von wenigen Metern bis zu 1000 km betragen kann. Die meisten Asteroiden halten sich im «Hauptgürtel» zwischen Mars und Jupiter auf, gelegentlich kommen Asteroiden aber auch der Erde nahe.

Atomkern: Eine Ansammlung von Protonen und Neutronen, die durch die starke Wechselwirkung zusammengehalten werden. Die elektrische Ladung des Atomkerns ist gleich der Summe der Ladungen der Protonen. Der Kern ist 100000mal kleiner als das Atom selbst, das einen Durchmesser von 10^{-12} Metern besitzt.

Dichtefluktuationen: Räumliche Schwankungen in der Verteilung der Materie im Universum, die als Keime für die Entstehung von Galaxien, Galaxienhaufen und größeren Strukturen dienen. Solche Schwankungen lassen sich als winzige Temperaturschwankungen der Hintergrundstrahlung nachweisen: Sie betragen etwa 1/30 Millionstel Grad.

Dunkle Materie: Materie unbekannter Art, die keine Strahlung aussendet. Die Existenz dieser unsichtbaren Materie ist ursprünglich aus Studien der Bewegung der Galaxien in Galaxienhaufen und von Sternen und Gas in Galaxien, später auch aus der relativen Häufigkeit der im Urknall erzeugten chemischen Elemente abgeleitet worden.

Elektromagnetische Wechselwirkung: eine Kraft, die nur auf elektrisch geladene Teilchen wirkt. Sie bewirkt, daß sich Teilchen unterschiedlicher elektrischer Ladung anziehen und Teilchen gleicher Ladung abstoßen.

Elektron: das leichteste Elementarteilchen mit elektrischer Ladung. Das Elektron hat eine Masse von 9×10^{-28} Gramm und ist negativ geladen.

Elementarteilchen: die grundlegenden Bausteine der Materie und der Strahlung. Was man als «elementar» ansieht, hat sich im Laufe der Zeit mit wachsendem Wissensstand geändert. Früher sah man Protonen und Neutronen als Elementarteilchen an, heute ist man sicher, daß sie aus Quarks aufgebaut sind. Elektron, Neutrino und Photon sind Beispiele für «richtige» Elementarteilchen.

Elliptische Galaxie: eine Galaxie, deren an die Himmelskugel projizierte Form eine Ellipse darstellt. Unter den elliptischen Galaxien gibt es Riesen und Zwerge. Im allgemeinen besteht eine solche Galaxie aus alten Sternen und nur einem kleinen Bruchteil Gas und Staub.

Galaktische Scheibe: eine Ansammlung von Sternen, Gas und Staub in einer Spiralgalaxie in Form einer abgeplatteten Scheibe. Die Scheibe der Milchstraße hat einen Durchmesser von etwa 90000 Lichtjahren und eine Dicke von 3000 Lichtjahren.

Galaktischer Halo: eine kugelförmige Ansammlung alter Sterne und Kugelhaufen, die eine Spiralgalaxie umgibt. Beobachtungen weisen darauf hin, daß der sichtbare Halo von einem unsichtbaren Halo umgeben ist, der etwa zehnmal massereicher und ausgedehnter ist.

Galaxie: eine Ansammlung von etwa 10 Millionen (im Fall einer Zwerggalaxie) bis zu 10 Billionen Sternen (im Fall einer Riesengalaxie), die durch die Schwerkraft miteinander verbunden sind. Galaxien sind die Bausteine der Strukturen des Universums. Eine mittelgroße Galaxie wie die Milchstraße besteht aus etwa 100 Milliarden Sternen.

Galaxien mit aktivem Kern: eine Galaxie, bei der der größte Teil der Strahlung aus einem zentralen Gebiet kommt, einem sehr kleinen Kern, dessen Durchmesser etwa einige Lichtstunden bis Lichtmonate beträgt – etwa einmilliardenmal kleiner als die Galaxie selbst. Die als Strahlung freigesetzte Energie kann aus der Aktivität eines Schwarzen Loches stammen, das Sterne und Gaswolken, die in seiner Nähe vorbeikommen, verschlingt.

Galaxiengruppen: eine Ansammlung von etwa 20 Galaxien, die durch die Schwerkraft miteinander verbunden sind. Die Ausdehnung einer solchen Gruppe beträgt etwa 6 Millionen Lichtjahre, ihre Masse liegt zwischen 1 und 10 Billionen Sonnenmassen.

Galaxienhaufen: eine dichte Ansammlung von einigen tausend Galaxien, die durch die Schwerkraft miteinander verbunden sind. Der Durchmesser eines solchen Haufens beträgt im Mittel etwa 60 Millionen Lichtjahre, seine Masse beträgt einige Billionen Sonnenmassen.

Galaxienkannibalismus: ein Prozeß, in dessen Verlauf die Bewegung einer Galaxie durch die Schwerkraft einer anderen, massereicheren Galaxie so gebremst wird, daß sie auf letztere zufällt und schließlich von ihr aufgezehrt wird. Die verschlungene Galaxie verliert ihre Identität, ihre Sterne mischen sich unter diejenigen der kannibalistischen Galaxie.

Galaxis: siehe Milchstraße.

Gammastrahlung: aus Photonen höchster Energie bestehende elektromagnetische Strahlung.

Gravitation oder Schwerkraft: Anziehungskraft, die auf alle Massen wirkt. Sie ist die schwächste der Naturkräfte, besitzt aber eine praktisch unendliche Reichweite.

Helium: ein chemisches Element, dessen Kern aus zwei Protonen und zwei Neutronen aufgebaut ist. Die Materie im Universum besteht zu etwa 25 Prozent aus Helium, dessen überwiegender Teil in den ersten drei Minuten nach dem Urknall entstanden ist.

Hintergrundstrahlung: Mikrowellenstrahlung (im kurzwelligen Radiobereich), die das Universum völlig erfüllt und zu einer Zeit abgestrahlt wurde, als das Universum erst 300 000 Jahre alt war. Der COBE-Satellit hat festgestellt, daß die Temperatur dieser Strahlung, die bei etwa 2,7 Grad über dem absoluten Nullpunkt liegt, sich von einer Stelle des Himmels zur anderen nur um etwa ein Dreißigmillionstel ändert.

Interstellarer Staub: kleine Staubkörner mit Größen von Millionstel Zentimetern, die in den äußeren Schichten roter Riesensterne entstehen. Der Interstellare Staub absorbiert vorzugsweise das blaue Licht der Sterne, schwächt ihre Strahlung und macht sie röter.

Irreguläre Galaxie: häufig eine Zwerggalaxie, die weder Spiral- noch Ellipsenform aufweist. Sie besteht zu einem großen Teil aus jungen Sternen, Gas und Staub.

Jets: gebündelte Materieströme, die von den Kernen aktiver Galaxien in entgegengesetzte Richtungen ausgesandt werden. Sie bestehen zum Teil aus sehr schnellen Elektronen, die mit dem Magnetfeld der Galaxie wechselwirken und Radiostrahlung in zwei riesigen, die Galaxie umgebenden Gebieten hervorrufen. Auch bei jungen oder in Entstehung begriffenen Sternen beobachtet man «Jets».

Komet: eine mehrere Kilometer große, aus Eis und Staub zusammengesetzte Kugel, die in einer stark elliptischen Bahn die Sonne umkreist. Dieser Kern des Kometen ist auch in großen Entfernungen von der Sonne in großen Teleskopen sichtbar. In Sonnennähe verdampft das Eis und bildet einen großen Schweif, der durch den Einfluß des Sonnenwindes von der Sonnen weggerichtet ist und eine Länge von Hunderten von Millionen Kilometern erreichen kann.

Kosmische Strahlung: aus Teilchen (vor allem Protonen und Elektronen) bestehende Strahlung. Die Teilchen sind durch Supernovaexplosionen und Magnetfelder im interstellaren Raum oder Prozesse in der Nähe von Neutronensternen auf hohe Energien beschleunigt worden.

Kosmologie: die Wissenschaft von der Entstehung und Entwicklung des Universums und seiner großräumigen Strukturen.

Kritische Dichte: die Materiedichte, bei der das Universum flach ist, d.h. keine Raumkrümmung aufweist. Diese Dichte beträgt zur heutigen Zeit im Mittel drei Wasserstoffatome pro Kubikmeter. Ein Universum, das eine kritische Dichte aufweist, wird in seiner Expansion erst nach unendlich langer Zeit gestoppt. Ein Universum mit einer höheren als der kritischen Dichte wird irgendwann in der Zukunft wieder in sich zusammenstürzen. Die heutigen Beobachtungen deuten auf ein offenes Universum hin.

Kugelsternhaufen: eine kugelförmige Ansammlung von etwa 100 000 Sternen, die durch die Schwerkraft miteinander verbunden sind. Die Kugelhaufen der Milchstraße sind sehr alte Gebilde.

Leerbereiche im Universum: diese als «voids» bezeichneten Bereiche im Universum, in denen man nahezu keine Galaxien findet, erstrecken sich über Gebiete mit Ausdehnungen von Dutzenden von Millionen Lichtjahren.

Lichtjahr: Die im Laufe eines Jahres von einem Lichtstrahl zurückgelegte Entfernung. Sie beträgt 9,46 Billionen Kilometer (bzw. 63000mal die Entfernung Erde-Sonne). Entsprechend gilt: 1 Lichtsekunde = 300000 km, 1 Lichtminute = 18 Millionen Kilometer, 1 Lichtstunde = 1,1 Milliarden km, 1 Lichtmonat = 788 Milliarden km.

Lokale Gruppe: eine Gruppe von Galaxien, zu denen die Milchstraße und der Andromedanebel gehören. Beide besitzen Massen von etwa 1 Billion Sonnenmassen und dominieren die lokale Gruppe. Die anderen Mitglieder der lokalen Gruppe, beispielsweise die Magellanschen Wolken, sind Zwerggalaxien mit 10 Millionen bis 10 Milliarden Sonnenmassen.

Lokaler Superhaufen: der Superhaufen, dem die Milchstraße angehört. Die Lokale Gruppe, in der sich die Mlichstraße befindet, liegt am Rande der abgeplatteten Scheiben des Superhaufens, in dessem Zentrum sich der Galaxienhaufen in der Junfrau befindet (der lokale Superhaufen wird auch als Virgo-Superhaufen bezeichnet).

Milchstraße: die Galaxis, ein Sternsystem von hundert Milliarden Sternen, von denen einer unsere Sonne ist. Im Gegensatz zu anderen Galaxien können wir die Milchstraße nur «von innen» sehen: Sie erstreckt sich als leuchtendes Band über den Himmel, und alle mit bloßem Auge sichtbaren Sterne gehören ihr an.

Neutrino: ein neutrales Elementarteilchen, das nur der schwachen Wechselwirkung unterworfen ist, sowie in geringem Maße der Schwerkraft; eine Masse wurde bislang allerdings nur bei einer Spielart, dem Muon-Neutrino nachgewiesen. Neutrinos entstanden in den ersten Augenblicken des Universums in großer Zahl, sie entstehen heute noch im Innern der Sterne und in Supernovaexplosionen.

Neutron: ein aus drei Quarks aufgebautes neutrales Elementarteilchen. Atomkerne sind aus Neutronen und Protonen aufgebaut. Das Neutron ist 1838mal massereicher als das Elektron und ein wenig schwerer als ein Proton.

Neutronenstern: ein Himmelsobjekt mit einem Durchmesser von etwa 20 Kilometern und einer Dichte von etwa 10^{14} Gramm pro Kubikzentimeter. Ein solcher Stern hat vor langer Zeit seinen Brennstoff aufgebraucht und besitzt heute eine Masse zwischen 1,4 und 5 Sonnenmassen.

Photon: Dieses Elementarteilchen der elektromagnetischen Strahlung besitzt keine Ruhmasse und bewegt sich mit Lichtgeschwindigkeit (300000 Kilometer pro Sekunde). Je nach der von einem Photon transportierten Energie kann das Teilchen (nach abnehmender Energie geordnet) als Gammaquant, als Röntgenstrahlung, als Ultraviolettphoton, als Lichtteilchen, als Infrarotphoton oder als Radiowelle beobachtet werden.

Planet: ein kugelförmiges Himmelsobjekt mit mehr als 1000 Kilometern Durchmesser, das keine bedeutende eigene Energiequelle besitzt und das um einen Stern kreist, dessen Licht es reflektiert. Im Sonnensystem wurden bislang neun

Planeten endeckt, in den letzten Jahren konnten auch um ein Dutzend anderer Sterne Planeten nachgewiesen werden.

Planetarischer Nebel: Gashülle, die von einem Stern abgestoßen wird, bevor er sich vom Roten Riesen in einen Weißen Zwerg verwandelt. Die Hülle wird vom im Zentrum stehenden Stern zum Leuchten angeregt und erscheint in Fernrohren als rundes Scheibchen, dessen Größe und Farbe dem eines fernen Planeten wie Uranus oder Neptun ähnelt (daher der Name).

Proton: Ein Elementarteilchen mit positiver elektrischer Ladung, das aus drei Quarks aufgebaut ist. Ein Proton ist 1836mal massereicher als ein Elektron. Atomkerne sind aus Protonen und Neutronen aufgebaut.

Quarks: Elementarteilchen, aus denen Protonen und Neutronen aufgebaut. Ein Quark besitzt den Bruchteil einer elektrischen Elementarladung, die 1/3 oder 2/3 der Ladung des Elektrons beträgt, und es ist der starken Wechselwirkung unterworfen.

Quasar: Ein Himmelsobjekt, das wie ein Stern aussieht (der Name ist aus dem englischen Wort quasi-star abgeleitet), dessen Licht jedoch eine merkliche Rotverschiebung aufweist, was auf eine große Entfernung und eine hohe Leuchtkraft hindeutet. Quasare sind die am weitesten entfernten und hellsten Objekte im Universum.

Röntgenstrahlung: aus Photonen hoher Energie bestehende elektromagnetische Strahlung.

Roter Riese: ein Stern, der seinen Wasserstoff aufgebraucht hat und jetzt Heilum in Kohlenstoff und Sauerstoff umwandelt. Das Heliumbrennen bläht die außere Hülle auf, so daß der Durchmesser des Sterns viele Male größer ist als zu Anfang seines Lebens, sodaß man ihn jetzt als Riesen bezeichnet. Rote Riesen haben kühle Oberflächen und damit rote Farben.

Schwache Wechselwirkung: eine Kraft, die für den Zerfall der Atome und die Radioaktivität verantwortlich ist. Sie wirkt nur auf Skalen, die kleiner als ein Atomdurchmesser (etwa 10^{-17} Meter) sind.

Schwarzer Zwerg: ein Weißer Zwerg, der die ganze Bewegungsenergie seiner Elektronen als Strahlung in den Weltraum abgegeben hat, wird zu einem solchen unsichtbaren Sternüberrest. Es ist nicht sicher, welcher Prozentsatz der «dunklen Materie» aus solchen «Schwarzen Zwergen» besteht.

Schwarzes Loch: das Ergebnis eines Zusammensturzes eines Sterns mit einer Masse von mehr als 5 Sonnenmassen. Ein solcher Kollaps verursacht ein starkes Gravitationsfeld, verbunden mit einer so starken Raumkrümmung, daß weder Materie noch Licht das Schwarze Loch verlassen können.

Schwere Elemente: die chemischen Elemente, deren Kern schwerer als ein Heliumkern ist. In der Astronomie werden die schweren Elemente manchmal auch «Metalle» genannt; sie werden im Inneren massereicher Sterne durch Kernreaktionen aufgebaut.

Spiralgalaxie: eine Galaxie mit einer kugelförmigen Anordnung von Sternen (dem Zentralgebiet oder englisch: bulge) inmitten einer abgeplatteten Sternscheibe, die auch aus interstellarem Gas und Staub besteht. Die leuchtkräftigen jungen Sterne bilden in der Scheibe auffällige Spiralarme.

Starke Wechselwirkung: die stärkste der vier Naturkräfte. Sie bindet die Quarks aneinander und bildet so die Protonen und Neutronen, und sie bindet die Protonen und Neutronen zu Atomkernen zusammen. Sie wirkt nur innerhalb der Atomkerne (Durchmesser etwa $3x10^{15}$ Meter) und beeinflußt nicht die Photonen und Elektronen.

Stern: eine meist aus 75 Prozent Wasserstoff, 23 Prozent Helium und 2 Prozent schwereren Elementen bestehende Gaskugel, die durch zwei einander entgegengesetzt wirkende Kräfte im Gleichgewicht gehalten wird: Die Schwerkraft, die den Stern zusammenzudrücken versucht, und der Gas- und Strahlungsdruck, der durch die Kernreaktionen im Innern des Sterns hervorgerufen wird, und der den Stern auseinanderzutreiben versucht.

Superhaufen von Galaxien: eine Ansammlung von Zehntausenden von Galaxien, die in Gruppen und Haufen zusammenstehen und durch die Schwerkraft zusammengehalten werden. Superhaufen weisen eine abgeplattete Form auf, besitzen einen mittleren Durchmesser von 90 Millionen Lichtjahren und eine Masse von 10 Billionen Sonnenmassen.

Urknall: ein kosmologisches Konzept, nach dem das anfänglich sehr heiße und dichte Universum durch eine riesige Explosion begonnen hat, die vor etwa 15 Milliarden Jahren stattfand. Diese Explosion markiert den Beginn einer Expansion, die bis heute andauert.

Wasserstoff: das leichteste der chemischen Elemente. Ein Wasserstoffatom besteht aus einem Proton, das von einem Elektron umkreist wird. Drei Viertel der Materie des Universums bestehen aus Wasserstoff.

Weißer Zwerg: ein kleines Himmelsobjekt mit einem Durchmesser von etwa 10000 km (also etwa Erdgröße), einer hohen Dichte (10^5 bis 10^8 Gramm pro Kubikzentimeter) und einer Masse von nicht mehr als 1,4 Sonnenmassen. Ein nicht allzu massereicher Stern, der seinen Kernbrennstoff aufgebraucht hat, entwickelt sich zum Weißen Zwerg.

Zwerggalaxie: eine Galaxie geringer Größe und Masse. Der mittlere Durchmesser beträgt 15000 Lichtjahre, sechsmal kleiner als der Durchmesser einer normalen Galaxie. Die Masse schwankt zwischen 100 Millionen und einer Milliarde Sonnenmassen, 1000 bis 10000mal weniger als die Masse einer normalen Galaxie. Zwerggalaxien können von elliptischer oder irregulärer Form sein.

Informationsquellen für neue Entdeckungen Hubbles

Alle Links finden Sie auch auf einer speziellen Homepage bei http://www.geocities.com/CapeCanaveral/5599/hubble.html!

Das Space Telescope Science Institute

http://www.stsci.edu (Homepage)
http://oposite.stsci.edu/pubinfo/latest.html (die neuesten HST-Bilder)
http://oposite.stsci.edu/pubinfo/subject.html (HST-Bilder, nach Themen sortiert)
http://oposite.stsci.edu/pubinfo/pr.html (Pressemitteilungen des STScI)
http://ecf.hq.eso.org (European Coordinating Facility – der europäische «Ableger» des STScI)
Die NASA: http://www.nasa.gov/today
Die ESA: http://www.esrin.esa.it/htdocs/esa/esa.html

Astronomische Nachrichtendienste (alle kostenlos):

http://www.flatoday.com/space/today/
http://cnn.com/TECH/space/
http://www.spaceviews.com/
http://www.astronomynow.com/breaking.html
http://www.geocities.com/CapeCanaveral/5599/mirror.html

Astronomische Bilder und Informationen:

http://antwrp.gsfc.nasa.gov/apod (Astronomy Picture of the Day)
http://crux.astr.ua.edu/choosepic.html (University of Alabama Image Collection)

Sonnensystem — Planeten:

http://photojournal.jpl.nasa.gov/
http://seds.lpl.arizona.edu/nineplanets/nineplanets/nineplanets.html (Mirror für Europa: http://hplyot.obspm.fr/np/nineplanets/nineplanets.html)
http://bang.lanl.gov/solarsys/

Planeten um andere Sterne:

http://cannon.sfsu.edu/~williams/planetsearch/planetsearch.html
http://www.jtwinc.com/Extrasolar/evwarn.html
http://garber.simplenet.com/main.htm

Suche nach ausserirdischer Intelligenz (SETI):

http://www.seti-inst.edu/

Gasnebel, Sternhaufen und Galaxien:

http://zebu.uoregon.edu/messier.html

Kosmologie:

http://www.astro.ubc.ca/people/scott/cosmology.html

Allgemeine astronomische Link-Sammlungen:

http://www.stsci.edu/science/net-resources.html
http://cdsweb.u-strasbg.fr/astroweb.html
http://www.cv.nrao.edu/fits/www/astronomy.html

Literaturverzeichnis

Zeitschriften und Periodika

die oft über den Fortgang der Hubble-Mission, die Ergebnisse und die Planung der Nachfolger berichten

Sterne und Weltraum (11mal im Jahr plus ca.2 Sonderhefte, deutsch)

c/o Verlag Sterne und Weltraum, Dr. Vehrenberg GmbH, Portiastr. 10, D-81545 München.

Im Internet: http://www.mpia-hd.mpg.de/suw/suw

Sky & Telescope (12mal im Jahr, amerikanisch)

c/o Sky Publishing Corporation, P.O. Box 9111, Belmont, MA 02178-9111, U.S.A.

Im Internet: http://www.skypub.com

Skyweek (ca. 40mal im Jahr, deutsch)

c/o Hüthig Fachverlage, Abo- und Vertriebsservice, Im Weiher 10, D-69121 Heidelberg

Im Internet: http://www.geocities.com/CapeCanaveral/5599/sky.html

Empfehlenswerte Bücher – eine Auswahl

1. Geschichte der Astronomie und allgemeine Einführungen

Jean Audouze, Guy Israel: The Cambridge Atlas of Astronomy, Cambridge, Cambridge University Press, 1994.

Jürgen Hamel: Geschichte der Astronomie von den Anfaengen bis zur Gegenwart, Basel, Birkhäuser, 1998.

Nigel Henbest, Michael Marten: The New Astronomy (2nd Ed.), Cambridge, Cambridge University Press, 1996.

Joachim Krautter; Erwin Sedlmayr; Erwin Schaifers; Gerhard Traving: Meyers Handbuch Weltall, Mannheim, Bibliographisches Inst., 7. vollst. neubearb. u. erw. Aufl. 1994.

John North: Viewegs Geschichte der Astronomie und Kosmologie, Braunschweig/Wiesbaden, Vieweg Verlag, 1997.

Kristen Rohlfs: Die Ordnung des Universums. Eine Einführung in die Astronomie, Basel, Birkhäuser, 1992.

2. Das Hubble Space Telescope und seine Ergebnisse

P. Benvenuti et al. (Hrsg.): Science with the Hubble Space Telescope-II, Proceedings of a Workshop held in Paris December 4–8, 1995, U.S. Government Printing Office 1996-411-242. Dieses Buch ist nicht über den Handel zu beziehen, kann aber komplett im Internet gefunden werden bei http://www.stsci.edu/stsci/meetings/shst2/toc.htm

Eric Chaisson: The Hubble Wars: Astrophysics meets Astropolitics in the Two-Billion-Dollar Struggle over the Hubble Space Telescope. New York, Harper Collins, 1994.

Daniel Fischer/Hilmar Duerbeck: Hubble. Ein neues Fenster zum All, Basel, Birkhäuser 1995.

Robert Smith: The Space Telescope – A Study of NASA, Science, Technology, and Politics, Cambridge, Cambridge University Press, 1989.

3. Biographien und Schriften von Edwin Hubble

Gale E. Christianson: Edwin Hubble – Mariner of the Nebulae, New York, Farrar, Straus and Giroux, 1995.

Edwin Hubble: The Realm of the Nebulae, New Haven, Yale University Press 1983.

Alexander S. Sharov, Igor D. Novikov: Edwin Hubble. Basel, Birkhäuser Verlag, 1994.

4. Kosmologie

Alan Dressler: Reise zum Großen Attraktor: Die Erforschung der Galaxien, Reinbek, Rowohlt, 1996.

John C. Mather, John Boslogh: The Very First Light: The True Inside Story of the Scientific Journey Back to the Dawn of the Universe, New York, Basic Books, 1996.

Joseph Silk: Der Urknall. Die Geburt des Universums, Basel-Heidelberg, Birkhäuser-Springer, 1990.

Joseph Silk: Die Geschichte des Kosmos. Vom Urknall bis zum Universum der Zukunft, Heidelberg, Spektrum Akademischer Verlag, 1996.

George Smoot, Keay Davidson: Das Echo der Zeit. Auf den Spuren der Entstehung des Universums, München, C. Bertelsmann, 1995.
Steven Weinberg: Die ersten drei Muniten – der Ursprung des Weltalls, München, Piper Verlag, 1992.

5. Die Welt der Sterne und Galaxien
Mitchell Begelman; Martin Rees: Schwarze Löcher im Kosmos. Die magische Anziehungskraft der Gravitation, Heidelberg, Spektrum Akademischer Verlag, 1997.
Nigel Henbest, Heather Couper: Die Milchstraße, Basel, Birkhäuser 1996.
James Kaler: Sterne und ihre Spektren. Heidelberg, Spektrum Akademischer Verlag, 1994.

6. Das Sonnensystem – unsere galaktische Heimat
Nicholas Booth: Die Erforschung unseres Sonnensystems. Atemberaubende Bilder aus dem Weltraum, München, BLV, 1996.
John C. Brandt; Robert D. Chapman: Rendezvous im Weltraum. Die Erforschung der Kometen, Birkhäuser, 1994.
Daniel Fischer; Holger Heuseler: Der Jupiter Crash, 2. ergänzte Auflage, Basel, Birkhäuser, 1996.
Daniel Fischer: Mission Jupiter – Die spektakuläre Reise der Raumsonde Galileo, Basel, Birkhäuser, 1998.
Ronald Greeley, Raymond Batson: The NASA Atlas of the Solar System, Cambridge, Cambridge University Press, 1996.
Kenneth R Lang, Charles A. Whitney: Planeten – Wanderer im All, Heidelberg, Springer Verlag, 1993.
David Morrison: Planetenwelten. Eine Entdeckungsreise durch das Sonnensystem, Heidelberg, Spektrum Akademischer Verlag, 1995.
Ludolf Schultz : Planetologie, Basel, Birkhäuser Verlag, 1993.

7. Planeten außerhalb des Sonnensystems:
Reto U. Schneider: Planetenjäger – Die aufregende Entdekkung fremder Welten, Basel, Birkhäuser, 1997.
Ken Croswell: Die Jagd nach neuen Planeten. Auf der Suche nach fernen Sonnensystemen und fremdem Leben, Bern/München, Scherz, 1998.

Index